Famous First Edition

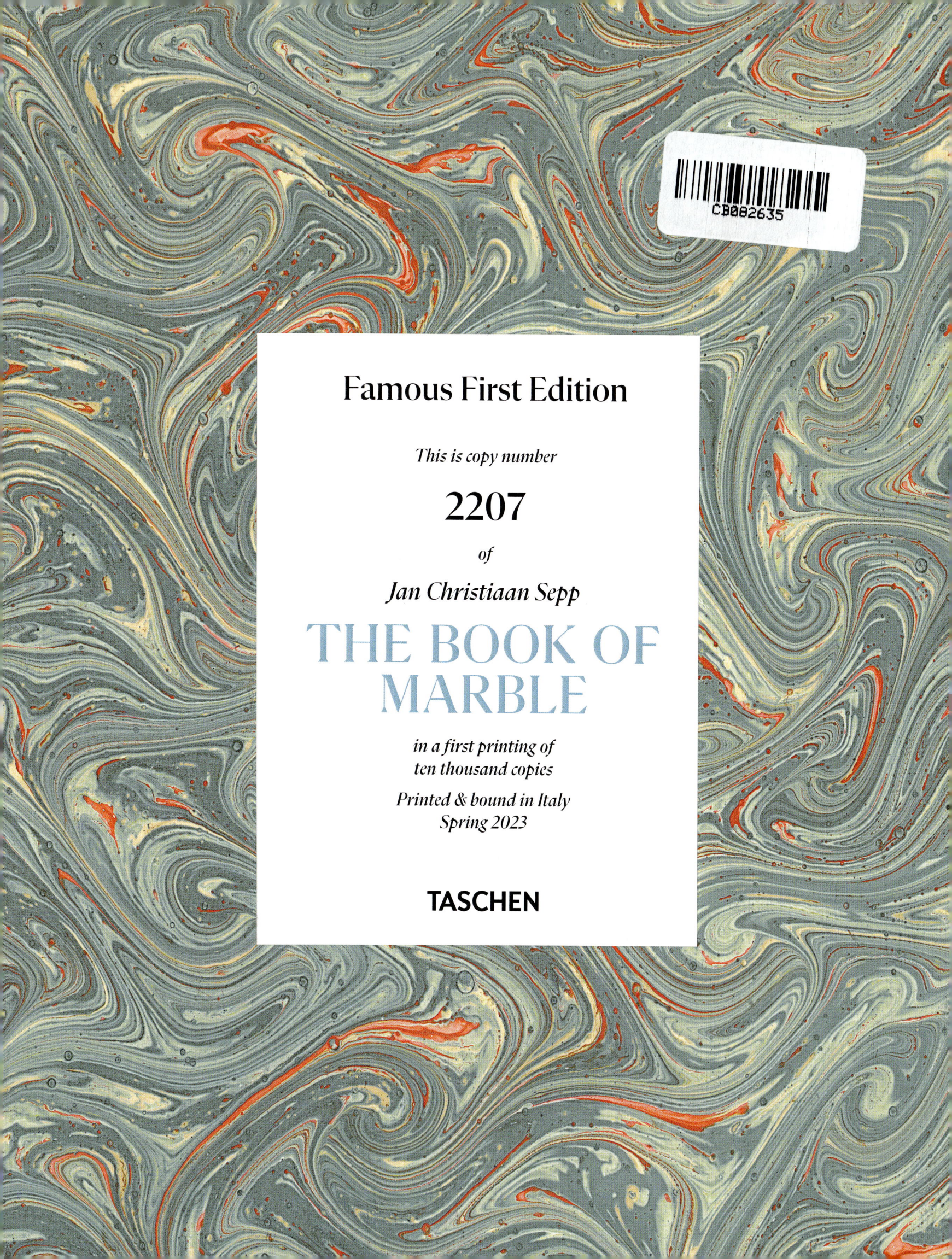

This is copy number

2207

of

Jan Christiaan Sepp

THE BOOK OF MARBLE

*in a first printing of
ten thousand copies*

*Printed & bound in Italy
Spring 2023*

TASCHEN

MARMORA

ET ADFINES

ALIQUOS LAPIDES

COLORIBUS SUIS

J. C. SEPP & FILIUS
Excuderunt.

AFBEELDING
DER
MARMER SOORTEN,
VOLGENS HUNNE
NATUURLYKE KOLEUREN

Naauwkeurig Afgebeeld, ook met de bygevoegde *Hollandsche*, *Hoogduitsche*, *Engelsche*, *Fransche* en *Latynsche* Benaamingen voorzien.

Te AMSTERDAM,

By JAN CHRISTIAAN SEPP, Boekverkooper.

1776.

Marmorum genera & colores - - - non facile est enumerare in tanta multitudine. Quoto cuique enim loco non suum marmor invenitur?

===============

P L I N. Hist. Nat. Lib. XXXVI.
Cap. VII.

VOORBERICHT.

Wanneer wy by ons Onderneemen de Marmers niet zo wel naar de Koleuren als wel naar hunne Landen geschikt hebben, zo hoopen wy zulks den Liefhebberen aangenaam zal zyn, wyl dezelven daar door den voorraad van ieder Land beter overzien kunnen. Men zal ons toestaan, met Frankenland en wel voornamentlyk met de Landschappen des Burggraafschaps Nurnberg boven en beneeden 't Gebergte het begin te maken, wyl dezelven een ryken Voorraad van schoone Marmers bezitten. Wy zullen als dan tot de overige Provintien van Duitschland voortgaan, en naderhand nog de Schatten van andere Landen vertoonen. Ons voorneemen strekt zich niet uit op alle Steenen van deeze soort, welken zich slypen laaten, maar alleen op die geenen welken uit rechte Steen-Breuken of Marmer-Mynen gebrooken en tot menigerly eindens gebruikt worden.

Zo veele Soorten als wy uit ieder Land hebben kunnen bekomen, zullen wy afbeelden, maar ons is wel bewust, dat wy al den Rykdom te verkrygen niet vermogend zyn, bekoomen wy ondertusschen in 't vervolg meer, zo zullen niet in gebreeke blyven dezelven te vervolgen.

Abbildungen

der

Marmor-Arten

Nach der Natur auf das sorgfältigste mit Farben erleuchtet,
und mit beygefügten Holländischen, Deutschen,
Englischen, Französischen und Lateini=
schen Namen herausgegeben.

Amsterdam,
Bey Johann Christian Sepp, Buchhändlern,
1 7 7 6.

Vorbericht.

Wenn wir bey unserem Unternehmen die Marmor nicht sowohl nach den Farben/ als vielmehr nach den Gegenden geordnet/ so verhoffen wir dadurch uns den Liebhabern gefällig gemacht zu haben/ daß sie den Vorrath einzelner Länder bequemer übersehen können. Man wird uns erlauben/ mit Franken und hauptsächlich mit den Gegegenden des Burggrafthums Nürnberg Ober- und Unterhalb Gebürgs den Anfang zu machen/ da dieselben einen reichen Vorrath von schönen Marmorn besitzen. Wir werden sodenn zu den übrigen Provinzen Deutschlands fortgehen/ und hernach die Schätze der auswärtigen Länder darstellen. Unser Vorhaben aber erstrecket sich nicht auf jede Steine dieser Art/ die sich allenfalls anschleifen lassen/ sondern nur auf diejenigen/ welche theils aus ordentlichen Brüchen ausgefördert/ theils zu mancherley Endzweck verarbeitet werden.

Wir werden zwar so viele Arten aus jeden Ländern und Gegenden vorstellig machen/ als wir haben zusammen bringen können/ sind uns aber wohl bewust/ daß wir nicht allen Reichthum zu erschöpfen vermögend sind. Sollten wir aber künftig mehrerer habhaft werden/ so werden wir sie/ wo möglich/ noch nachzuholen nicht ermangeln.

A REPRESENTATION

OF

DIFFERENT SORT

OF MARBLE,

Ingraved and set out in their Natural Colours; also set forth with the Dutch, German, English, French *and* Latin *names.*

AMSTERDAM:
For JOHN CHRISTIAN SEPP, Bookseller.
1776.

TO THE READER.

WHILE We are undertaking to exhibit the various sorts of Marble, we hope, Gentle Reader, to obtain your approbation, although we stick less to the difference of their colours, than to that of their countries, sometimes uniting those that abound the most in those things, with them that have the fewest. 'T is then in place to begin by Franconia, where we reside, especially by the Land of the Burggraviat of Nuremberg, in both of which the beauty and the elegancy of these stones abound.

We shall advance through the other Provinces of Germany, before we extend to the richness & luxury in that kind of foreign countries. The sort that can be polish'd will not only be admitted, but also, those sorts which, extracted from metals, are used variously by Statuaries.

Notwithstanding the variety of marble, from different countries it will be possible to obtain, we shall not cease to seek for new discoveries, till we have exhausted all of that kind, as no man can be so rich in any thing, but he can add to it.

What the time will afford us after this work is finish'd, shall be given by supplement.

REPRÉSENTATION

DE

MARBRES,

Gravés & mis en Couleurs d'après nature; avec
leurs Noms en *Hollandois*, *Allemand*,
Anglois, *François* & *Latin*.

Publiée à AMSTERDAM,
Chez JEAN CHRÉTIEN SEPP, Libraire.
1776.

AU LECTEUR.

En nous préparant à produire une Représentation de Marbres, nous espérons, cher Lecteur, d'obtenir votr'approbation, quoique nous en établissons moins la différence par leurs couleurs, que par celle de leurs différens pays, & que nous joignons à ceux qui en abondent, les pays qui en ont le moins. Il est donc à propos de commencer par la Franconie, où nous sommes, et par les Terres du Bourggraviat de Nuremberg, qui n'abondent pas moins dans la beauté de ces pierres que dans la quantité. Avant de parvenir aux richesses & aux productions luxurieuses, dans ce genre, des Empires étrangers, nous nous étendrons sur les autres provinces d'Allemagne. Nous n'admettrons pas seulement les sortes qui peuvent recevoir le poli, mais celles aussi qui, sortant des métaux, sont fabriquées à différens usages par les Statuaires.

La variété des marbres de différens pays sera telle que nous ne serons flattés de tout ce qu'il sera possible d'en receuillir, que lorsque nous aurons épuisé les richesses de toutes les sortes qui aient jamais existé; car personne n'est si riche dans aucune chose, qu'il ne puisse encore y ajouter. Ainsi, lors même que cet ouvrage sera complet, tout ce que nous pourrons obtenir ensuite y sera ajouté par supplément.

MARMORA

ET ADFINES

ALIQUOS LAPIDES

COLORIBUS SUIS

AMSTELÆDAMI,
Apud JOHANNEM CHRISTIANUM SEPP, Bibliopolam.
1776.

LECTORI.

Marmorum formas exhibere dum paramus, L. B. confenfum impetraturos effe fperamus, quando ifta non adeo ex colorum differentia, fed fecundum regiones potius difponimus, et iis interdum, quibus largior harum rerum proventus eft, pauperiores adfociamus. Non immerito igitur a Franconia, in qua degimus, et praecipue a terris Burggraviatus Norici utriusque initium facimus, in quibus magna ejusmodi lapidum ubertas, nec minor elegantia reperitur. Ad reliquas dien Germaniae provincias promovebimus, antequam ad externorum regnorum perveniamus luxurias aut divitias. Non autem quosvis lapides hujus ordinis, qui laevigari poffunt, admittimus, fed eos faltem, qui ex metallis extrahuntur, et a marmorariis in varios ufus fabricantur.

Tot quidem ex fingulis regionibus marmorum varietates proponemus, quot nobis procurare potuimus; nullatenus autem nobis blandimur, juxta ac fi omnes, quae unquam exftiterunt, divitias exhaufiffemus, nemo enim ulla in re adeo dives eft, quin aliquid poffit adjici. Quae interim futura dies nobis largitur, fi integrum eft, per fuplementa dabimus.

BAYREUTSCHE MARMER.

===

Bayreuthische Marmor.

===

MARBLE of BAREITH.

===

MARBRES de BAREITH.

===

MARMORA BARUTHINA.

I.

1.

2.

3.

4.

5.

6.

A.L.Wirsing exc. Nor.

HOLLANDSCH.	HOCHTEUTSCH.	ENGLISH.	FRANÇOIS.
No. 1. Witte geschobde en als van Zout-Deeltjes glinsterende Marmer uit den Stads-Breuk of Stads Marmer-Mein by *Wonsiedel*. *) Breekt tot 8 voet lang.	Weißer schupptichter, gleichsam als von Saltztheilen schimmernder Marmor, aus dem Stadtbruche bey **Wonsiedel**. *) Bricht bis acht Schuh lang.	White Marble, glittering as it were strew'd with bits of salt, from the Quarry of the Town of Wonsiedel. *) There is pieces of 8 foot.	Marbre blanc, resplendissant comme s'il etoit parsemé de Cristaux de sel, de la Carriere de la ville de Wonsiedel. *) On en tire des masses de 8 pieds.
— 2. Geheel zwarte Marmor van *Schwarzenbach am Walde*. *) Breekt 4 voet lang.	Gantz schwarzer Marmor, von **Schwarzenbach am Walde**. *) Bricht vier Schuh lang.	Marble always very black, of Schwarzenbach am Walde. *) There is pieces of 4 foot.	Marbre toujours très-noir, de Schwarzenbach am Walde. *) On en trouve des blocs de 4 pieds.
— 3. Donker zwarte Marmer, hier en daar met witte en geelachtige Aderen voorzien van *Bernstein*. *) Breekt 5 voet lang. **) Deeze zoort van Marmer heeft zomtyds Versteeningen in zich van *Ammoniten, Orthoceratiten* of dergelyken.	Dunkelschwarzer Marmor, hin und wieder mit weißen Adern durchzogen, von **Bernstein**. *) Bricht fünf Schuh lang. **) Diese Art Marmor hält zuweilen Versteinerungen in sich, z.B. Orthocratiten, Ammoniten u. d. g.	Marble very black, with a few white veins, of Bernstein. *) There is pieces of 5 foot. **) This kind of marble comprehends the Orthocratides, the Ammonites & other petrifications of that sort.	Marbre très-noir, avec quelques veines blanches, de Bernstein. *) Il s'en trouve des pieces de 5 pieds. **) Ce genre de marbre comprend les Orthocratites, les Ammonites & autres pétrifications de cette espece.
— 4. Licht Leeverkleurige Marmer met weinig Aderen van den *Fichten Berg*. *) Breekt 4 voet lang.	Helleberfarbener einfärbiger Marmor, mit wenigen Adern, vom **Fichtelberg**. *) Bricht vier Schuh lang.	Marble light brown, mix'd with reddish colour and a few veins, from the Mount Penifer. *) There is pieces of 4 foot.	Marbre noisette, mêlé de couleur rousse Jaunâtre, avec quelques veines. *) Il s'en rencontre des pieces de 4 pieds.
— 5. Matwitte eenkleurige Marmer van *Casendorf*. *) Breekt 5 voet lang.	Mattweißer einfärbiger Marmor, von **Casendorf**. *) Bricht fünf Schuh lang.	Whitish Marble of only one colour, from Casendorf. *) There is pieces of 5 foot.	Marbre blanchâtre tout d'une couleur, de Casendorf. *) On en coupe des pieces de 5 pieds.
— 6. Donker roode Marmer met roodbruine Wolken en lichtere Koleurde Vlakken, van *Gattendorf*. *) Breekt 3 tot 4 voet lang. **) De witte Vlakken vind men 'er niet altyd in.	Dunkelrother Marmor mit rothbraunen Wolken, und ins helle spielenden Flecken, von **Gattendorf**. *) Bricht drey bis vier Schuh lang. **) Die weißen Flecken kommen nicht allezeit darinnen vor.	Dark red Marble, clouded with brown and strew'd with whitish spots, of Gattendorp. *) There is pieces of 4 foot. **) 'Tis not always found with white spots.	Marbre rouge brun, avec des nuages foncés, & parsemé de taches tirant sur le blanc, de Gattendorp. *) On en arrache des pieces de 4 pieds. **) Il ne s'y trouve pas toujours des taches blanches.

LATINE

No 1. Marmor candidum, veluti ex micis salis per lapidem sparsis respendens, ex lapicidina civitatis *Wonsiedel*
* Moles 8. pedum longae eruuntur.

— 2 Marmor nigerrimum perpetuum, prope *Schwarzenbach am Wald*.
*) Glebae 4. pedum habentur.

No. 3. Marmor nigerrimum rarioribus venis candidis distinctum, prope *Bernstein*.
*) Moles 5. pedum reperiuntur.
**) Hoc Marmoris genus interdum Orthoceratites, Ammonites, & alia ejus generis petrificata comprehendit.

— 4. Marmor dilute hepatici perpetui coloris, raris venis interdum perfusum, ex *Monte Pinifero*.
*) Moles 4. pedum exquiruntur.

No 5. Marmor unicolor subalbescens prope *Casendorf*.
*) Quinque pedes longae moles caeduntur.

— 6. Marmor austere rubrum intermixtis nubeculis saturatioribus et maculis in album vergentibus, prope *Gattendorf*.
*) Glebae 3. ad 4. pedum eruuntur.
**) Maculae albae non semper occurrunt.

HOLLANDSCH.	Hochteütsch.	ENGLISH.	FRANÇOIS.
N°. 7. Licht geele Marmer met donker geele Streepen bruine Aderen en Stippen van *Streitberg*. *) Breekt 4 voet lang.	Hellgelber Marmor mit dunkelgelben wellenförmigen Streifen/ braunen Adern und Puncten/ von Streitberg. *) Bricht vier Schuh lang.	Yellowish mix'd Marble, with dark circular waves, points & brown veins, of Streitberg. *) There is pieces of 4 foot.	Marbre jaunâtre mélangé, avec des ondes circulaires, des points & des veines foncées, de Streitberg. *) En pieces de 4 pieds.
— 8. Muisvaale Marmer met roodbruine Wolken en zwartachtige Aderen van *Schertlaſs* by *Selbz*.	Maußfarbener Marmor mit röthlichbraunen Wolken und schwärzlichen Adern/ vom Schertlaß bey Selbiz.	Mouse colour Marble, with brownish-red clouds and dark veins, of Shertlaſs near Selbiz.	Marbre gris de souris avec des nuages d'un rouge tané brun & des veines obscures, de Shertlaſs, près de Selbiz.
— 9. Zwarte Marmer met tamelyk regte wytloopende Aderen van *Scharzenbach am Walde*. *) Breekt 4 voet lang.	Schwarzer Marmor mit ziemlich geraden Adern weitlaufig durchzogen/ von Schwarzenbach am Walde. *) Bricht vier Schuh lang.	Black Marble, with a few white veins almost straight, of Shwarzenbach am Walde. *) There is pieces of 4 foot.	Marbre noir, marqué de veines blanches distantes & assez droites, d'auprès de Shwarzenbach am Walde. *) En pieces de 4 pieds.
—10. Licht Strookleurige Marmer met fyne donkere Aderen veelvuldig voorzien, van *Caſendorf*. *) Breekt 5 voet lang.	Hellstrohfarbener Marmor mit zarten dunkeln Adern häufig durchfreucht/ von Caſendorf. *) Bricht fünf Schuh lang.	Straw-colour Marble, mix'd with white and crossed with a quantity of light-brown veins, of Caſendorf. *) There is pieces of 5 foot.	Marbre paille, mêlé de blanc, croisé par quantité de veines d'un brun léger, de Caſendorf. *) On en tire des pieces de 5 pieds.
—11. Oranje Koleurige Marmer met donkerder Vlakken en Aderen van *Streitberg*. *) Breekt 4 voet lang. **) Deeze Marmer heeft zomtyds. Versteeningen van Belemniten in zich.	Hochgelber Marmor mit dunklern Wolken und Adern/ von Streitberg. *) Bricht vier Schuh lang. **) Dieser Marmor hält zuweilen Versteinerungen z. B. Belemniten in sich.	Dark yellow Marble, with distinct veins and clouds of a dark colour, of Streitberg. *) There is pieces of 4 foot. **) This kind of marble contains the petrification call'd Belemnites or Linx-stone.	Marbre jaune foncé, marqué de veines & de nuages obscurs, d'auprès de Streitberg. *) Il s'en trouve des blocs de 4 pieds. **) Cette sorte de Marbre contient la pétrification apellée Belemnite ou Pierre de Linx.
—12. Donkergraauwe Marmer met zwartbruine in gekronkelde Aderen uitloopende Vlakken, van *Weinizloſa* en *Regnizloſa*. *) Breekt 12 voet lang.	Dunkelgrauer Marmor mit schwarzbraunen in gekrümmte Adern auslaufenden Flecken/ von Weinizloſa auch Regnizloſa. *) Bricht zwölf Schuh lang.	Brown ash-colour Marble, with dark spots and extended branching veins of Weinizloſa & Regnizloſa. *) There is pieces of 12 foot.	Marbre gris-cendré brun avec des taches obscures & des veines répandues en rameaux, de Weinizloſa & Regnizloſa. *) On en a des pieces de 12 pieds.

LATINE:

N°. 7. Marmor dilutius flavescens zonis undosis saturatius flavis punctis venisque obscuris notatum, prope *Streitberg*.
*) Moles 4. pedum fodiuntur.

— 8. Marmor murini coloris, nubeculis ex rubro subfuscis & venis obscurioribus notatum, ex *Schertlaſz* prope *Selbiz*.

N°. 9. Marmor nigrum venis albis satis rectis laxe notatum, circa *Schwarzenbach am Walde*.
*) Ad 4. pedes longum invenitur.

—10 Marmor ex albido dilute stramineum venis teneris fuscis se decussantibus copiose persusum, prope *Caſendorf*.
*) Moles 5. pedum caeduntur.

N°. 11. Marmor coloris flavi saturati nubeculis & venis obscurioribus distinctum, circa *Streitberg*.
*) Moles 4. pedum occurrunt.
**) Hoc quoque Marmoris genus petrificata e. g. Belemnites continet.

—12 Marmor saturate cinereum maculis pullis in venas concolores ramosas excurrentibus distinctum, circa *Weinizloſa* & *Regnizloſa*.
*) Moles 12. pedum habentur.

II.   2.

7.   8.

9.   10.

11.   12.

III.   3

13.   14.

15.   16.

17.   18.

HOLLANDSCH.	HOCHTEUTSCH.	ENGLISH.	FRANÇOIS.
No. 13. Schoone graauwe Marmer, met lichter graauwe Vlakken, zwarte Aderen en hier en daar met Key Stippen besprenkeld, van *Ebersdorf* in 't Opperampt *Lauenstein*.	Schön grauer Marmor mit weißgrauen Flecken und schwarzen Adern, auch eingesprengten Kießpuncten, von **Ebersdorf** im Oberamt **Lauenstein**.	Fine ash-colour Marble, with whitish spots and branching black veins, strew'd with points and pyrites, of Ebersdort near Lauenstein.	Beau Marbre gris cendré, marqué de taches blanchâtres & de veines noires ramifiées, parsemé de points & de pyrites, d'Ebersdorf près de Lauenstein.
— 14. Bruin graauwe Marmer, met lichtgraauwe en zwarte Banden en Vlakken, van *Weidesgrun*. *) Breekt 7 tot 8 voet lang.	Sattgrauer Marmor, mit hellgrauen, weißen und schwarzen wellenförmigen Banden und Flecken, von **Weidesgrun**. *) Bricht sieben bis acht Schuh. lang.	Dark ash-colour Marble, in circular waves, varied with different spots of white, ash-colour and black, of Weidesgrun. *) There is pieces of 7 or 8 foot.	Marbre gris brun en ondes circulaires, marqué de différentes taches variées de gris cendré, de blanc & de noir, d'auprès de Weidesgrun. *) Il s'en trouve de 7 à 8 pieds.
— 15. Groenachtige graauwe Marmer, met diergelyke Vlakken van *der Geigen* by *Hof* in 't *Voigtland*. *) Breekt 8 voet lang.	Grünlichgrauer Marmor mit dichten schön grauen Flecken, von **der Geigen bey Hof** im Voigtlande. *) Bricht acht Schuh. lang.	Light greenish ash-colour Marble, with many dark-gray spots, from the Quarry die Geigen, near the Court of Voigtland. *) There is pieces of 8 foot.	Marbre gris clair verdâtre avec quantité de taches gris foncé, de la Carriere die Geigen, proche la Cour de Voigtland. *) On en tire des pieces de 8 pieds.
— 16. Uit zwart en donkerbruin vermengde Marmer van *Hof* in *Voigtland*. *) Breekt 3 tot 4 voet lang.	Aus schwarzbraun und dunkelbraun abgesetzt gemischter Marmor, von **Hof** im **Voigtlande**. *) Bricht drey bis vier Schuh lang.	Marble with tawny and chesnut colour spots, near the Court of Voigtland. *) There is pieces of 3 or 4 foot.	Marbre avec des taches distinctes de couleur tannée & chatain, d'auprès de la Cour de Voigtland. *) Il en vient des blocs de 3 à 4 pieds.
— 17. Licht bruinroode Marmer, met donkere en lichter Vlakken en Wolken, van *Gattendorf*. *) Breekt 3 tot 4 voet lang.	Hellbraunrother Marmor mit dunklern und hellern Flecken und Wolken, von **Gattendorf**. *) Bricht drey bis vier Schuh lang.	Marble of a reddish brown, well mix'd with spots and clouds, of Gattendorf. *) There is pieces of 3 or 4 foot.	Marbre mêlé d'un rouge brun, avec des taches & des nuages bien mélangés, de Gattendorf. *) On en a des morceaux de 3 à 4 pieds.
— 18. Lichtgraauwe Marmer met Leverkoleurige Wolken en lichtroode Droppen, ook fyne zwarte en witte Aderen, van *Hof* in *Voigtland*. *) Breekt 8 voet lang.	Hellgrauer Marmor mit leberfarbenen Wolken und hellrothen Tropfen, auch zarten dunkeln und weisen Adern von **Hof** im **Voigtlande**. *) Bricht acht Schuh lang.	Ash-colour Marble, with dark-yellow clouds, reddish drops and white & dark veins, near the Court of Voigtland. *) There is pieces of 8 foot.	Marbre gris cendré, mêlé de nuages jaune brun & de gouttes rougeâtres, où sont aussi des veines obscures & blanches, d'auprès de la Cour de Voigtland. *) Il s'en trouve des pieces de 8 pieds.

LATINE.

N°. 13. Marmor laete cinereum, maculis canescentibus & venis nigris ramosis notatum, punctisque pyriticis conspersum, circa *Ebersdorf* perfecturae *Lauensteinensis*.

— 14. Marmor saturate cinereum zonis undosis, dilute cinereis, candidis et nigris, similibusque maculis varium circa *Weidesgrun*.
*) Moles 7. vel 8. pedes longae occurrunt.

N°. 15. Marmor ex virescente cinereum maculis crebris cinereis, ex lapicidina, *die Geigen*, prope *Curiam Variscorum*.
*) Moles 8. pedum adquiruntur.

— 16. Marmor ex pullo & spadiceo distincte maculatum, circa *Curiam Variscorum*.
*) Moles 3. & 4. pedum occurrunt.

N°. 17. Marmor dilutius ex rufo fuscum, maculis & nebulis dilutioribus & saturatioribus, circa *Gattendorf*.
*) Glebae 3. vel 4. pedum habentur.

— 18. Marmor dilute cinereum nubeculis hepatici coloris & guttis subrubris, venisque obscurioribus albisque distinctum, circa *Curiam Variscorum*.
*) Ad octo pedes longum occurrit.

HOLLANDSCH.	Hochteütsch.	ENGLISH.	FRANÇOIS.
N°. 19. Licht Muiskoleurige Marmor met donker graauwe Wolken en bruine Aderen van *Schertlaſs* by *Selbiz*.	Hellmaußfarbener Marmor/ mit dunkelgrauen Wolken und braungrauen Adern/ vom Schertlaß bey Selbiz.	*Mouse colour Marble, mixed with dark ash-colour clouds and brownish gray veins, of Shertlafs near Selbiz.*	*Marbre gris de souris, mêlé de nuages gris foncé & de veines brun grisâtre, de Shertlafs proche de Selbiz.*
— 20. Lichtbruine Marmer, met donkerbruine Aderen en bleek roode Spatten, van *Hof* in 't *Voigtland*.	Hellbrauner Marmor mit dunkelbraunen Adern und sattrothen Tropfen/ von Hof im Voigtlande.	*Mix'd brown Marble, with chesnut-colour veins and deep red spots, near the Court of Voigtland.*	*Marbre mêlé de brun avec des veines chatain & marqué de gouttes d'un rouge foncé, d'auprès de la Cour de Voigtland.*
*) Breekt 10 voet lang.	*) Bricht zehn Schuh lang.	*) There is pieces of 10 foot.	*) Il s'en trouve des pieces de 10 pieds.
— 21. Loodkoleurige roodachtige Marmer met witte Vlakken, en donker Olyfkoleurige Takkige Aderen, van *Weidesgrun*.	Bleyfarbener ins röthlich spielender Marmor mit weißen Flecken und dunkel olivenfarbenen ästigen Adern/ von Weidesgrün.	*Marble bluish colour of a reddish cast, with white spots and branches of a blackish violet, of Weidesgrun.*	*Marbre gris bleuâtre, tirant un peu sur le rouge, marqué de taches blanches & de ramifications d'un violet noirâtre, de Weidesgrun.*
*) Breekt 7 voet lang.	*) Bricht sieben Schuh lang.		
— 22. Lichtgraauwe Marmer met groote rood en bruin in onafgebrooke donkere Aderen uitloopende Vlakken van *der Geigen* by *Hof* in 't *Voigtland*.	Hellgrauer Marmor mit großen und roth und braun gemischten in unterbrochene dunkle Adern ausgehenden Flecken/ von der Geigen bey Hof im Voigtlande.	*Ash-colour Marble, with great spots mix'd with red and brown and interrupted by long veins, from the Quarry die Geigen, near the Court of Voigtland.*	*Marbre mêlé de gris avec de grandes taches mélangées de rouge & de brun, & varié par de grandes veines interrompues, allongées & variées, de la Carriere die Geigen, proche de la Cour de Voigtland.*
*) Breekt 8 voet lang.	*) Bricht acht Schuh lang.	*) There is pieces of 8 foot.	*) On en a des pieces de 8 pieds.
— 23. Graauw en zwart sterk gevlakte Marmer met Key-Nieren en stippen, van *Bernstein*.	Grau und schwarz abgesetzt gesteckter Marmor/ mit einbrechenden Kießnieren und Stiften/ von Bernstein.	*Marble distinctly spotted ash-colour and black, and crossed by knots & points of pyrites, of Bernstein.*	*Marbre taché de gris & de noir, & croisé de noeuds & points de pyrites, de Bernstein.*
*) Breekt 3 tot 4 voet lang.	*) Bricht drey bis vier Schuh lang.	*) There is pieces of 3 or 4 foot.	*) Les blocs sont de 3 à 4 pieds.
— 24. Graauwe met zwartachtige Wolken en zwarte Vlakken weiniger, doch met Key-Nieren veelvuldiger dan de voorgaande voorziene Marmer, van *Bernstein*.	Grauer mit schwärzlichen Wolken und schwarzen Flecken weniger/ mit Kießnieren aber häufiger durchzogener Marmor/ von Bernstein.	*Ash-colour Marble, with some clouds and small spots and many Knots of true pyrites, of Bernstein.*	*Marbre gris cendré, marqué de quelques nuages & taches, & abondant en petits noeuds de vraies pyrites, de Bernstein.*
*) Dit is eene byzoort van de voorgaande.	*) Ist eine Abänderung des vorigen.	*) This Marble varies little from the precedent.	*) Ce marbre est une sorte variée du précédent.

LATINE.

N°. 19. Marmor murini diluti coloris, nubeculis saturatius cinereis & venis ex fusco cinerascentibus perfusum, in *Schertlaſz* prope *Selbiz*.

— 20. Marmor dilute fuscum venis spadiceis & guttis austere rubris notatum, circa *Curiam Variscorum*.

*) Ad 10. pedes longum reperitur.

N°. 21 Marmor plumbei in rubrum paullo inclinantis coloris, maculis albis & venis nigræ violæ coloris ramosis distinctum, circa *Weidesgrun*.

*) Moles 7. pedum eruuntur.

— 22. Marmor dilute cinereum, maculis magnis ex rubro & spadiceo mixtis, in venas consimiles interruptas porrectis varium, ex lapicidina *die Geigen*, prope *Curiam Variscorum*.

*) Moles 8. pedum fodiuntur.

N°. 23. Marmor ex cinereo & nigerrimo discrete maculatum, intercurrentibus nodis & punctis pyriticis, circa *Bernstein*.

*) Ad 3. vel 4. pedes longum foditur.

— 24. Marmor cinereum nubeculis & maculis rarioribus, nodulis vero pyriticis copiosius notatum, circa *Bernstein*.

*) Varietas est proxime praecedentis.

IV. 4

19. 20.

21. 22.

23. 24.

V.   5

25.   26.

27.   28.

29.   30.

HOLLANDSCH.	Hochteütsch.	ENGLISH.	FRANÇOIS.
No. 25. Roode met witte en graauwe Vlakken, ook Bloedroode Aderen sterk geteekende Marmer, van *Uberkehr* by *Presseck*.	Rother mit weißen und grauen Flecken auch blutrothen Adern stark durchzogener Marmor, von der Ueberkehr bey Preßeck.	Reddish Marble, with white and ash-colour spots and many dark red veins, of Uberkehr, near Presseck.	Marbre rougeâtre avec des taches blanches & cendrées, parsemé de quantité de veines d'un rouge foncé, de Uberkehr, proche de Presseck.
— 26. Lichtbruine Marmer met donkerbruine, witachtige en verscheide roode ook zomtyds geoogde Vlakken en Aderen voorzien, van *Gattendorf*. *) Breekt 3 tot 4 voet lang.	Hellbrauner Marmor mit dunkel braunen, weißlichten und verschiedenen rothen, zuweilen augichten, Flecken und Adern, von Gattendorf. *) Bricht drey bis vier Schuh lang.	Mix'd brown Marble, with whitish chesnut-colour spots, various red and some eyes, of Gattendorf. *) There is pieces of 3 or 4 foot.	Marbre mêlé de brun avec des taches chatain blanchâtre & de différens rouges avec quelques yeux, de Gattendorf *) Les pieces sont de 3 à 4 pieds.
— 27. Loodkoleurige Marmer, met veele en groote Kastanje bruine Vlakken, van *Hof* in 't *Voigtland*.	Bleyfarbener Marmor mit vielen und großen castanienbraunen Flecken, von Hof im Voigtlande.	Lead-colour Marble with many great chesnut-colour spots, near the Court of Voigtland.	Marbre gris de plomb avec plusieurs grandes taches chatain, d'auprès de la Cour de Voigtland.
— 28. Marmer bruin en graauw groot gevlakte, met witte Aderen, van *Hof* in *Voigtland*.	Aus braun und grau großgefleckter Marmor mit starken weißen Adern, von Hof im Voigtlande.	Marble with great spots of brown & ash-colour, and larger white veins, near the Court of Voigtland.	Marbre marqué de grosses taches brunes & cendrées avec de grandes veines blanches, d'auprès de la Cour de Voigtland.
— 29. Graauwe met roode en witte Vlakken en donkergroene Aderen geplekte Marmer, van *Schertlass* by *Selbiz*.	Grau mit rothen und weißen Flecken und dunkelgrünen Adern gescheckter Marmor, von Schertlaß bey Selbiz.	Ash-colour Marble, with many red and white spots and veins, varied by a blackish green, of Shertlass near Selbiz.	Marbre gris-cendré, marqué de quantité de taches rouges & blanches, & de veines variées de noir verdâtre, de Shertlass, près de Selbiz.
— 30. Donker en lichtgraauwe ook wit gevlakte, zo genaamde witte Brocatell-Marmer, van *Bernstein*. *) Breekt 7 voet lang.	Dunkel- und hellgrau auch weißgefleckter, sogenannter weißer Brocatell Marmor, von Bernstein. *) Bricht sieben Schuh lang.	Dark ash-colour Marble, mixed with white, of Bernstein. *) There is pieces of 7 foot.	Marbre varié de gris brun mélangé de blanc, de Bernstein. *) Les pieces se tirent de 7 pieds environ.

LATINE.

N°. 25. Marmor rufescens maculis albis, cinereis, atque venis saturate sanguineis dense perfusum, circa *Uberkehr*, prope *Presseck*.

— 26. Marmor dilute fuscum maculis spadiceis, albicantibus, rubris & miniatis, passim oculatis varium, circa *Gattendorf*.
*) Glebae 3. vel 4. pedum longae habentur.

N°. 27. Marmor plumbei coloris maculis magnis crebrisque badii coloris distinctum, circa *Curiam Variscorum*.

— 28. Marmor maculis fuscis et cinereis magnis distinctum, venis candidis latioribus, circa *Curiam Variscorum*.

N°. 29. Marmor cinereum, maculis crebris sanguineis et albis venisque ex nigro viridibus varium, ex *Schertlass* prope *Selbiz*.

— 30. Marmor ex saturato et diluto cinereo alboque varium, telam argenteam, ut volunt, imitans, circa *Bernstein*.
*) Moles 7. pedum eruuntur.

HOLLANDSCH.	Hochteütsch.	ENGLISH.	FRANÇOIS.
N°.31. Donker zwarte Marmer, met veele witte Takkige Aderen doorweeven, van *Dreissendorf* by *Hof* in *Voigtland*. *) Breekt 3 voet lang.	Dunkelschwarzer Marmor / mit häufigen weißen ästigen Adern durchzogen / von Dreißendorf bey Hof im Voigtlande. *) Bricht drey Schuh lang.	Marble very black, divided by white branching veins, of Dreissendorp near the Court of Voigtland. *) There is pieces of about 3 foot.	Marbre très-noir, divisé par des veines blanches ramifiées, de Dreissendorf, près de la Cour de Voigtland. *) Les pieces sont d'environ 3 pieds.
32. Roode en Vleeschkoleurige Marmer, met witte Vlakken en dergelyke ook groenachtige Aderen, van *Hurtigwagen*. *) Breekt tot 7 voet lang. **) In deeze zoort vind men zomtyds Versteeningen van Ammoniten en Orthoceratiten.	Roth und fleischfarbener Marmor / mit weißen Flecken / und dergleichen / auch grünlichen Adern / von Hurtigwagen. *) Bricht bis sieben Schuh lang. **) Es kommen in dieser Art Versteinerungen vor / z. B. Ammoniten und zuweilen Orthoceratiten.	Marble of various red, with a few spots and white veins intermixed with greenish ones, of Hurtigwagen. *) There is pieces of 7 foot. **) The petrification contains also some Ammonites and sometimes Orthoceratites.	Marbre varié de différens rouges avec quelques taches & veines blanches entremêlées par des verdâtres, de Kurtigwagen. *) Les pieces sont de 7 pieds. **) La pétrification contient aussi des Ammonites & quelquefois des Orthoceratites.
33. Licht vleeschkoleurige Marmer, met blaauwachtig witte Wolken en groene Aderen, van *Hurtigwagen*. *) Breekt 7 voet lang.	Hellfleischfarbener Marmor / mit weißlichen und blaulichen Wolken und grünen Adern / von Hurtigwagen. *) Bricht sieben Schuh lang.	Light flesh-colour Marble, with a few white and bluish clouds and green veins, of Hurtigwagen. *) There is pieces of 7 foot.	Marbre couleur de chair clair, avec quelques nuages blancs & azurés & des veines verdâtres, de Hurtigwagen. *) Il s'en trouve des pieces de 7 pieds.
34. Vaale bruine Marmer, met donkerbruine fyne en sterke witte Aderen ook lichtroode Vlakken, uit den *onderston Marmer-Breuk* by *Hof* in *Voigtland*.	Fahlbrauner Marmor / mit dunkelbraunen zarten und weißen starken Adern / auch hellrothen Flecken / aus dem unteren Bruche bey Hof im Voigtlande.	Brown Marble growing gradually pale, with light chesnut-colour veins and larger white ones, also with mix'd red and yellow points, from the lower Quarry of the Court of Voigtland.	Marbre brun gradué clair, avec de légeres veines chatain & d'autres veines plus grandes blanches, parsemé de points mêlés de rouge & jaune, de la Carriere inférieure de la Cour de Voigtland.
35. Donkergraauwe, heen en weder zwarte met witte en geele Vlakken verzierde, zogenaamde Worst-Marmer, van de *Uberkehr* by *Presseck*. *) Zomtyds breeken ook Granaaten mede, welken hart te slypen zyn.	Dunkelgrauer hin und her schwarzer / mit grauen weißen und gelben Flecken gezierter / sogenannter Wurstmarmor / von der Ueberkehr bey Presseck. *) Granaten brechen zum öftern mit ein / die hart zu schleifen sind.	Ash-colour Marble, here and there blackish, strew'd with ash-colour, white and yellow spots, of Uberkehr, near Presseck. *) There is often found in it some Granite that retards the polish.	Marbre gris cendré foncé & par fois noirâtre, sablé & parsemé de taches grises blanches & jaunes, de Uberkehr près de Presseck. *) Il s'y trouve souvent du Granite qui en retarde le poli.
36. Aschgraauwe Marmer, met bruine ook licht en donker roode Vlakken witte Streepen en groenachtige Aderen, van *Hof* in *Voigtland*.	Aschgrauer Marmor / mit braunen / auch hell und dunkelrothen Flecken / weißen Strichen und grünlichen Adern / von Hof im Voigtlande.	Ash-colour Marble, with brown spots, mix'd and darcken'd with red, also spotted white & vein'd greenish, near the Court of Voigtland.	Marbre cendré à taches brunes, mêlé & obscurci de rouge avec des petites taches blanches & des veines verdâtres, d'auprès de la Cour de Voigtland.

LATINE.

N°.31. Marmor nigerrimum, venis candidis albisque ramosis divisum, circa *Dreissendorf* prope *Curiam Variscorum*.
*) Ad tres pedes longum reperitur.

— 32. Marmor ex diluto et saturate rubro varium, intercurrentibus maculis candidis venisque concoloribus, interdum virescentibus, circa *Hurtigwagen*.
*) Moles septem pedum caeduntur.
**) Petrificata etiam continet, Ammonitas et interdum Orthoceratitas.

N°.33. Marmor diluti carnei coloris, intercurrentibus nubeculis albidis et caerulescentibus, venisque viridibus, prope *Hurtigwagen*.
*) Ad septem pedes longum occurrit.

— 34. Marmor ex fusco in heluolum inclinans, venis teneris spadiceis aliisque latioribus candidis, punctis dilute rubris conspersum, ex *lapicidina inferiore Curiae Variscorum*.

N°.35. Marmor saturate cinereum, passim nigrescens, maculis cinereis, albis & flavis, instar farciminis, variegatum, ex *Uberkehr* prope *Presseck*.
*) Admiscentur saepius Granati, qui polituram retardant.

— 36. Marmor cinereum maculis fuscis, dilute & saturate rubris, virgulis albis venisque virescentibus notatum, prope *Curiam Variscorum*.

VI. 6

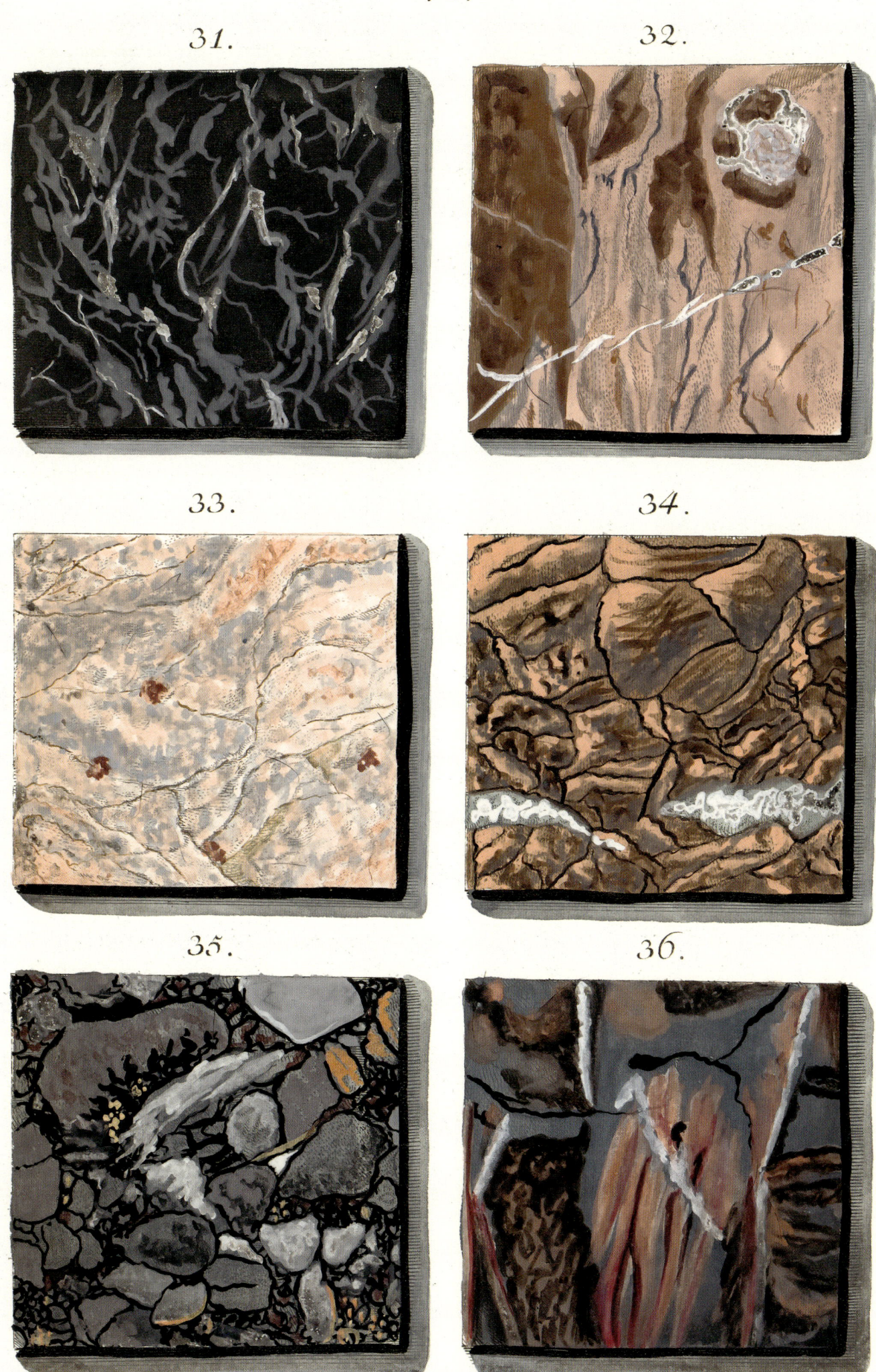

31. 32.

33. 34.

35. 36.

VII. 7

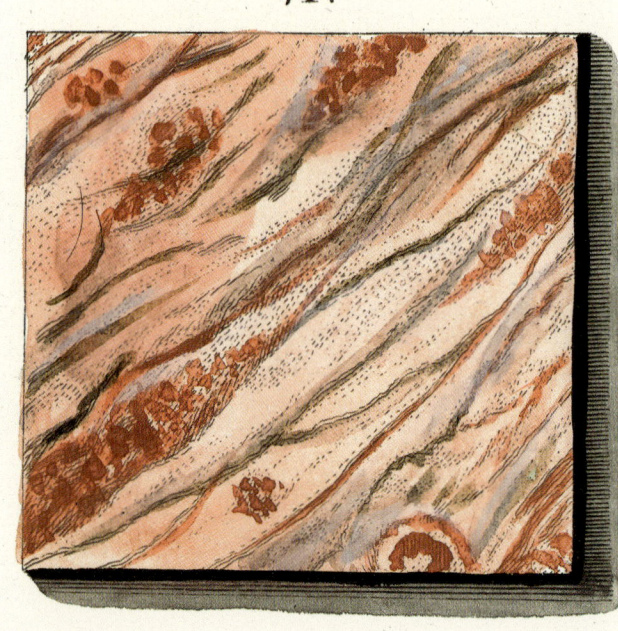

37. 38.

39. 40.

41. 42.

HOLLANDSCH.	Hochteutsch.	ENGLISH.	FRANÇOIS.
N°. 37. Bleekgeele Marmer, met donkergeele Vlakken en bruine Aderen, van *Neuenbach* by *Truppach*.	Bleichgelber Marmor/ mit dunkelgelben Flecken/ auch braunen Adern/ von Neuenbach bey Truppach.	Pale-yellow Marble, brown spots and dark veins, of Neuenbach near Truppach.	Marbre jaune pâle avec des taches foncées & des veines brunes, de Neuenbach, aux environs de Truppach.
— 38. Licht en donkerroode vermengde Marmer, met bleekgraauwe Vlakken en Aderen, tusschen *Schauenstein* en *Weidesgrun*.	Hell und dunkelroth gemischter Marmor/ mit blaßgrauen Flecken und Adern/ zwischen Schauenstein und Weidesgrün.	Mixt Marble of a dark red, with pale ash-colour spots and veins, between Schauenstein and Weidesgrun.	Marbre mêlé de rouge foncé & brun avec des veines gris cendré clair, entre Sohauenstein & Weidesgrun.
— 39. Zwartachtige Marmer, met veele graauwe en als op reiën staande Vlakken, van *der Geigen* by *Hof* in *Voigtland*.	Schwärzlicher Marmor/ mit vielen grauen/ gleichsam reihenweis gesetzten Flecken/ von der Geigen bey Hof im Voigtlande.	Blackish Marble with many ash-colour spots, almost in chains, from the Quarry die Geigen, near the Court of Voigtland.	Marbre noirâtre, avec beaucoup de taches gris cendré presque par enchainement, de la Carriere die Geigen, de la Cour de Voigtland.
— 40. Witachtige in 't roodspeelende Marmer, met rood en blaauwachtige Wolken en groene Aderen, van *Hurtigwagen*. *) Breekt 7 voet lang.	Weißlichter/ ins röthliche spielender Marmor/ mit röthlichen und bläulichen Wolken und grünen Adern/ von Hurtigwagen. *) Bricht sieben Schuh lang.	Flesh-colour Marble, intermixed with clouds reddish and gray, also with greenish veins, near Hurtigwagen. *) There is pieces of 7 foot.	Marbre couleur de chair, entremêlé de nuages rougeâtres & gris & des veines vertes, des environs de Hurtigwagen. *) Les pieces en sont de 7 pieds.
— 41. Vleeschkoleurige Marmer, met roode Vlakken en groene Aderen, van *Hurtigwagen*. *) Breekt 7 voet lang.	Fleischfarbener Marmor/ mit rothen Flecken und Tropfen/ auch grünen Adern/ von Hurtigwagen. *) Bricht sieben Schuh lang.	Flesh-colour Marble with red spots and drops, also vein'd with green, near Hurtigwagen. *) There is pieces of 7 foot.	Marbre couleur de chair avec des taches & des gouttes rouges, comme aussi des veines vertes, des environs de Hurtigwagen. *) Les pieces sont de 7 pieds.
— 42. Donkeraschgraauwe Marmer, met zwartachtige Vlakken ook zwarte en witte Aderen, van *der Hohenstrasse* te *Hof* in *Voigtland*.	Dunkelaschgrauer Marmor/ mit schwärzlichen gezerrten Flecken/ auch schwarzen und mattweißen Adern/ von der hohen Strasse zu Hof im Voigtlande.	Dark ash-colour Marble, with distinct blackish spots and a few black and white veins, of Hohestrasse, called the Court of Voigtland.	Marbre gris cendré foncé, avec des taches noirâtres séparées, & croisé par quelques veines noires & blanches, de Hohestrasse appellé la Cour de Voigtland.

LATINE.

N°. 37. Marmor pallide flavum Maculis saturatioribus et venis fuscis, ex *Neuenbach* circa *Truppach*.

— 38. Marmor austere et dilute rubrum, maculis & venis pallide cinereis, inter *Schauenstein* et *Weidesgrun*.

N°. 39. Marmor nigrescens, maculis cinereis copiosis, per series quasi dispositis, ex lapicidina *die Geigen*, *Curiae Variscorum*.

— 40. Marmor ex albicante in rubedinem inclinans, intercurrentibus nubeculis rubescentibus & glaucis, venisque viridibus, circa *Hurtigwagen*.
*) Moles 7. pedum fodiuntur.

N°. 41. Marmor carnei coloris maculis & guttulis rubris venisque viridibus, circa *Hurtigwagen*.
*) Pedes 7. longum occurrit.

— 42. Marmor saturate cinereum, maculis nigrescentibus distractis, intercurrentibus venis nigris et albidis, ad viam *Hohestrasse*, dictam *Curiae Variscorum*.

HOLLANDSCH.	Hochteutsch.	ENGLISH.	FRANÇOIS.
N°. 43. Licht Muiskoleurige Marmer, met weinig witte en roode Vlakken, zwart en witachtige Aderen, van den *Eichelberg* by *Hof* in *Voigtland*.	Hellmausfarbener Marmor mit wenigen weissen und hochrothen Flecken/schwärzlichen auch weißlichen Adern/vom Eichelberg bey Hof im Voigtlande.	Light mouse-colour Marble mix'd with white spots, and a few red ones, vein'd also with white and blackish, of Eichelberg, near the Court of Voigtland.	Marbre gris de souris clair, mêlé de taches blanches & de quelques rouges, veiné aussi de blanc & de noirâtre, d'Eichelberg, près la Cour de Voigtland.
— 44. Bruine Marmer, met weinig en kleine roode Stippen, van *Gattendorff*.	Hirschbrauner Marmor mit wenigen und kleinen rothen Puncten, von Gattendorf.	Hind-colour Marble, with gray & dark yellow clouds, of Gattendorf	Marbre couleur de biche, avec des nuages gris & jaune foncé, de Gattendorf.
— 45. Marmer met licht en donker graauwe en witte Vlakken en gekronkelde Streepen ook doorlopende geele Aderen, van *Hof* in *Voigtland*.	Aus hell- und dunkelgrau auch mausfarbenen und weisen Flecken und gekrümmten Streifen gescheckter Marmor mit durchziehenden gelben Adern/ von Hof im Voigtlande.	Ash and mouse-colour Marble, mix'd with white, variegated with few spots and circular lines, strew'd also with yellowish veins, near the Court of Voigtland.	Marbre mêlé de gris cendré, gris de souris & blanc, varié de quelques taches & de lignes circulaires, avec des veines jaundtres, d'auprès de la Cour de Voigtland.
*) Breekt 3 voet lang.	*) Bricht drey Schuh lang.	*) There is pieces of 3 foot.	*) Il en sort des pieces de 3 pieds.
— 46. Graauwe Marmer, met groote donkere en lichtbruine Vlakken ook fyne zwartbruine en witte doorschynende breede Aderen, van *Nayla*.	Grauer Marmor mit grossen dunkelbraunen und hellbraunen Flecken, mit zarten schwarzbraunen auch weißen durchsichtigen breiten Adern/ von Nayla.	Ash-colour Marble, with great spots chesnut-colour, mix'd with dark brown, also with few obscure veins and others large of a shining white, of Nayla.	Marbre gris cendré, avec de grosses taches chatain mêlées de brun foncé, ayant aussi quelques légeres veines obscures, & d'autres grandes d'un blanc reluisant, de Nayla.
— 47. Graauwe Marmer, met roodgeele en zwarte in fyne Aderen uitlopende Vlakken en witte Streepen, ook ingesprenkelde Key Stippen, uit den Stadsbreuk by *Hof* in *Voigtland*.	Grauer Marmor mit rothgelben und schwarzen in gleichfärbige zarte Adern auslauffenden Flecken und weißen Strichen, auch eingesprengten Kießpuncten/ aus dem Stadtbruche bey Hof im Voigtlande.	Fine ash-colour Marble, with distinct fallow-colour and black spots equally appearing in light veins mix'd with little shining white stripes and points of pyrites, from the Quarry of the Court of Voigtland.	Joli Marbre gris cendré, avec des taches distinctes fauves & noires également apparentes en veines légeres mêlées de petites rayes blanches luisantes & de points de pyrites, de la Carriere de la Cour de Voigtland.
*) Breekt 7 tot 8 voet lang.	*) Bricht sieben bis acht Schuh lang.	*) There is pieces of 7 or 8 foot.	*) On en tire des Masses de 7 à 8 pieds.
— 48. Marmer, graauw met rood en Appelbloesem koleurige hier en daar geoogde Vlakken en zwartachtige Aderen, van *Hof* in *Voigtland*.	Röthlich grauer Marmor mit rothen und apfelblüthfarbenen/ hin und her augichten Flecken/ auch schwärzlichen Adern/ von Hof im Voigtlande.	Ash-colour Marble of a reddish hue with red and pale rose, and with blackish veins, from the Court of Voigtland.	Marbre gris cendré, d'un mélange tirant sur le rouge, avec des taches rouges & de couleur de rose, aiant aussi des veines noirâtres, de la Cour de Voigtland.
*) Breekt 10 voet lang.	*) Bricht zehn Schuh lang.	*) There is pieces of 10 foot.	*) On en a des masses de 10 pieds.

LATINA.

No. 43. Marmor murini dilutioris coloris, maculis albis & minitatis paucis, venisque albidis & nigricantibus, ex *Eichelberg* prope *Curiam Variscorum*.

— 44. Marmor coloris cervini, maculis parvis paucisque rubris, circa *Gattendorf*.

No. 45. Marmor ex saturato & diluto cinereis, murinis & albis, maculis lineisque passim circumactis varium, venis luteis perfusum, circa *Curiam Variscorum*.

*) Glebae 3. pedum eruuntur.

— 46. Marmor cinereum maculis magnis spadiceis & dilutius fuscis, venis teneris pullis, aliisque candidis perlucentibus latioribus, prope *Nayla*.

No. 47. Marmor laete cinereum maculis distinctis fulvis et nigerrimis, utrisque in venas teneras concolores exeuntibus, intermixtis virgis candidis perlucentibus et punctis pyriticis, ex lapicidina civitatis *Curiae Variscorum*.

*) Moles 7. & 8. pedum fodiuntur.

— 48. Marmor ex diluto rubescente cinereum, maculis rubris & rosei coloris, passim oculatis, venisque nigricantibus distinctum, circa *Curiam Variscorum*.

*) Moles 10. pedum longae habentur.

VIII.   8

43.   44.

45.   46.

47.   48.

IX.   9

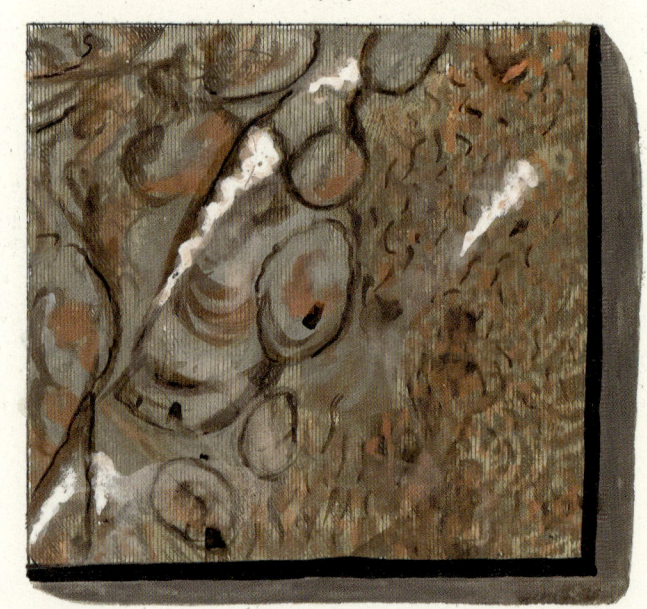

49.   50.

51.   52.

53.   54.

HOLLANDSCH.	HOCHTEUTSCH.	ENGLISH.	FRANÇOIS.
No. 49. Graauwe Leeverkoleurige Marmer met goud geele Vlakken en fyne donkere Streepen en Spiegel Vlakken, van den *Berneckerberg* by *Bayreuth*.	Grau leberfarbener Marmor, mit goldgelben Flecken, und zarten dunklen Strichen auch Spiegelflecken durchzogen, vom *Berneckerberge* bey *Bayreuth*.	Yellowish gray Marble, with gold-colour spots, many brown lines & shining bits like cristal, from the Mountains about Berneck near Bareith.	Marbre gris jaunâtre, avec des taches couleur d'or, quantité de lignes brunes & des cristaux luisans, des montagnes des environs de Berneck proche Bareith.
*) De Streepen en Spiegelvlakken worden veroorzaakt door de versteende *Terebratuliten* en *Chamiten* weshalven zulke soorten van Marmer in Italiën *Lumachellen* genoemd worden.	*) Die Striche und Spiegelflecken rühren von versteinerten Terebratuliten und Chamiten her, weswegen solche Arten Marmor in Italien Lumachellen genennet werden.	*) Those lines and cristals come from the petrifications Terebratulites and Chamites, for which reason that Kind of Marble is called in Italy Lumachella.	*) Ces lignes & ces cristaux doivent leur origne aux pétrifications Terebratulites & Chamites, pour quelle raison on appelle ce genre de Marbre en Italie Lumachella.
50. Donker Muisvaale Marmer, met zwartachtige Wolken en weinig witte Aderen, van *Durrenweid*.	Dunkel mausfarbener Marmor, mit schwärzlichen Wolken und wenigen weißen Adern, von Dürrenweid.	Blackish mouse-colour Marble, cross'd with white veins, about Durrenweid.	Marbre gris de souris noirâtre, croisé par des veines blanches, des environs de Durrenweid.
*) Breekt 5 voet lang.	*) Bricht fünf Schuh lang.	*) There is pieces of 5 foot.	*) Les pieces sont de cinq pieds.
**) Ook in deze Marmer vind men menigerly Versteeningen, byzonder uit het geslagt der veelkamerige Zeegewassen en anderen, doch die wy thans niet omstandig beschryven kunnen.	**) Auch in diesem Marmor kommen mancherley Versteinerungen, besonders aus dem Geschlechte der vielkammerigen Seegeschöpfe und andern, vor, die wir aber jetzo nicht weitläufftig beschreiben können.	**) There is found in this Marble various sorts of petrifications, especially from the polythalamical order, that we cannot describe here as large.	**) Il se trouve dans ce Marbre différentes sortes de pétrifications, sur-tout de l'ordre polythalamique que nous ne pouvons pas décrire ici au long.
51. Lichtbruine Marmer, met veel Streepen en speelende Vlakken verciert, van *Leineck* by *Bayreuth*.	Hell hirschfarbener Marmor, mit häufigen braunen Strichen und spielenden Flecken gezieret, von *Leineck* ohnweit *Bayreuth*.	Hind-colour mixt Marble, with many small little brown lines and shining spots, from the mountains about Leinec near Bareith.	Marbre mélangé de couleur de biche avec quantité de petites lignes brunes & des taches luisantes, des montagnes des environs de Leinec, auprès de Bareith.
*) Breekt in Platen van 3 voet lang.	*) Es brechen Tafeln drey Schuh lang.	*) There is pieces of 3 foot.	*) On en a des pieces de 3 pieds.
**) Deze is van dezelfde soort als No. 49. de Streepen ontstaan van kleine *Chamiten* en de speelende Vlakken van *Cochliten*.	**) Ist von eben derjenigen Art als Nr. 49. die Striche entstehen von kleinen Chamiten, und die spielenden Flecken von Cochliten.	**) This Kind of Marble is like No. 49. whom the little lines proceed from the Chamites and the spots from the cochlides.	**) Ce Marbre est du genre du No. 49. dont les petites lignes proviennent des Chamites & les taches des Cochlides.
52. Graauwachtige Marmer, met in zwarte fyne Aderen, uitlopende Vlakken en tusschen beiden lopende witte Streepen, van *der Hohenstrasse* by *Hof*.	Hechtgrauer Marmor, mit schwarzen, in gleichfärbige zarte Adern auslaufenden Flecken, und darzwischen kommenden weißen Strichen, von der Hohenstrasse bey Hof.	Fine ash-colour Marble, spotted black, crossed with light veins of the same coour and speckled with white, by Hohestrasse, near the Court of Voigtland.	Joly Marbre gris cendré, marqué de taches noires, croisé de légeres veines, même couleur & tacheté de blanc, des environs de Hohestrasse, près de la Cour de Voigtland.
*) Breekt 3 voet lang.	*) Bricht drey Schuh lang.	*) There is pieces of 3 foot.	*) Il y en a des pieces de 3 pieds.
53 Aschgraauwe gewolkte Marmer, met geelbruine Aderen en witachtige Spatten, by *Hof* in *Voigtland*.	Aschgrauer gewolkter Marmor, mit gelbbraunen Adern und weißlichen Tropfen, bey Hof im Voigtlande.	Ash-colour Marble with dark clouds and reddish veins, also spotted with white drops, near the Court of Voigtland.	Marbre gris cendré, avec des nuages foncés, des veines rougeatres & des taches en gouttes blanchâtres, proche la Cour de Voigtland.
54. Leeverkoleurige Marmer, met roodgeele Vlaken, donkere Streepen en speelende witte Wolken, van den *Berneckerberg* by *Bayreuth*.	Leberfarbener Marmor, mit rothgelben Flecken, dunklen Strichen und spielenden weißen Stellen ganz durchzogen, vom Berneckerberge bey Bayreuth.	Light olive colour Marble, spotted fallow-colour with little dark lines and with shining spots, from the mountains about Berneck near Bareith.	Marbre olive clair varié de taches fauves & de petites lignes, ombres & taches luisantes, des montagnes proche Berneck près de Bareith.
*) Breekt in Platen van 3 voet lang.	*) Es brechen Tafeln von drey Schuh lang.	*) There is pieces of 3 foot.	*) Il sort des pieces de 3 pieds.
**) De veel of wyniger uit elkander staande Streepen hangen af van de groote der *Terebratuliten*, der halven behoord ook deze soort Marmer tot die van No. 49 en 51.	**) Die mehr oder weniger weit auseinander stehenden Striche, hängen von der Größe der Terebratuliten ab; daher auch dieser Marmor zu der Art Nr. 51. und 49. gehöret.	**) The little lines more or less distant hold in general of the Terebratulites, by that this Marble is the same Kind of No. 49 & 51.	**) Les petites lignes plus ou moins distantes, tiennent en général des Terebratulites, c'est pourquoi ce Marbre est du genre de celui des Articles No. 49 & 51.

LATINE.

No. 49. Marmor ex cinereo hepatici coloris, maculis croceis, lineis crebris fuscis et miculis lucentibus distinctum, ex montibus circa *Berneck* propre *Baruthum*.
*) Lineae istae et miculae perlucentes petrificatis inclusis, v. g. Terebratulis et Chamiis originem debent, quam ob rem ejusmodi marmoris genus hodie ab Italis *Lumachella* vocari solet.

— 50. Marmor ex murino colore nigricans, rarioribus venis albis intercurrentibus, circa *Durrenweid*.
*) Moles quinque pedum eruuntur.
**) In varia petrificatorum genera, praecipue ex polythalamiorum ordine occurrunt, quorum tamen rationes persequi nunc quidem nequimus; sufficiet notasse Entrochum, qui in hoc exemplari cum aliis pingitur, singularis formae.

No. 51. Marmor polymorphites coloris dilutius cervini, creberrimis lineolis fuscis et maculis relucentibus distinctum, ex montibus circa *Leineck* prope *Baruthum*.
*) Crustae 3. pedum longitudine habentur.
**) Ejusdem indolis est cum Nr. 49. Lineolae a Chamulis et maculae a Cochlidibus efficiuntur.

— 52. Marmor laete cinereum, maculis nigris, in concolores venas tenues excurrentibus, et virgulis candidis divisis distinctum, circa *die Hohestrasse*, propre *Curiam Variscorum*.
*) Ad 3. pedes longum reperitur.

No 53. Marmor cinereum, nubeculis saturatioribus, venis ochrae colore et maculis albis guttatim adspersis distinctum, circa *Curiam Variscorum*.

— 54. Marmor hepatici coloris, maculis fulvis, lineolis fuscis et maculis lucentibus distinctum, ex montibus prope *Berneck* circa *Baruthum*.
*) Crustae 3. pedum longae eruuntur.
**) Lineolae magis minusve distantes, magnitudini Terebratularum inclusarum debentur, quare ad eundem censum pertinet cum Nr. 51. et 49.

HOLLANDSCH.	Hochteutsch.	ENGLISH.	FRANÇOIS.
No. 55. Witachtige Marmer met donkerder graauwe Wolken en Vlakken, van *Hof* in *Voigtland*.	Weißgrauer Marmor, mit dunkler grauen Wolken und Flecken, vom *Hof* im *Voigtlande*.	Whitish Marble, with ash-colour clouds, near the Court of Voigtland.	Marbre blanchâtre, avec des nuages gris cendré, d'auprès de la Cour de Voigtland.
— 56. Lichte Leeverkoleurige Marmer met kleine goud- en roodgeele Vlakken en bruine fyne Streepen veelvuldig doorweeven, van den *Berneckerberg* by *Bayreuth*.	Hell leberfarbener Marmor, mit kleinen goldgelben und rothgelben Flecken, auch braunen zarten Strichen, häufig durchzogen, vom *Berneckerberge* bey *Bayreuth*.	Pale yellow mixt Marble, with small spots of gold and fallow-colour and much speckled with brown, from the mountains near Berneck, by Bareith.	Marbre mélangé jaune clair, avec des petites taches couleur d'or & fauve, & abondamment tacheté de brun, des montagnes des environs de Berneck, près de Bareith.
*) Breekt in Platen van 3 tot 4 voet lang.	*) Bricht in Tafeln von drey bis vier Schuh lang.	*) There is pieces of 3 or 4 foot.	*) On en tire des pieces de 3 à à 4 pieds.
**) De Streepen worden veroorzaakt door de klyne *Chamiten* en *Tellineten* onder welken zomtyds ook eenige *Strombiten* voorkomen.	**) Die Striche rühren von den kleinen Chamiten und Tellineten her, unter welchen zuweilen Strombiten vorkommen.	**) The various forms of the little lines proceed from the petrified Chamites and Tellenites where conchs are sometimes found.	**) Les différentes formes des petites lignes proviennent des Chamites & Tellenites pétrifiées, où se trouvent quelquefois des conques.
— 57. Lichte Muiskoleurige Marmer met fyne bruine gekromde Streepen en speelende Vlakken, van *St. Jobst* by *Bayreuth*.	Hell mausfarbener Marmor, mit zarten braunen gekrümmten Strichen und spielenden Flecken durchzogen, von *St. Jobst* bey *Bayreuth*.	Mixt mouse-colour Marble, with very small circular brown lines and white shining spots, of St. Jobst near Bareith.	Marbre mélangé gris de souris, avec de très-légères petites lignes circulaires brunes & des taches blanches luisantes, de St. Jobst, proche de Bareith.
*) De Streepen worden voornamentlyk veroorzaakt door klyne *Bucciniten* en *Terebratuliten*, behoorende ook deeze tot de soort der *Lumachellen*.	*) Die Striche rühren vornehmlich von kleinen Bucciniten und Terebratuliten her, und gehöret auch dieser zu den Arten der Lumachellen.	*) The small lines proceed especially from the little Buccinites & Terebratulites petrified, by what they belong to that kind of Marble called Lumachelle.	*) Les petites lignes proviennent principalement des petits Buccinites & Terebratulites pétrifiés c'est pourquoi elles appartiennent au genre de Marbre appellé Lumachelle.
— 58. Marmer, roodachtig graauw met veel groene Wolken en bloedroode Vlakken, van *Weidesgrun*.	Röthlichgrauer Marmor, mit vielen grünen Wolken und blutrothen Flecken, von *Weidesgrun*.	Reddish-gray Marble, with many greenish clouds and variegated by blood-red spots, of Weidesgrun.	Marbre gris rougeâtre, avec quantité de nuages verdâtres & varié par des taches rouge vermeil, de Weidesgrun.
*) Breekt 7 tot 8 voet lang.	*) Bricht sieben bis acht Schuh lang.	*) There is pieces of 7 or 8 foot.	*) On en tire des pieces de 7 à 8 pieds.
— 59. Graauwe lichtgewolkte Marmer, met koolzwarte Vlakken en Olyve groene takkige Aderen, uit het binnenste van het Dorp *Weidesgrun*.	Grauer hellgewölkter Marmor mit kohlschwarzen Flecken und olivengrünen ästigen Adern, innerhalb dem Dorf Weidesgrun.	Gray Marble mark'd with light clouds & spots very black and olivish veins in branches imitating the human veins, from the interiour of Weidesgrun.	Marbre gris, marqué de nuages clairs & de taches très-noires & des veines olivâtres ramifiées imitant les veines humaines, tiré de l'intérieur de Weidesgrun.
— 60. Leeverkoleurige graauwe Marmer, met in roodgeele Aderen, zich eindigende Vlakken, van *Hof* in *Voigtland*.	Grauleberfarbener Marmor, mit rothgelben in gleichfarbige Adern sich endigenden Flecken, vom *Hof* im *Voigtlande*.	Marble of a yellowish gray, with great fallow-colour spots extended in veins, near the Court of Woigtland.	Marbre gris jaunâtre, avec des grandes taches fauves s'étendant en veines, proche de la Cour de Voigtland.
*) Breekt 10 voet lang.	*) Bricht zehn Schuh lang.	*) There pieces of 10 foot.	*) On en a des masses de 10 pieds.

LATINE.

No. 55. Marmor albinei coloris, nubeculis cinereis notatum, circa *Curiam Variscorum*.

— 56. Marmor polymorphites, coloris hepatici diluti, maculis paruis aureis et fuluis, copiosisque lineolis fuscis distinctum, ex montibus circa *Berneck* prope *Baruthum*.
*) Crustae tres vel quatuor pedes longae fodiuntur.
**) Lineolarum variae formae a Chamulis et Tellinis petrefactis proficiscuntur, quibus Strombuli passim intermiscentur.

No. 57. Marmor polymorphites, dilute murini coloris, tenerrimis lineolis fuscis in orbem actis, et maculis albis perlucentibus nonotatum, ex *St. Jobst* prope *Baruthum*.
*) Lineolae praecipue Buccinulis et Terebratulis petrefactis debentur, quare ad genus Marmorum, *Lumachelle* vocatorum, etiam pertinet.

— 58. Marmor ex rubescente cinereum, nubeculis crebris et maculis sanguineis varium, circa *Weidesgrun*.
*) Moles septem vel octo pedum eruuntur.

No. 59. Marmor cinereum, nebulis dilutioribus, maculis nigerrimis, et venis oliuacei coloris ramosis, venas humanas imitantibus distinctum, intra *Weidesgrun*.

— 60. Marmor ex cinereo hepaticum, maculis magnis fuluis, in venas concolores excurrentibus, prope *Curiam Variscorum*.
*) Moles 10. pedum habentur.

X.   10

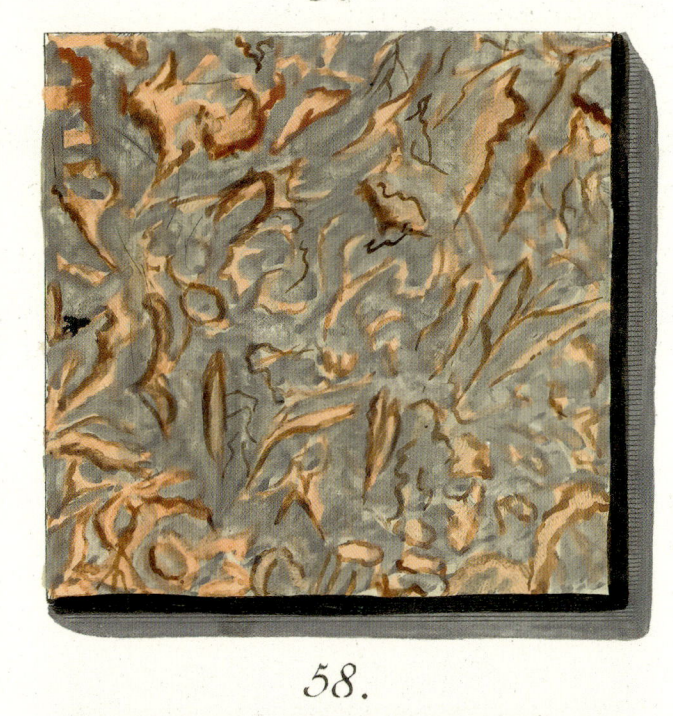

55.   56.

57.   58.

59.   60.

XI. 11

61. 62.

63. 64.

65. 66.

HOLLANDSCH.	HOCHTEÜTSCH.	ENGLISH.	FRANÇOIS.
N°. 61. Lichtgraauwe Marmer met donkergraauwe Wolken en matwitte Vlakken, van *Selbiz*.	Hellgrauer Marmor, mit dunkelgrauen Wolken und mattweißen Flecken, von Selbiz.	Light gray Marble, with dark gray clouds and spots of a sad white, near Selbiz.	Marbre gris clair, avec des nuages gris foncé & des taches d'un blanc sale, proche de Selbiz.
— 62. Marmer, uit rood en bruin vermengd met donkerroode Vlakken en graauwgroene Wolken, van *Hof* in *Voigtland*.	Aus roth und braun gemischter Marmor, mit dunkelrothen Flecken und graugrünen Wolken, von Hof im Voigtlande.	Deep-red Marble, dark-en'd with spots and clouds of a greenish-gray; near the Court of Voigtland.	Marbre rouge foncé, obscurci de taches & de nuages gris verdâtres, des environs de la Cour de Voigtland.
— 63. Donkerbruine Marmer met Kastanjebruine Wolken en zwarte Aderen lugtig doortrokken, van *Hof* in *Voigtland*.	Dunkelbrauner Marmor, mit castanienbraunen Wolken und schwarzen Adern weitläufig durchzogen, von Hof im Voigtlande.	Reddish chesnut-colour Marble, with dark chesnut colour clouds and distant black veins, near the Court of Voigtland.	Marbre chatain, roussâtre avec des nuages chatain brun & des veines noires écartées, près de la Cour de Voigtland.
— 64. Lichtmuiskoleurige Marmer met graauwe groote Vlakken zwarte Aderen en roodbruine Streepen, van *Weidesgrun*. *) Breekt in Platen van 5 voet lang.	Hellmausfarbener Marmor, mit sattgrauen großenFlecken, schwarzen Adern und rothbraunen Strichen, von Weidesgrün. *) Bricht in Tafeln zu fünf Schuh lang.	Light mouse-colour Marble with dark-gray spots and many veins and lines of a rusty-brown, near Weidesgrun.	Marbre gris de souris clair, avec de grandes taches gris foncé, parsemé de veines & de lignes d'un roux brun, autour de Weidesgrun.
— 65. Donkerroode Marmer met lichtroode en witte Streepen en Kastanjebruine Aderen, van *Hurtigwagen*. *) Breekt 7 voet lang.	Dunkelrother mit hellrothen und weißen Streifen untermischt durchzogener Marmor, mit castanienbraunen Adern, von Hurtigwagen. *) Bricht sieben Schuh lang.	Dark red Marble, mix'd with ruddy and white circular stripes alternately, and variegated with brown chesnut-colour veins, near Hurtigwagen. *) The pieces are of 7 foot.	Marbre rouge brun, mélangé de rayes circulaires rousses & blanches alternativement & varié de veines chatain-brun, des environs d'Hurtigwagen. *) Les pieces sont de 7 pieds.
— 66. Marmer met breede witte fyne Aderen en lichtgraauw en geele Vlakken, van *Weidesgrun*. *) Breekt 5 en meerdere voeten lang,	Bunter, mausfarb, hellgrau und gelb abgesetzt gefleckter Marmor, mit breiten weißen und zarten schwarzen Adern, von Weidesgrün. *) Bricht fünf und mehr Schuh lang.	Spotted mouse-colour Marble, distinctly mixed with light gray and yellow, also with large white veins and small black ones, near Weidesgrun. *) There is pieces of 5 foot and larger.	Marbre taché gris de souris, dinstinctement mélangé de gris clair & de jaune avec de grandes veines blanches, & des legeres noires, des environs de Weidesgrun. *) On en a de 5 pieds & au delà.

LATINE.

N°. 61. Marmor dilute cinereum, nubeculis saturatius cinereis et maculis obsolete albis, circa *Selbiz*.

— 62. Marmor ex rubro fuscum, maculis austere rubris nubeculisque ex virescente cinereis, circa *Curiam Variscorum*.

N°. 63. Marmor spadiceam, nubeculis badii coloris venisque nigris laxe notatum, circa *Curiam Variscorum*.

— 64. Marmor murini coloris diluti, maculis magnis saturatius cinereis, venis nigris lineisque ex rufo fuscis perfusum, circa *Weidesgrun*.
*) Crustae 5. pedum habentur.

N°. 65. Marmor austere rubrum, zonis dilutius rufis albisque alternantibus, venisque badiis varium, circa *Hurtigwagen*.
*) Moles 7. pedum caeduntur.

— 66. Marmor maculis murinis, dilute cinereis flauisque distinctis, venis latis candidis, tenerisque aliis nigris notatum, circa *Weidesgrun*.
*) Ad quinque et plures pedes longum reperitur.

HOLLANDSCH.	Hochteutsch.	ENGLISH.	FRANÇOIS.
N°. 67. Graauwe Marmer met donkergraauwe ook bruinachtige Vlakken en Aderen, van der *Geigen*, by *Hof* in *Voigtland*. *) Breekt 8 voet lang.	Grauer Marmor, mit dunckelgrauen auch bräunlichen Flecken und Adern, von der Geigen, bey Hof im Voigtlande. *) Bricht acht Schuh lang.	Gray Marble, with dark gray spots and a few brown, from the Quarry die Geigen near the Court of Voigtland. *) There is pieces of 8 foot.	Marbre gris, avec des taches gris foncé & quelques brunes, de la Carriere die Geigen, proche de la Cour de Voigtland. *) Il s'en trouve des pieces de 8 pieds.
— 68. Donker leeverkoleurige Marmer met roode Vlakken en oogen, en in 't donkerblaauw speelende fyne Aderen, van *Hof* in *Voigtland*. *) Breekt 10 voet lang.	Dunkel leberfarbener Marmor, mit rothen Flecken und Augen, und ins dunkelblaue spielenden zarten Adern, von Hof im Voigtlande. *) Bricht zehn Schuh lang.	Dark yellowish colour Marble, with red spots, and light purplish veins, near the Court of Voigtland. *) There is pieces of 10 foot.	Marbre jaunâtre foncé, avec des taches rouges, & parsemé de légeres veines pourprées, proche de la Cour de Voigtland. *) Il y en a des masses de 10 pieds.
— 69. Graauwe Marmer met groote bruine Vlakken en tedere zwartachtige Aderen, van *Hof* in *Voigtland*. *) Breekt 8 tot 10 voet lang.	Grauer Marmor, mit abgesetzten großen braunen Flecken, und zarten schwärzlichen Adern, von Hof im Voigtlande. *) Bricht acht bis zehn Schuh lang.	Gray Marble, with large brown spots and small blackish veins, near the Court of Voigtland. *) There is pieces of 8 or 10 foot.	Marbre gris, avec de grandes taches brunes & des légeres veines noirâtres, proche de la Cour de Voigtland. *) Il y en a des pieces de 8 ou 10 pieds.
— 70. Lichte Muiskoleurige Marmer, met donker graauwe Wolken en zwartachtige fyne Aderen, van *Casendorf*. *) Breekt 5 voet lang.	Hell mausfarbener Marmor, mit dünnen grauen Wolken, und schwärzlichen zarten Adern, van Casendorf. *) Bricht fünf Schuh lang.	Light mouse-colour Marble, with a few ash-colour clouds, and distant blackish veins, near Casendorf. *) There is pieces of 5 foot.	Marbre gris de souris clair, avec quelques nuages gris cendré & des veines noirâtres distantes, près de Casendorf.
— 71. Graauwgroene Marmer met donkergroene Aderen, van *Nayla*.	Graugrüner Marmor, mit dunkelgrünen Adern, von Nayla.	Greenish-gray Marble with branching veins of various colours, near Nayla.	Marbre gris verdâtre avec des veines ramifiées de différentes couleurs plus foncées, proche de Nayla.
— 72. Marmer, uit graauw en lichtmuiskoleurde Vlakken bestaande, ook met witte en zwartachtige Aderen en veelvuldig ingestroide Kystippen voorzien, van *Weidesgrun*. *) Breekt 6 voet lang.	Aus grau und hellmausfarb gefleckter Marmor, mit weißen auch schwärzlichen Adern und häufig eingestreuten Kießpuncten, von Weidesgrün. *) Bricht sechs Schuh lang.	Mixt ash- and mouse-colour Marble, with white and blackish veins, and many points & pyrites, near Weidesgrun. *) There is pieces of 6 foot.	Marbre mêlé de gris cendré & gris de souris, avec des veines blanches & noirâtres & quantité de points & de pyrites, proche de Weidesgrun. *) Il en paroit des pieces de 6 pieds.

LATINE.

N°. 67. Marmor cinereum, maculis venisque saturate cinereis, passim fuscis notatum, ex lapicidina *die Geigen*, prope *Curiam Variscorum*.
*) Moles octo pedum occurrunt.

— 68. Marmor saturati hepatici coloris, maculis rubris, passim oculatis, venisque teneris, in violaceum vergentibus distinctum, circa *Curiam Variscorum*.
*) Moles 10. pedum caeduntur.

N°. 69. Marmor cinereum, maculis magnis distinctis fuscis, tenerisque venis nigricantibus notatum, circa *Curiam Variscorum*.
*) Moles 8. vel 10. pedum fodiuntur.

— 70. Marmor dilute murinum, nebulis passim cinereis venisque teneris nigricantibus laxe notatum, circa *Casendorf*.
*) Moles 5. pedum habentur.

N°. 71. Marmor ex cinereo virescens, venis saturate viridibus, varie ramosis notatum, circa *Nayla*.

— 72. Marmor ex cinereo & dilute murino colore mixtum, venis albis & nigricantibus, punctisque pyriticis frequentibus distinctum, circa *Weidesgrun*.
*) Pedes 6. longum reperitur.

XII. 12

67. 68.

69. 70.

71. 72.

XIII. 13

73. 74.

75. 76.

77. 78.

HOLLANDSCH.	HOCHTEUTSCH.	ENGLISH.	FRANÇOIS.
N°. 73. Marmer, uit donkergraauw met zwarte Vlakken en Streeken gemengd met witte Aderen, van *Lamiz*, by *Schwarzenbach am Walde*.	Aus dunkelgrauen und schwarzen Flecken und schwarzen Strichen gemischter Marmor, mit weißen Adern, von Lamiz bey Schwarzenbach am Walde.	Mix'd Marble dark gray and black, with little black stripes and white veins, from Lamiz, near Schwarzenbach am Walde.	Marbre mêlé de gris foncé & de noir, avec des petites rayes noires & des veines blanches, des environs de Lamiz, près de Schwarzenbach am Walde.
— 74. Paarsch en zwart gemengde Marmer, met lichte Vlakken en veel zwarte en zwartgroene Aderen, van *Nayla*.	Aus blauroth und schwarz gemischter Marmor, mit hellern Flecken und häufigen schwarzen auch schwarzgrünen Adern, von Nayla.	Livid colour Marble with light colour'd spots and black branching veins, with other black & black greenish, from Nayla.	Marbre livide à taches d'une couleur plus claire, avec des veines ramifiées noires & noires verdâtres, d'auprès de Nayla.
— 75. Donkergroene Marmer, met in-ëlkander loopende zwarte Aderen, van *Nayla*.	Dunkelgrüner Marmor, mit zusammenlaufenden schwarzen Adern, von Nayla.	Dark green Marble, with communicating black veins, near Nayla.	Marbre vert foncé, avec des veines noires suivies, près de Nayla.
— 76. Stroogeele Marmer, van *Sollenhoven*, in 't Graafschap *Onolzbach*.	Blaß strohgelber Marmor, von Sollenhofen, im Marggrafthum Onolzbach.	Marble of a light straw colour from the Quarry of Sollenhofen, in the Margraviat of Onolzbach.	Marbre paille clair, des Carrieres de Sollenhofen, Margraviat d'Onolzbach.
*) Breekt in Platen van verschillende groote tot 3 en meerder Voeten, gemeenlyk eenkleurig, doch ook dikmaals met fraaye Boomteekeningen gelyk, de 1ste Plaaten van 't *Steenwerk van Knorr* (*) zeer goed te kennen geefd.	*) Bricht in Tafeln von mancherley Größe, zu drey Schuh und mehr, gemeinhin einfärbig, zum öftern aber mit allerhand Baumgestalten, deren Zeichnung, Austheilung und Farben schön in die Augen fallen, dergleichen die ersten Tafeln des beliebten Korrischen Werkes schön vorstellig machen, uns aber der Raum abhält, mehrere anzuführen.	*) There is found pieces of various sises to 3 foot and upwards, often the same colour, but frequently with fruits and branches the figures of which vary infinitely. KNORRIUS has produced some with skill, but the little space hinders us to describe them.	*) On le trouve en Morceaux de diverses grandeurs jusqu'à 3 pieds & au de-là, fréquemment d'une couleur, représentant souvent des fruits & des arbrisseaux dont les figures & les distributions varient d'une maniere infinie. KNORRIUS en a représenté habilement quelques unes, mais sur lesquelles le petit espace ne nous permet pas de nous arrêter.
(*) Te Amsterdam, by J. C. Sepp, 1773. fol.			

LATINE.

N°. 73. Marmor, ex maculis saturate cinereis nigrisque mixtum, lineolisque nigris & venis candidis notatum, circa *Lamiz*, prope *Schwarzenbach am Walde*.

— 74. Marmor lividum, maculis dilutioris coloris, venisque ramosis nigris et ex nigro virescentibus perfusum, circa *Nayla*.

N°. 75. Marmor saturate viride, venis communicantibus nigris, circa *Nayla*.

— 76. Marmor coloris pallide straminei, ex lapicidinis, circa *Sollenhofen*, Marggraviatus *Onoldini*.

) In crustas finditur variae magnitudinis, usque ad tres pedes & ultra, frequentissime puras, non raro pictas fruticum et arbusculorum simulacris, quarum liturae, distributiones et colores infinitis modis variant. Horum aliqua cl. KNORRIUS scite imitatus est, quorsum ablegamus, cum paruitas spatii nobis talia non permiserit.

HOLLANDSCH.	HOCHTEUTSCH.	ENGLISH.	FRANÇOIS.
N°. 77. Donkerbruine Marmer, met gedrayde ligte en donkere Aderen, Kiesnieren en Versteeningen, van *Burgthann*, in 't *Burggraafschap Nurenberg*.	Dunkelbrauner Marmor, mit gewundenen hellern und dunklern Adern, Kießnieren und Versteinerungen, von Burgthann im Burggrafthum Nürnberg unterhalb Gebürges.	Dark chesnut colour Marble, full of various brown waves, pyrits & petrifications, near Burgtham, *Burgraviat* of low Nuremberg.	Marbre chatain brun rempli d'ondes de différens bruns, de pyrites & de pétrifications, près Burgtham, dans le Burgraviat de Nuremberg.
*) Het is geen Leem waarvoor hem zommigen houden, maar een Kalkachtige Marmer, in den welken veele Belemniten en andere Versteeningen gevonden worden.	*) Es ist kein Thon, wofür man ihn ausgiebt, sondern ein kalchartiger Marmor, in welchem häufige Belemniten und andere Versteinerungen vorkommen, wird aber wegen geringerer Politur nicht sehr gesucht.	*) Tis not a clay as it is said some wherl but a chalky Marble holding some Belemnites & other petrifications: it can't be well polish'd.	*) Ce n'est pas un Argile, comme on le dit quelque part, mais un Marbre calcaire, qui contient quelques Belemnites & autres pétrifications. Il ne prend pas un beau poli.
78. Donkermuiskleurige Marmer, met ligte Vlakken en zeer veele Ammoniten opgevult, van *Burgthann* in 't *Nurenbergsche Gebied*.	Dunkelmausfarbener Marmor, mit helleren Flecken und häufigen Ammoniten angefüllt, von Burgthann im Burggrafthum Nürnberg unterhalb Gebürges.	Dark mouse colour Marble full of light spots & Ammonites, near Burgtham, *Burgraviat* of low Nuremberg.	Marbre gris de souris foncé plein de taches claires & d'Ammonites, près Burgtham, Burgraviat de Nuremberg inférieur.
*) Breekt 5 en meerder Voeten lang.	*) Bricht zu fünf und mehr Schuh lang, und ist mit schönen, sehr oft mit Kalch-Spath ausgefüllten Ammoniten mancherley Größe so häufig angefüllt, daß man in dem Raume von einigen Schuhen ins Gevierte, gar leicht einige hundert zählen kann.	*) Pieces are found of 5 foot and upwards as well for the polishing as others full of Ammonites & white chalky stones: there are pieces of some foot long where one can see them by hundreds.	*) On en trouve des pieces de cinq pieds & au delà, tant propres pour le poli que remplies d'Ammonites & de pierres calcaires blanches, dont on a des morceaux de quelques pieds où il y en a des centaines.

LATINE.

N°. 77. Marmor saturate spadiceum, venis dilute fuscis, aliisque pullis, undosis, maculis pyriticis & Petrificatis refertum, circa *Burgthann*, Burggraviatus Norici inferioris.

*) Argilla non est, ut aliquo loco proditur, sed Marmor calcareum, quod Belemnites aliaque includit, ob ignobiliorem vero laevorem minus expetitur.

N°. 78. Marmor coloris ex fusco murini, maculis dilutioribus et Cornubus Ammonis undique insignitum, circa *Burgthann*, Burggraviatus Norici inferioris.

*) Ad quinque pedes et ultra longum foditur, tam politura, quam Cornubus Ammonis, Spatho calcario albo plerumque farctis, commendabile et adeo plenum, ut in spatio aliquot pedum, facillime aliquot centena exemplaria numerari possint.

WURTENBERGSCHE MARMER.

Würtembergische Marmor.

MARBLES of WURTEMBERG.

MARBRES de WURTEMBERG.

MARMORA WURTEM-BERGICA.

I.

1. 2.

3. 4.

5. 6.

A.L.Wirsing exc.Nor.

14

HOLLANDSCH.	Hochteütsch.	ENGLISH.	FRANÇOIS.
N°. 1. Marmer, donker rood en licht bruin gevlakt, met Loodkoleurige Wolken, van *Mogelsheim* in 't Ampt *Blaaubeiëren*.	Dunkelroth und hellbraun gefleckter Marmor mit blaßrothen und bleyfarbenen Wolken, von Mogelsheim, im Amte Blaubayern.	Variegated Marble, with dark red and brown spots, clouded with pale red, near Mogelsheim, District of Blau Bayern.	Marbre varié de taches rouge foncé & de brun avec des nuages d'un rouge pâle, d'auprès de Mogelsheim, Préfecture de Blau Bayern.
— 2. Ligtgrauwe Marmer, met roodachtige Streepen en Wolken en Witachtige Vlammen, van *Gräfeneck*, in 't Ampt *Minsingen*.	Hellgrauer Marmor, mit röthlichen Strichen und Wolken, auch weißlichen Flammen, von Gräfeneck im Amte Minsingen.	Gray Marble, with clouds and small lines reddish, intermix'd with white clouds, near Grafeneck, District of Musing.	Marbre gris avec des nuages & des petites lignes rougeâtres entremêlé de nuages blancs, d'auprès de Grafeneck, Préfecture de Musingue.
— 3. Marmer, Wit en byna doorschynende, met Melkwitte Vlakken, van *Burgfertinger Hoff*, in 't *Fayinger* Ampt.	Weißer, halb durchsichtiger Marmor, mit milchweißen Flecken, von Burgfertinger Hof im Fayinger Amte.	White Marble, like transparent, mix'd with milky white spots, near the Court of Burgfertinger, District of Fayinger.	Marbre blanc, comme transparent, mêlé de taches blanc de lait, d'auprès de la Cour de Burgfertinguer, Préfecture de Fayinger.
— 4. Bruingeele Marmer met roodachtige Wolken en witachtige Vlakken, van *Mitlinsteig*, in 't Ampt *Aurach*.	Ockergelber Marmor, mit röthlichen Wolken und weißlichen Flecken, von Mitlinsteig im Auracher Amte.	Yellow Oker colour, with reddish clouds and white spots, near Mitlingsteig, District of Auracher.	Marbre couleur d'Ocre jaune, avec des nuages rougeâtres & des taches blanches, d'auprès de Mitlingsteig, Préfecture d'Auracher.
— 5. Donkerroode met veele witachtige Vlakken gemengde Marmer, van *Bisfingen*, in 't *Kirchheimer* Ampt.	Dunkelrother mit vielen weißlichen Flecken gemischter Marmor, von Bißingen, Kirchheimer Amtes.	Red Marble, with a quantity of white spots, near Bissingen, District de Kirchheimer.	Marbre d'un rouge sanguin, mêlé de quantité de taches blanches, d'auprès de Bissingen, Préfecture de Kirchheimer.
— 6. Donkerbruine Marmer, van *Hegingen an der Eich*.	Dunkelbrauner einfärbiger Marmor, von Hegingen an der Eich.	Dark brown Marble of one colour, near Héginhen an der Eich.	Marbre brun foncé d'une couleur, d'auprès de Hégingen an der Eich.

LATINE.

N°. 1. Marmor maculis intense rubris et subfuscis varium, intercurrentibus nubeculis ex rubro pallentibus, circa *Mogelsheim*, praefecturae *Blaubayrensis*.

— 2. Marmor glauaum nubeculis et lineolis rufescentibus distinctum, intercurrentibus nebulis albidis, circa *Gräfeneck* praefecturae *Minsingensis*.

N°. 3. Marmor album subdiaphanum mixtum maculis lacteis, circa *Burgfertinger Hof*, praefecturae *Fayingensis*.

— 4. Marmor Ochrae flavae colore nebulis subrubris distinctum maculisque albidis, circa *Mitlinsteig*, praefecturae *Auracensis*.

N°. 5. Marmor ex sanguineo rubrum; copiosis maculis albidis mixtum, circa *Bißingen*, praefecturae *Kirchheimensis*.

— 6. Marmor unicolor saturati pulli coloris, circa *Hégingen an der Eich*.

HOLLANDSCH.	HOCHTEUTSCH.	ENGLISH.	FRANÇOIS.
Nº. 7. Bleekgrauwe Marmer, met kleine zwarte Dendriten, van *Honigersteig*, in 't Ampt *Pfulingen*.	Bleichgrauer Marmor, mit kleinen schwarzen Dendriten, vom Honingersteig, im Amte Pfulingen.	Mix'd ash colour Marble, interspers'd with black branches, from the mountain of Honingersteig, *District* of Pfulingen.	Marbre d'un gris mélangé, parsemé d'arborisations noires, de la Montagne de Koningersteig, *Préfecture* de Pfulingen.
— 8. Marmer, Vleeschkoleurig met licht geele Wolken en donker geele Vlakken, van *Schlastall*, by *Kirchheim*.	Hellfleischfarbener Marmor, mit hellgelben Wolken und dunkelgelben Flecken, von Schlastall im Kirchheimer Amte.	Flesh-colour mix'd Marble, with clouds of different yellow and dark yellow spots, near Schlastall, *District* of Kirchheimer.	Marbre mêlé, couleur de chair, avec des nuages d'un jaune différent & des taches jaune foncé, d'auprès de Schlastall, *Préfecture* de Kirchheimer.
— 9. Geelroode Marmer, met bruine en witachtige Vlakken en Stippen, van *Ehnabauern*, in 't Ampt *Minsingen*.	Gelbröthlicher Marmor, mit weißlichen und bräunlichen Flecken und Puncten, von Ehnabauern, im Minsinger Amte	Reddish fallow Marble, with brown & white spots and points, near Ehnabauern, *District* of Minsinger.	Marbre fauve rougeâtre avec des taches & des points blancs & bruns proche de Ehnabauern, *Préfecture* de Minsinger.
*) Kan niet sterk gepolyst worden.	*) Nimmt keine hohe Glätte an.	*) It don't receive the polish well.	*) Il ne reçoit pas bien le poli.
— 10. Witachtige Marmer, met geel- en zwartachtige Vlakken, van *Schoploch*, in 't *Kirchheimer* Ampt.	Weißlicher Marmor, mit gelblichen schwarz eingefaßten Flecken, von Schoploch, im Kirchheimer Amte.	Whitish Marble, with yellowish spots border'd with black, near Schoploch, *District* de Kirchheimer.	Marbre blanchâtre, parsemé, de taches jaunâtres bordées de noir, d'auprès, de Schoploch, *Préfecture* de Kirchheimer.
— 11. Licht Stroogeele Marmer, met donker geele en blauwachtige Streepen, van *Ohnestetten*, in 't *Auracher* Ampt.	Blaßstrohgelber Marmor, mit dunkelgelben und bläulichen Streifen, von Onestetten im Auracher Amte.	Pale straw colour'd Marble, vein'd dark yellow and livid colour, near Ohnestetten, *District* of Auracher.	Marbre paille terne, vergé de veines jaune foncé & luide, proche d'Ohnestetten, *Préfecture* d'Auracher.
— 12. Donker muisvaale Marmer, van *Owen*, in 't *Kirchheimer* Ampt.	Dunkel maußfarbener Marmor, von Owen im Kirchheimer Amte.	Dark mouse colour Marble, near Owen, *District* of Kirchheimer.	Marbre gris de souris foncé, proche d'Owen, *Préfecture* de Kirchheimer.

LATINE.

Nº. 7. Marmor ex dilutissime cinereo pallens, arbuscularum nigrarum simulacris passim distinctum, ad montem *Honingensem*, praefecturae *Pfulingensis*.

— 8. Marmor dilute carneum nubeculis dilute flavis & maculis saturatioribus distinctum, circa *Schlastall*, praefecturae *Kirchheimensis*.

Nº. 9. Marmor ex fulvo rufescens, maculis & punctis albidis ac fuscis largiter notatum, circa *Ehnabauern*, praefecturae *Minsingensis*.

*) Polituram non bene admittit.

— 10. Marmor albidum intercurrentibus massulis flavescentibus nigro circumscriptis, prope *Schoploch*, praefecturae *Kirchheimensis*.

Nº. 11. Marmor coloris obsolete straminei, venis saturate flavis & livescentibus virgatum, circa *Ohnestädten*, praefecturae *Auracensis*.

— 12. Marmor murini coloris saturati, prope *Owen*, praefecturae *Kirchheimensis*.

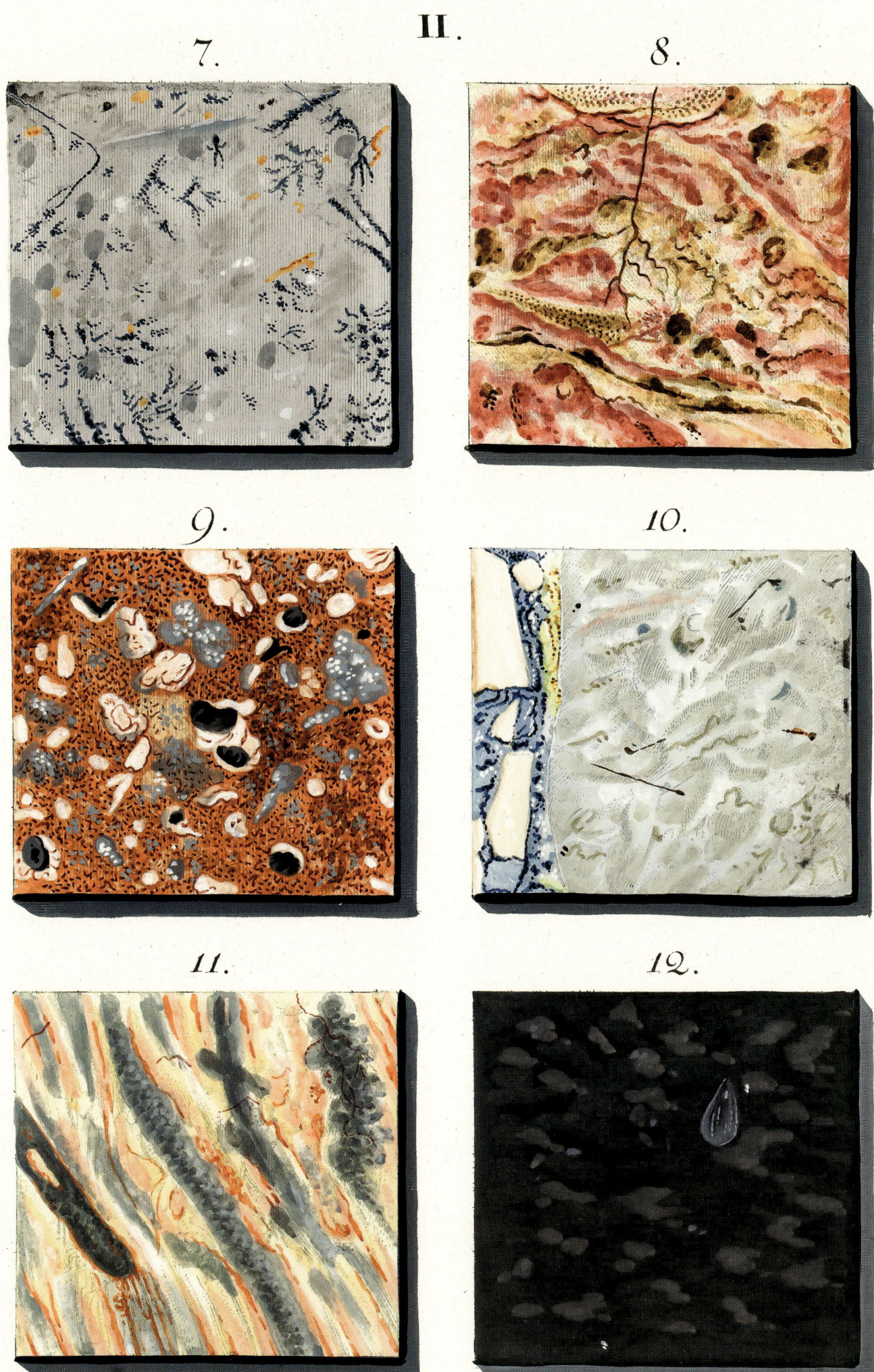

II.

7. 8.
9. 10.
11. 12.

15

III.

13.
14.
15.
16.
17.
18.

HOLLANDSCH.	HOCHTEUTSCH.	ENGLISH.	FRANÇOIS.
No. 13. Witachtige Marmer, met blauwachtige Wolken van *Lichtenstein*, in 't *Pfulinger* Ampt.	Weißlicher Marmor, mit schwach bläulichen Wolken durchzogen, vom Lichtensteiner Steig im Pfulinger Amte.	White Marble, mix'd with light livid colour clouds, of the mountain Lichtensteinersteig, District of Pfulinger.	Marbre blanc, mêlé de légers nuages livides, de la montagne Lichtensteinersteig, Préfecture de Pfulinger.
— 14. Geelachtige Marmer, met lichtbruine en witachtige grote en kleine Vlakken, van *Reitern*, in 't *Nirtinger* Ampt.	Gelblicher Marmor, mit blaß ockerfarbenen und weißlichen großen und kleinen Flecken, bey Reitern im Nirtinger Amte.	Yellowish Marble, with great and little spots, light oker colour & white, near Reitern, District of Nirtinger.	Marbre jaunâtre à grandes & petites taches couleur d'ocre pâle & blanches d'auprès de Reitern, Préfecture de Nirtinger.
— 15. Roodbruine Marmer, met witachtige en geele Droppen, van *Nabern*, by *Kirchheim*.	Rothbrauner Marmor, mit weißlichen und gelben Tropfen, von Nabern im Kirchheimer Amte.	Dark red Marble, interspers'd with yellow and white drops, from the neighbourhood of Nabern, District of Kirchheimer.	Marbre rouge brun, parsemé de gouttes blanches & jaunes, des environs de Nabern, Préfecture de Kirchheimer.
— 16. Marmer, in 't grauw en rood met wit en groen gemengde Vlakken, by *Tapfen*, in 't Minsinger Opperampt.	Aus graulich und röthlich gemischter Marmor, mit weißlichen und grünlichen Flecken, bey Tapfen im Minsinger Oberamte.	Marble mix'd light gray & reddish, with greenish and white spots, near Tapfen, District of Minsinger.	Marbre mélangé de gris clair cendré & rougeâtre, avec des taches blanches & verdâtres, d'auprès de Tapfen, Préfecture de Minsinger.
— 17. Geelroode Marmer, met grote en kleine witte Vlakken en roode Aderen, van *Raubersteig*, in 't *Kirchheimer* Opperampt.	Gelbrother Marmor, mit großen und kleinen weißen Flecken auch rothen Adern, von Raubersteig im Kirchheimer Oberamte.	Fallow colour Mable, with great and little white spots, and now and then with little red veins, of Raubersteig, District of Kirchheimer.	Marbre fauve, avec des grandes & petites taches blanches & par-ci par-là de petites veines sanguines, de Raubersteig, Préfecture de Kirchheimer.
— 18. Roodachtige en lichtgrauwe Marmer, met zwarte flaauwe Boompjes, van *Ganslofen*, in 't *Göppinger* Ampt.	Röthlich hellgrauer Marmor, mit schwarzen etwas undeutlichen Baumgestalten, von Ganslofen im Göppinger Amte.	Light red Marble, with small points and branching, near Ganslofen, District of Goppinger.	Marbre d'un petit rouge, avec des points légers & arborisés, proche Ganslofen, Préfecture de Goppinger.

LATINE.

No. 13. Marmor albidum, nebulis tenuibus livescentibus perfusum, ex monte *Lichtensteinensi*, praefecturae *Pfulingensis*.

— 14. Marmor flavescens, maculis magnis parvisque pallide ochraceis & albidis distinctum, prope *Reitern*, praefecturae *Nirtingensis*.

No. 15. Marmor ex rubro fuscum, guttulis albis flavisque adspersum, prope *Nabern*, praefecturae *Kirchheimensis*.

— 16. Marmor ex subcinereo & rubescente mixtum, maculis albidis & virescentibus, circa *Tapfen*, praefecturae *Minsingensis*.

No. 17. Marmor fulvum, maculis maioribus minoribusque albis venulisque sanguineis passim notatum, ad montem *Raubersteig*, praefecturae *Kirchheimensis*.

— 18. Marmor ex rutilo pallide incanum, punctis dendriticis minus distinctis conspersum, circa *Ganslofen*, praefecturae *Goeppingensis*.

HOLLANDSCH.	HOCHTEUTSCH.	ENGLISH.	FRANÇOIS.
Nº. 19. Lichtgrauwe Marmer een wynig naar 't roode trekkende, met glanzige witte Vlakken geele Aderen en zwarte Boompjes, van *Bissingen*, in 't *Kirchheimer* Ampt.	Hellgrauer ins röthliche spielender Marmor, mit glänzenden weißen Flecken, gelben Adern und schwarzen Baumgestalten, von *Bissingen* im *Kirchheimer* Amte.	Light ash-colour Marble, strip'd reddis, with great glistening spots, yellow little veins and black branches, near *Bissingen*, District of *Kirchheimer*.	Marbre cendré clair, vergé de rougeâtre, avec des grandes taches luisantes, des petites veines jaunes & des branchages noirs, près de *Bissingen*, Préfecture de *Kirchheimer*.
— 20. Leeverkoleurige Marmer, met donker roode Droppen, van *Seburg*, in 't *Auracher* Ampt.	Leberfarbener Marmor, mit dunkelrothen Tropfen, von *Seburg* im *Auracher* Amte.	Liver-colour Marble, interspers'd with dark red drops, near *Seburg*, District of *Auracher*.	Marbre couleur de foie, parsemé de petites gouttes rouge-brun, proche de *Seburg*, Préfecture d'*Auracher*.
— 21. Marmer, licht en donkerrood met bloedroode Spatten, van *Bettingen*, in 't *Minsinger* Ampt.	Aus hell und dunkelroth getheilter Marmor, mit bluthrothen Tupfen, bey *Bettingen* im *Minsinger* Amte.	Marble with dark and light red, equally divided, and blood-colour drops, near *Bettingen*, District of *Minsinger*.	Marbre d'un rouge clair & foncé, également distribué, avec des gouttes sanguines, proche *Bettingen*, Préfecture de *Minsinger*.
— 22. Marmer, Stroogeel met geele Vlakken en Wolken, van *Mittelstet*, in 't *Auracher* Ampt.	Aus grau ins strohgelbe fallender Marmor, mit unordentlichen gelben Flecken und Wolcken, bey *Mittelstet* im *Auracher* Amte.	Light ash-colour Marble drawing upon the yellow, mark'd with little irregular spots, near *Mittelstet*, District of *Auracher*.	Marbre cendré clair tirant sur le paille, marqué de petites taches irrégulieres, proche *Mittelstet*, Préfecture d'*Auracher*.
— 23. Geelachtige Marmer, met eenige wit en zwartachtige Wolken, van *Raubersteig*, in 't *Kirchheimer* Ampt.	Gelblicher Marmor, mit einigen weißlichen Flecken und schwärzlichen Wolken häufig und schön durchzogen, vom *Raubersteig* im *Kirchheimer* Amte.	Yellowish Marble, with some white spots and many fine black clouds, from de mountain *Raubersteig*, District of *Kirchheimer*.	Marbre jaunâtre, avec quelques taches blanches, & beaucoup de beaux nuages noirs, de la montagne *Rauberstein*, Préfecture de *Kirchheimer*.
— 24. Grauwe Marmer, met zwartachtige Stippen en lichtgrauwe Wolken, van 't *Neutlinger* Kaamergoed.	Grauer Marmor, mit schwärzlichen Puncten und hellgrauen Wolken, vom *Neutlinger Cammerguth*.	Ash-colour Marble, with blackish points and small clouds of a light gray, near *Neutlinger Cammerguth*.	Marbre cendré, à points noirâtres avec de petits nuages gris clair, près de *Neutlinger Cammerguth*.

LATINE.

Nº. 19. Marmor subcinereum, in rubrum vergens, maculis maioribus lucentibus, venulis flavis et arbusculis nigris notatum, prope *Bissingen*, praefecturae *Kirchheimensis*.

— 20. Marmor coloris hepatici, guttulis austere rubris conspersum, circa *Seburg*, praefecturae *Auracensis*.

Nº. 21. Marmor ex dilute & saturate rubro aequaliter divisum, guttis sanguinei coloris conspersum, prope *Bettingen*, praefecturae *Minsingensis*.

— 22. Marmor ex subcinereo pallide stramineum, maculis irregularibus et nubeculis flavis distinctum, circa *Mittelstet*, praefecturae *Auracensis*.

Nº. 23. Marmor flavescens, maculis albidis passim, nubeculis vero nigricantibus copiose & eleganter notatum, ad montem *Raubersteig*, praefecturae *Kirchheimensis*.

— 24. Marmor cinerei coloris, punctis nigricantibus et nubeculis dilute cinereis notatum, circa *Neutlinger Cammerguth*.

IV.   17

19.   20.

21.   22.

23.   24.

V.   18

25.   26.

27.   28.

29.   30.

HOLLANDSCH.	HOCHTEUTSCH.	ENGLISH.	FRANÇOIS.
N°. 25 Lichtroode Marmer, met bleek grauwe en geele Wolken, van *Marstetten*, in 't *Minsinger* Ampt.	Hellröthlicher Marmor, mit blaßgrauen und gelben Wolken, von **Marstetten**, im **Minsinger Amte**.	Light reddish Marble, with clouds of pale gray and yellow, near Marstetten, *District of* Minsinger.	Marbre rougeâtre clair, marqué de nuages gris clair & jaunes, près de Marstetten, *Préfecture* de Minsinger.
— 26. Vleeschkoleurige Marmer, met licht stroogeele Vlakken en grauwe Aderen, van de *Unterlinunger Alp*, in 't *Kirchheimer* Ampt.	Hellfleischfarbener Marmor, mit hellstrohgelben Flecken und graulichen Adern, von der **Unterlinunger Alp**, im **Kirchheimer Amte**.	Light flesh-colour Marble, with straw-colour spots, and grayish veins, from the Unterlinunger Alp, *District of* Kirchheimer.	Marbre couleur de chair avec des taches paille & des veines grisâtres, du Mont Unterlinunger, *Préfecture* de Kirchheimer.
— 27. Bruinroode Marmer, met witte en grauwe stippen, van *Unterhausen*, in 't *Pfulinger* Ampt.	Bräunlichrother Marmor, mit weißen und grauen Puncten, von **Unterhausen im Pfulinger Amte**.	Dark red Marble, with ash-colour and white points, near Unterhausen, *District of* Pfulinger.	Marbre rouge brun à points blancs & cendrés proche d'Unterhausen, *Préfecture* de Pfulinger.
— 28. Marmer, bleek strookoleur met geele Wolken, by den *Raubersteig*, in 't Ampt *Kirchheim*.	Hellstrohgelber Marmor, mit gelben Wolken und dunkeln wellenförmigen Adern, neben dem **Raubersteig, im Kirchheimer Amte**.	Straw-colour Marble, with yellow clouds and brown wav'd veins, near Raubersteig, *District of* Kirchheimer.	Marbre paille, avec des nuages jaunes & des veines brunes undoyantes, près de Raubersteig, *Préfecture* de Kirchheimer.
— 29. Lichtgrauw naar 't stroogeel trekkende Marmer, met fyne roode Aderen van den *Eichelberg*, in 't *Kirchheimer* Ampt.	Aus dem hellgrauen ins strohgelbe fallender Marmor, mit wellenförmigen zarten und röthlichen Adern, von dem **Eichelberg, Kirchheimer Amtes**.	Light ash-colour Marble, drawing upon the straw-colour, with variegated chesnut-colour and reddish veins of Eichelberg, *District of* Kirchheimer.	Marbre gris clair tirant sur le paille, avec des veines variées chataîn & rougeatre, d'Eichelberg, *Préfecture* de Kirchheimer.
— 30. Bruinachtige of Muisvale Marmer, met roodachtige Vlakken, donkerroode en witachtige Wolken doortrokken, van *Battenhausen*, in 't Ampt *Minsingen*.	Braunlich maußfarbener Marmor, mit röthlichen Flecken, dunkelrothen und weißlichen Wolken durchzogen, von **Battenhausen im Minsinger Amte**.	Dark Mouse-colour Marble, with reddish spots and red and whitish clouds, near Battenhausen, *District of* Minsinger.	Marbre gris de souris brun, parsemé de taches rougeatres & de nuages rougeatres & blancs, près de Battenhausen, *Préfecture* de Minsinger.

LATINE.

N°. 25. Marmor dilutissime rubescens, nubeculis pallidissime cinereis et luteis notatum, prope *Marstetten*, praefecturae *Minsingensis*.

— 26. Marmor laete carnei coloris, maculis dilute stramineis et venis subcinereis intercurrentibus, ex Alpe *Unterlinungen*, praefecturae *Kirchheimensis*.

N°. 27. Marmor ex hepatico rubrum, punctis albis et cinereis distinctum, circa *Unterhausen*, praefecturae *Pfulingensis*.

— 28. Marmor pallide stramineum, nubeculis flavis et venis undosis fuscis notatum, prope *Raubersteig*, praefecturae *Kirchheimensis*.

N°. 29. Marmor ex dilutissime cinereo stramineum, venis teneris undosissimis badiis et rubescentibus perfusum, ex *Eichelburg*, praefecturae *Kirchheimensis*.

— 30. Marmor ex hepatico murini coloris, maculis rufescentibus et nubeculis rubris albidisque perfusum, circa *Battenhausen*, praefecturae *Minsingensis*.

HOLLANDSCH.	Hochteütsch.	ENGLISH.	FRANÇOIS.
N°. 31. Uit licht Leverkoleur naar 't grauwe trekkende Marmer, met bruine Vlakken en witachtige Wolken van *Ochsenwang*, in 't *Kirchheimer* Ampt.	Aus dem hell leberfarbenen ins graue fallender Marmor, mit einigen castanienbraunen Flecken und weißgrauen Wolken, von **Ochsenwang**, im **Kirchheimer** Amte.	Light liver and ash-colour Marble, with chesnut colour spots & light ash-colour clouds, from Ochsenwang, *District of* Kirchheimer.	Marbre couleur de foye clair cendré, avec des taches chatain & des nuages gris clair, d'Ochsenwang, *Préfecture de* Kirchheimer.
— 32. Donker geel roode Marmer, met witte Vlakken van de *Bissinger* Weyde, in 't Ampt *Kirchheim*	Dunkelgelb rother Marmor, mit weißen Flecken von der **Bißinger** Weyde, im **Kirchheimer** Amte.	Dark red Marble, with white spots, from the pasture Land of Bissinger, *District of* Kirchheimer.	Marbre brun rouge à taches blanches, de la *Commune de* Bissinger, *Préfecture de* Kirchheimer.
— 33. Stroogeele met roodachtige en naar 't bruine trekkende Aderen verzierde Marmer, van *Hallenhofen*, in 't Ampt *Göppingen*.	Strohgelber Marmor, mit streifigten dunkelgelben, ins braune fallenden, auch röthlichen Adern durchzogen, von **Hallenhofen**, im **Göppinger** Amte.	Straw-colour Marble, interspers'd with veins and stripes of dark yellow drawing upon the brownish & reddish, near Hallenhofen, *District of* Goppinger.	Marbre paille, parsemé de veines & de rayes jaune foncé brunâtre & tirant sur le rouge, près d'Hallenhofen, *Préfecture de* Goeppinger.
— 34. Leeverkoleurige Marmer, met witte Spaatvlakken en donkere stippen, van *Feldstetten*, in 't *Auracher* Ampt.	Leberfarbener etwas ins gelbe fallender Marmor, mit weißen Spathflecken und dunkeln Puncten, von **Feldstetten** im **Auracher** Amte.	Liver-colour Marble, drawing upon the yellow, with whitish Palm-tree colour spots and dark points, near Feldstetten, *District of* Auracher.	Marbre couleur de foye inclinant sur le jaune, mêlé de taches couleur de Palmier & blanches, avec des points bruns, proche Feldstetten *Préfecture d'* Auracher.
— 35. Muiskoleurige Marmer, met kleine streepen en spaatvlakken veelvuldig doortrokken van *Bollerbach*. *) De Vlakken zyn doorgesneedene Ammonshoorens.	Maußfarbener Marmor, mit kleinen Linien und Spatflecken häufig durchzogen, von **Bollerbad**. * Die Flecken sind durchgeschnittene Ammonshörner, und die Linien Überbleibsel anderer Meergeschöpfe.	Mouse-colour Marble, with various little lines and spots Palm-tree colour, from Bollerbad. *) The spots are bits of Ammonites and the little lines remaining from sea productions.	Marbre gris de souris, marqué de petites lignes & de taches couleur de Palmier de diverses formes, de Bollerbad. *) Les taches sont des fragmens des Ammonites & les petites lignes des restes d'autres productions marines.
— 36. Donkergeele Marmer, met oranje en zwarte Vlakken en Aderen, van *Oberlinungen*.	Dunkelgelber Marmor, mit rothgelben auch schwarzen Flecken und Adern, so hin und wieder Baumgestalten machen, von **Oberlinnungen**.	Dark yellow Marble, with fullow veins and spots, and some blackish, here and there branching, near Oberlinungen.	Marbre jaune obscur, avec des taches & des veines fauves & d'autres noirâtres, avec des branchages parci-parlà, près d'Oberlinungen.

LATINE

N°. 31. Marmor ex dilute hepatico cinereum, maculis badiis rarioribus et nubeculis pallide cinereis varium, circa *Ochsenwang*, praefecturae *Kirchheimensis*.

— 32. Marmor ex fulvo rubrum, maculis albis, ex pascuo *Birsingensi* praefecturae *Kirchheimensis*.

N°. 33. Marmor straminei coloris, venis & virgis saturate flavis subfuscis et rubescentibus copiose perfusum, circa *Hallenhofen*, praefecturae *Goeppingensis*.

— 34. Marmor hepatici coloris parum in flavum inclinantis, interspersis maculis spathosis albis, punctisque fuscis, circa *Feldstetten*, praefecturae *Auracensis*.

N°. 35. Marmor murini coloris, lineolis maculisque spathosis variae formae notatum, circa *Balneum Bollense*.
*) Maculae Cornuum Ammonis segmenta et lineolae aliorum marinorum recrementorum reliquiae sunt.

— 36. Marmor coloris obscure flavi, maculis venisque fulvis aliisque nigricantibus, passim dendriticis, circa *Oberlinungen*.

VI.

19

31. 32.

33. 34.

35. 36.

VII. 20

37.   38.

39.   40.

41.   42.

HOLLANDSCH.	Hochteütsch.	ENGLISH.	FRANÇOIS.
N°. 37. Lichtroode Marmer, met grauwe en donkerroode Vlakken en Stippen, van *Steinenbrunn*, in 't Ampt *Aurach*.	Hellröthlicher Marmor, mit graulichen häufigen, auch einigen dunkelrothen Flecken und Puncten, von Steinenbrunn, im Auracher Amte.	Reddish Marble intermix'd with ash colour spots and points, and other dark red from Steinenbrunn, *District* of Auracher.	Marbre rougeâtre, parsemé de taches & points cendrés comme aussi de rouge foncé, de Steinenbrunn, *Préfecture* d'Auracher.
— 38. Witachtige Marmer, met geele Streepen, van *Gamelshausen*, in 't *Göppinger* Ampt.	Weißlicher ins strohgelbe fallender Marmor, mit wachsgelben Streifen, von Gamelshausen, im Göppinger Amte.	Whitish Marble, falling upon the straw-colour, with stripes of pale yellow, from Gamelshausen, *District* of Goppinger.	Marbre Blanchâtre tirant sur le paille, varié de rayes d'un jaune pâle, de Gamelshausen, *Préfecture* de Goppinger.
— 39. Geelachtige Marmer, met grauwe kleine Vlakken en donkere Aderen, van *Upfingersteig*, in 't *Auracher* Ampt.	Gelblicher Marmor, mit weißlichen grauen und kleinen Flecken, auch einigen dunkeln Adern, von Upfingersteig im Auracher Amte.	Yellowish Marble with various whitish spots and dark veins, from Upfinger, *District* of Auracher.	Marbre jaunâtre, avec différentes taches blanchâtres & des veines obscures, d'Upfinger, *Préfecture* d'Auracher.
— 40. Marmer, bruingeel met dergelyke Wolken en lichtgeele Vlakken, uit 't Gebied van *Bissingen*, in 't Ampt *Kirchheim*.	Braungelber Marmor, mit braungelben Wolken und hellgelben Flecken, aus der Bissinger Markung, im Kirchheimer Amte.	Sea-green clouded Marble, with yellowish spots, from the confines of Bissinger, *District* of Kirchheimer.	Marbre nuagé vert de mer, avec des taches mêlées de jaune; des environs de Bissinger, *Préfecture* de Kirchheimer.
— 41. Lichtgrauwe Marmer, met Aschkoleurige Wolken en eenige bruine Aderen, van *Thofingen*, in 't *Böblinger* Ampt.	Hellgrauer Marmor, mit hellaschfarbenen Wolken, und einigen bräunlichen Ader, von Thofingen, im Böblinger Amte.	Greenish Marble, with ash-colour clouds and some veins, from Thofingen, *District* of Boeblinger.	Marbre verdâtre, à nuages cendrés avec quelques veines brunes, de Thofingen, *Préfecture* de Boeblinger.
— 42. Marmer, bruinachtig rood met grauwe Vlakken, van *Walstetten*, in 't Ampt *Minsingen*.	Aus verschossnen blut- und braunroth gemischter Marmor, mit graulichen Flecken, bey Walstetten im Minsinger Amte.	Marble mix'd with deep and faded red, and ash-colour spots, from Walstetten, *District* of Minsinger.	Marbre mêlé de sanguin & rouge terni, avec des taches cendrées, de Walstetten, *Préfecture* de Minsinger.
*) Een gedeelte der Vlakken word veroorzaakt door Belemniten en andere versteende Zeeschepzels.	*) Einen Theil der Flecken machen Belemniten und andere Seegeschöpfe, welche versteinert sind.	*) There appears between the spots some Belemnites and other sea petrifications.	*) Il y paroit des Belemnites & autres pétrifications marines parmi les taches.

LATINE.

N°. 37. Marmor dilute rubens, maculis et guttulis cinerascentibus crebris, rarioribusque austere rubris notatum, circa *Steinenbrunn*, praefecturae *Auracensis*.

— 38. Marmor albescens, in stramineum colorem vergens, zonis porrectis cerei coloris varium, circa *Gamelshausen*, praefecturae *Goeppingensis*.

N°. 39. Marmor flavescens, maculis rotundiusculis variae magnitudinis albidis, venisque obscuris notatum, ex monte *Upfingersteig*, praefecturae *Auracensis*.

— 40. Marmor glaucum, nubeculis concoloribus maculisque dilute flavis notatum, ex confiniis circa *Bissingen*, praefecturae *Kirchheimensis*.

N°. 41. Marmor glaucum, nubeculis dilute cinereis et venulis rarioribus subfuscis notatum, circa *Thofingen*, praefecturae *Boeblingensis*.

— 42. Marmor ex sanguineo et rubro obsoleto, utroque dilutiore mixtum, maculis cinerascentibus, circa *Walstetten*, praefecturae *Minsingensis*.

*) Belemnites et alia marina inter maculas occurrunt petrificata.

HOLLANDSCH.	HOCHTEÜTSCH.	ENGLISH.	FRANÇOIS.
N°. 43 Muisvale Marmer, met kleine witte en zwarte Stippen, van *Egersheim*, in 't Ampt *Böblingen*.	Mausfarbener Marmor, mit kleinen weißlichen und schwarzen Puncten, von Ehgersheim, im Böblinger Amte.	Mouse-colour Marble, with little black and white points, from Ehgersheim, District de Boeblinger.	Marbre gris de souris, avec des petits points blancs & noirs, d'Ehgersheim, Préfecture de Boeblinger.
*) Kan niet sterk gepolyst werden.	*) Nimmt keine starke Politur an, und gleichet fast einer Lava, brauset aber stark mit Scheidewasser.	*) It don't admit the polish & ressembles generally the Volcano's eruptions, but it ferments by aqua fortis.	*) Il n'admet pas bien le poli & ressemble assez à la lave des Vulcans, il fermente par l'eau forte.
— 44. Wit en grauwachtig gewolkte Marmer, met zwarte Stippen, van *Teck*, in 't *Kirchheimer* Ampt.	Aus weißlichen und graulichen dünnen Wolken gemischter Marmor, mit dendritischen schwarzen Puncten, neben dem Teck, im Kirchheimer Amte.	Marble with gray and whitish little clouds interspers'd with others ash-colour'd & dentificated speckles, near the Teck, District of Kirchheimer.	Marbre à petits nuages blanchâtres mêlés d'autres cendrés, & parsemés de points dentelés, proche le Teck, Préfecture de Kirchheimer.
— 45. Lichtbruine Marmer, met donkerrood vermengde Vlakken, van *Bissingen*, in 't Ampt *Kirchheim*.	Hellbräunlicher Marmor, mit untermischten dunkelgelbröthlichen Flecken, von Bißingen, im Kirchheimer Amte.	Light fallow-colour Marble, intermix'd with yellowish spots of various forms, near Bissingen, District of Kirchheimer.	Marbre de couleur fauve clair, mêlé, de taches jaunâtres de différentes formes, près Bissingue, Préfecture de Kirchheimer.
— 46. Marmer, schoon rood met blauwe Vlakken en zwarte Dendritsche Stippen, van *Geitsstein*, in 't Ampt *Kirchheim*.	Schönrother Marmor, mit blauen Flecken, und schwarzen dendritschen Puncten von Geytstein, im Kirchheimer Amte.	Fine red Marble, with blue spots and dentificated little black speckles, near Geytstein, District of Kirchheimer.	Beau Marbre rouge, avec des taches d'un bleu d'azur & des points noirs dentelés, près de Geytstein, Préfecture de Kirchheimer.
— 47. Lichtbruine Marmer, met roodgeele Wolken, van *Teck*, in 't *Kirchheimer* Ampt.	Hellbräunlicher Marmor, mit etwas dunklern, ingleichen rothgelben Wolken, von dem Teck, im Kirchheimer Amte.	Light fallow-colour Marble, with little durker clouds & others that are reddish, near the Teck, District of Kirchheimer.	Marbre fauve clair varié de petits nuages plus foncés & d'autres fauve rougeatre, du Teck, Préfecture de Kirchheimer.
— 48. Donker Muiskoleurige Marmer, met zwartbruine Vlakken en witte Stippen, van *Pfuhlhof*, in 't *Auracher* Ampt.	Dunkelmaußfarbener Marmor, mit schwarzbraunen Flecken, und weißen Puncten, von Pfuhlhof, im Auracher Amte.	Dark mouse-colour Marble, with brown spots and white speckles, near Pfuhlhof, District of Auracher.	Marbre gris de souris foncé, avec des taches brunes & des points blancs, proche Pfuhlhof, Préfecture d'Auracher.
*) 'Er zyn Belemniten en andere Versteeningen in.	*) Er enthält Belemniten und andere Versteinerungen.	*) It contains Belemnites and other Petrifications.	*) Il contient des Bélemnites & d'autres Pétrifications marines.

LATINE.

N°. 43. Marmor murini coloris, punctis minutis albidis et nigris notatum, circa *Ehgersheim*, praefecturae *Boeblingensis*.

*) Polituram non bene admittit, et faciem cinerum induratorum vulcanicorum fere imitatur, sed cum Aqua forte effervescit.

— 44. Marmor nubeculis albidis et nebulis subcinereis inter se mixtis, intercurrentibus punctis dendriticis compositum, prope *Teck*, praefecturae *Kirchheimensis*.

N°. 45. Marmor coloris cervini dilutissimi intermixtis maculis variae formae, ex croceo fulvis, circa *Bissingen*, praefecturae *Kirchheimensis*.

— 46. Marmor laete rubrum, admixtis maculis caeruleis & punctis dendriticis nigris circa *Geytsstein*, praefecturae *Kirchheimensis*.

N°. 47. Marmor coloris cervini diluti, nubeculis obscurioribus et aliis fulvis varium, ex loco *Teck*, praefecturae *Kirchheimensis*.

— 48. Marmor murini saturati coloris, admixtis maculis pullis, et punctis albis, circa *Pfulhof*, praefecturae *Auracensis*.

*) Belemnites et alia marina petrificata comprehendit.

VIII.

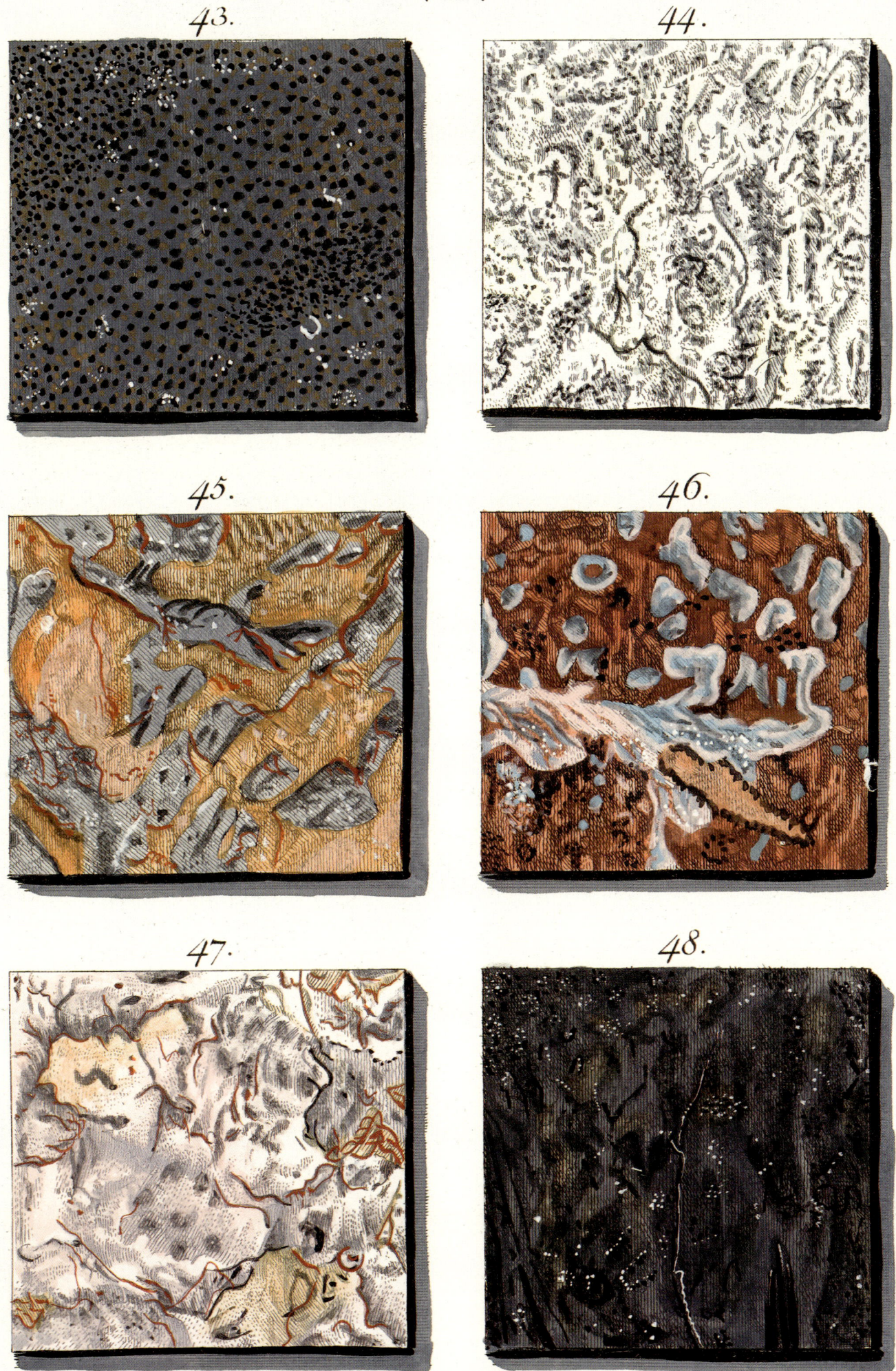

43. 44.

45. 46.

47. 48.

21

IX.

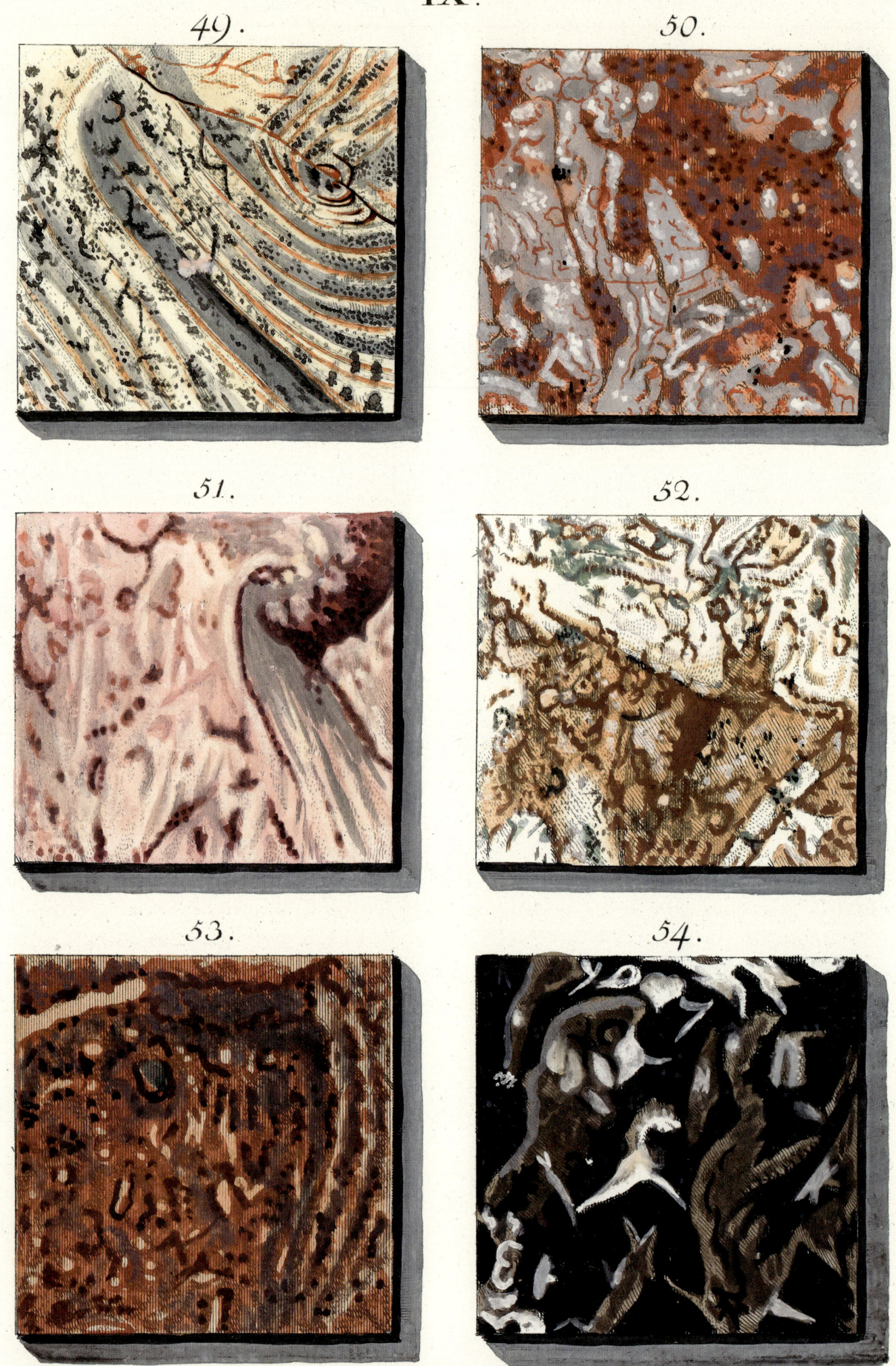

49. 50.

51. 52.

53. 54.

HOLLANDSCH.	HOCHTEUTSCH.	ENGLISH.	FRANÇOIS.
N°. 49 Bleeke Marmer, met rechte en kromme geele Streepen, van *Grupbinningen*, in 't *Göpinger* Ampt.	Bleicher Marmor, mit theils geraden, theils gebogenen gelben Streifen und grauen dünnen Wolken, von Grupbinningen, im Göppinger Amte.	Whitish Marble, with streight and crooked stripes, intermix'd by blackish clouds, near Grupbinningen, District of Goppinger.	Marbre Blanchâtre, avec des rayes jaunes droites & courbées, mêlé de nuages noiratres, près de Grupbinningen, Préfecture de Goppinger.
— 50. Marmer, hier en daar in 't roodgeel trekkende met vuile witte Vlakken, uit het *Bissinger* Gebied, in 't *Kirchheimer* Ampt.	Rother hin und her ins rothgelbe fallender Marmor, mit schmutzig weißen Flecken, von der Bißinger Markung, im Kirchheimer Amte.	Red Marble, falling here and there upon the fallow, with dull white spots, of different sizes, near Bissinger, District of Kirchheimer.	Marbre rouge, tombant par ci par là sur le roux, avec des taches d'un blanc sale de différentes grandeurs, des environs de Bissinger, Préfecture de Kirchheimer.
— 51. Roodachtig witte Marmer, met donkerroode Vlakken en Aderen, van *Owen*, in 't *Kirchheimer* Ampt.	Röthlich weißer Marmor, mit dunkelrothen Flecken und Adern, von Owen, im Kirchheimer Amte.	Whitish red Marble with dark red spots and veins, near Owen, District of Kirchheimer.	Marbre d'un rouge blanchâtre, avec des taches & veines rouge foncé, d'auprès d'Owen, Préfecture de Kirchheimer.
— 52. Uit Stroogeel en lichtbruin vermengde Marmer, met donkerbruine Aderen, van *Oberlinungen*, in 't Ampt *Kirchheim*.	Aus Strohgelb und hellbraun gemischter Marmor, mit dunkelbraunen Adern, von Oberlinungen, im Kirchheimer Amte.	Straw-colour and light brown Marble, intermix'd with dark brown veins; near Oberliningen, District of Kirchheimer.	Marbre mêlé de paille & brun clair, parsemé de veines brun foncé; près d'Oberliningen, Préfecture de Kirchheimer.
— 53 Donkergeele hier en daar in 't bruine trekkende Marmer, met lichtgeele Stippen, van *Holzelfingen*, in 't *Pfulinger* Ampt.	Dunkelgelber, hin und her ins braune fallender Marmor, mit hellgelben Puncten, von Holzelfingen, im Pfulinger Amte.	Dark yellow Marble, falling here and there upon the brown and speckled with light yellow, near Kolzefingen, District of Pfulinger.	Marbre jaune foncé, tombant par ci par là sur le brun, picoté de jaune clair, près Kolzefingen, Préfecture de Pfulinger.
— 54 Zwartachtige Marmer, met grauwe en witte Vlakken, van *Muhlhausen*, in 't Ampt *Maulbrunnen* *) De Vlakken worden veroorzaakt door Versteeningen in 't byzonder door Gryphiten.	Schwärzlicher Marmor, mit verschieden gestalteten grauen und weißen Flecken, von Mühlhausen, im Maulbrunner Amte. *) Die Flecken rühren von Versteinerungen und besonders von Gryphiten her.	Blackish Marble, with ask colour and white spots, of various forms; near Mulhausen, District of Maulbrunner. *) The spots are petrifications and principally of the Gryphites.	Marbre noirâtre, à taches cendrées & blanches de différentes formes, près Mulhausen, Préfecture de Maulbrunner. *) Les taches sont des petrifications & principalement de Gryphites.

LATINE.

N°. 49. Marmor pallescens, zonis partim rectis partim arcuatis flavis striatum, intercurrentibus nebulis nigricantibus, circa *Grupbinningen*, praefecturae *Goepingensis*.

— 50. Marmor rubrum passim in fulvum vergens, maculis variae magnitudinis sordide albis, in confiniis *Bissingensibus*, praefecturae *Kirchheimensis*.

N°. 51. Marmor ex rubello albens, maculis et venulis austere sanguineis, circa *Owen*, praefecturae *Kirchheimensis*.

— 52. Marmor ex stramineo et dilute badio colore mixtum, intercurrentibus venis saturate badiis, circa *Oberliningen*, praefecturae *Kirchheimensis*.

N°. 53. Marmor saturate flavum, in fuscum passim declinans, punctis dilutius flavis distinctum, circa *Holzelfingen*, praefecturae *Pfulingensis*.

— 54. Marmor nigricans maculis variae formae cinereis, ut et albis distinctum, circa *Mühlhausen*, praefecturae *Maulbrunnensis*.

*) Maculas petrificata et praecipue Gryphites constituunt.

Hollandsch.	Hochteutsch.	English.	François.
No. 55. Marmer, met witte oranje donkerroode en bruine a's Banden zynde Streepen, van *Rethheim*, in 't *Auracher* Ampt.	Weiß, gelbroth, dunkelroth und braun bandenweis abwechselnd gestreifter Marmor, von **Rethheim**, im **Auracher** Amte.	Intermix'd Marble, with whitish fallow-colour red and brown alternately; near Riethheim District of Auracher.	Marbre alternativement entremêlé de fauve blanchâtre, de rouge & de brun, proche de Reithheim, Préfecture d'Auracher.
— 56. Licht Leeverkoleurige en grauwe Marmer, met bruine Stippen en Aderen, van *Gelhausen*, in 't Ampt *Blaubayeren*.	Aus hell leberfarb und grau gemischter Marmor, mit braunen Puncten, und sich kreuzenden geraden Adern, von **Gelhausen**, im **Blaubayrer** Amte.	Intermix'd yellowish and straw-colour Marble, with speckles, and dark and streight points & crossing veins, near Gelhausen, District of Blaubayrer.	Marbre varié de couleur jaunâtre & cendrée, avec des points & des veines brunes droites & en croix; près Gelhausen, Préfecture de Blaubayrer.
— 57. Uit Lichtrood naar 't Aschgrauwe trekkende Marmer, met lichtgeele als naar Landkaarten gelykende Vlakken, breekt op de *Rhauenburen*, in 't Ampt *Blaubayeren*.	Aus dem hellrothen ins aschgraue fallender Marmor, mit hellgelben Flecken, der gleichsam Landcharten nachahmet, auf der **Rhauenburen** im **Blaubayrer** Amte.	Marble with red and ash-colour spots of various sizes, resembling the Geographical Maps; of Ravenburen, District of Blaubayrer.	Marbre marqué de rouge cendré, à taches de différentes grandeurs, imitant les Cartes Géographiques, de Ravenburen, Préfecture de Blaubayrer.
— 58. Marmer rood en donkergeel met zwarte Vlakken, van *Grabenstetten*, in 't Ampt *Neufemer*.	Aus gelbroth, roth und dunkelgelb gemischter Marmor, mit schwarzen Flecken, von **Grabenstetten**, im **Neufemer** Amte.	Reddish fallow-colour and yellow Marble, with black spots; near Grabenstetten, District of Neufemer.	Marbre mêlé de fauve rougeâtre & de Jaune, avec des taches noires; près de Grabenstetten, Préfecture de Neufemer.
— 59. Marmer, met geele en lichtbruine Wolken, donkerbruine en witte Vlakken, by *Altdorf*, in 't *Lorcher* Ampt.	Aus gelb und hellbraun gewolkter Marmor, mit dunkelbraunen auch weißen Flecken, bey **Altdorf** im **Lorcher** Amte.	Clouded yellow and light brown Marble, with dark spots, and with others that are yellow; near Altorf, District of Lorcher.	Marbre nuagé de jaune & brun clair, avec des taches brunes & des blanches, proche d'Altorf, Préfecture de Lorcher.
— 60. Muisvale Marmer, met wit- grauw- en zwartachtige rechte Streepen doortrokken, van *Seningen*, in 't Ampt *Göppingen*.	Maußfarbener Marmor, mit weißlichen, grauslichen und schwärzlichen geraden Streifen durchzogen, von **Seningen**, im **Göppinger** Amte.	Mouse-colour Marble, with white light gray & brown stripes, and circles, near Feningen, District of Goppinger.	Marbre gris de souris, avec des rayes & cercles blanc, gris cendré & brun; près de Feningen, Préfecture de Goppinger.

L A T I N E.

No. 55. Marmor fasciis albis fulvis, rubris, fuscisque inter se eleganter alternantibus compositum, circa *Rethheim*, praefecturae *Auracensis*.

— 56. Marmor ex dilute hepatico et cinereo varium, punctis venisque rectis se decussantibus fuscis, circa *Gelhausen*, praefecturae *Blaubeyernensis*.

No. 57. Marmor ex dilute rubente cenerascens maculis variae magnitudinis dilute flavescentibus distinctum, mappam Geographicam imitans, ex loco *Rauenburen*, praefecturae *Blaubeyernensis*.

— 58. Marmor ex fulvo rubro et flavo mixtum, maculis nigris distinctum, circa *Grabenstetten*, praefecturae *Neufemensis*.

No. 59. Marmor ex flavo & subfusco nebulosum, intercurrentibus maculis intense badiis, aliisque albis, circa *Altorf*, praefecturae *Lorchensis*.

— 60. Marmor murini coloris, zonis albidis cinereis et fuscis rectis perfusum, circa *Seningen*, praefecturae *Goeppingensis*.

X.   23

55.   56.

57.   58.

59.   60.

XI. 24.

61. 62.

63. 64.

65. 66.

HOLLANDSCH.	Hochteutsch.	ENGLISH.	FRANÇOIS.
N°. 61. Lichtroode Marmer met lichtgrauwe groote en kleyne Vlakken, van *Balzholzen*, in 't *Neufemer* Ampt.	Hellrother Marmor, mit röthlichhellgrauen abgesetzten großen und kleinen Flecken, von Balzholzen, im Neufemer Amte.	Reddish Marble, with reddish gray spots of various sizes, near Balzbolzen, District of Neufemer.	Marbre rougeâtre, avec des taches d'un rouge cendré de différente grandeur; près de Balzbolzen, Préfecture de Neufemer.
— 62. Marmer, uit geel, oranje, schoon rood en witte Vlakken vermengd, van *Ninterweiler*, in 't Ampt *Neufemer*.	Aus gelb, rothgelb und schön roth manchfaltig gemischter Marmor, mit eingesprengten weisen Flecken, von Hinterweiler, im Neufemer Amte.	Yellow-reddish and light red Marble, interspers'd with white spots; near Hinterweiler, District of Neufemer.	Marbre entremêlé de jaune-roux & de rouge clair, & parsemé de taches blanches; très d'Hinterweiler, Préfecture de Neufemer.
— 63 Geele Marmer, met fyne zwarte hier endaar boomachtige Aderen en witachtige Vlakken, van *Thurnschein*, in 't *Böblinger* Ampt.	Gelber Marmor, mit zarten schwarzen hin und her baumartigen Adern und weislichen Flecken, von Thurnschein im Böblinger Amte.	Yellow Marble, with little blackish veins, here and there spotted and denticulated, from Thurnschein, District of Boblinger.	Marbre jaune à petites veines noirâtres, taché & dentelé par ci par là de blanc; de Thurnschein, Préfecture de Boblinger.
— 64. Witachtige Marmer, met fyne donkerroode Aderen en Vlakken, van *Hohen Neufemersteig*.	Weislicher Marmor, mit zarten dunkelrothen Adern und Flecken häufig durchzogen, vom Hohen Neufemer Steig.	Whitish Marble, intermix'd with many little veins and spots dark red; from Hohen Neufemersteig.	Marbre blanchâtre, entremêlé de plusieurs petites veines & taches rouge foncé, de Hohen Neufemersteig.
— 65. Grauwe Marmer, met meenigvuldige donkerroode en witachtige Vlakken en roodachtige Wolken, van *Kohlstetten*, in 't *Auracher* Ampt.	Grauer Marmor, mit häufigen dunkelrothen Flecken, röthlichen Wolken, und weislichen Flecken durchzogen, von Kohlstetten, im Auracher Amte.	Ash colour Marble, with dark red spots, variegated by little reddish clouds and whitish spots; near Kohlstetten; District of Auracher.	Marbre gris cendré, à taches rouge brun, avec de petits nuages rougeâtres & des taches blanchâtres, près de Kohlstetten, Préfecture d'Auracher.
— 66. Bleek Leeverkoleurige Marmer, met donkere streepen als banden, van 't *Neutlinger Kamergoed*.	Hellleberfarbener Marmor, mit dunklen Streifen bandenweis durchzogen, von dem Neutlinger Cammerguth, auf der Ochsenwanger Markung.	Light yellow Marble, divided in dark straight lines, near Neutlinger Cammerguth.	Marbre d'un jaune clair, divisé par bandes brunes en lignes droites; près de Neutlinger Cammerguth.

LATINE.

N°. 61. Marmor rubens, maculis distinctis variae magnitudinis ex rubro subcinereis coagmentatum, circa *Balzholzen*, praefecturae *Neufemensis*.

— 62. Marmor ex flavo fulvo et laete rubro varie mixtum, interspersis maculis albidis, circa *Hinterweiler*, praefecturae *Neufemensis*.

N°. 63. Marmor flavum, venulis nigricantibus passim dendriticis et maculis albidis varium, ex loco *Thurnschein*, praefecturae *Boeblingensis*.

— 64. Marmor subalbidum venulis maculisque teneris frequentibus austere rubris varium in monte *Hohen-Neufemer-Steig*.

N°. 65. Marmor cinereum, maculis austere rubris nubeculis subrubentibus et maculis albescentibus distinctum, circa *Kohlstetten*, praefecturae *Auracensis*.

— 66. Marmor coloris dilutissimi hepatici, lineis fuscis rectis per fascias divisum, circa *Neitlinger Cammerguth*.

HOLLANDSCH.	HOCHTEUTSCH.	ENGLISH.	FRANÇOIS.
N°. 67. Lichtgrauwe Marmer, met blauwachtige Aderen, van 't *Neutlinger Kamergoed*.	Hellgrauer Marmor, mit zarten blaugrauen Adern kreuzweis durchzogen, von dem Neitlinger Cammerguth, auf der Ochsenwanger Markung.	Light gray Marble, interspers'd with many little sea-green veins like anet; neat Neutlinger Cammerguth.	Marbre gris clair parsemé de petites veines verdâtres en forme de réseau; près de Neutlinguer Cammerguth.
— 68. Marmer Leeverkoleurig, met wit vermengd en donkerbruine Aderen. *) Waar dezelve breekt is niet naauwkeurig bepaald.	Aus leberfarben und weißlich gemischter Marmor, mit weissen Flecken und dunkelbraunen Adern. *) Der genaue Ort ist nicht bezeichnet.	Yellowish and whitish Marble, with white spots and dark veins. *) The place is not mentioned particularly.	Marbre de couleur jaunâtre & blanchâtre, avec des taches blanches & des veines brunes. *) On n'en marque pas le lieu particulier.
— 69. Donkergeele met grauw vermengde Marmer, van *Owen*, in 't Ampt *Kirchheim*.	Aus dunkelgelb und grau abgesetzt vermischter Marmor, bey Owen im Kirchheimer Amte.	Brownish yellow Marble, distinctly mixed with gray, near Owen, District of Kirchheimer.	Marbre d'un jaune brun entremêlé séparément de gris; près d'Owen, Préfecture de Kirchheimer.
— 70 Lichtroode Marmer, met witachtige kleine Vlakken, van de *Unterlininger Alp*.	Einfärbiger hellrother Marmor, mit weißlichen kleinen Flecken, von der Unterlininger Alp, im Kirchheimer Amte.	Plain Marble, light red with some white spots; from the montain Unterlingen, District of Kirchheimer.	Marbre d'une couleur, rouge clair, avec quelques taches blanches; du mont Unterlingen, Préfecture de Kirchheimer.
— 71. Marmer muisvaal met kleine grauwe en zwarte stippen, van *Hochdorf*, in 't *Göppinger* Ampt. *) Deze Marmer gelykt meest naar een Lava en kan wynig gepolyst worden.	Maußfarbener Marmor, mit kleinen weißlichen und schwarzen Puncten, bey Hochdorf, im Göppinger Amte. *) Er hat das Ansehen als eine Lava/ lässet sich nicht hoch glätten, brauset aber mit Scheidewasser.	Mouse colour Marble, with many white and black points; near Hochdorf, District of Goppinger. *) 'Tis almost like the lava of a Volcano, it can't be well polish'd and ferments, with aqua fortis.	Marbre gris de souris, parsemé de plusieurs points blancs & noirs; proche Hochdorf, Préfecture de Goppinger. *) Il ressemble presque à la lave des Volcans, il ne prend pas un beau poli, & fermente au moyen de l'eau forte.
— 72. Witte Marmer, met donkerbruine en lichtroode Vlakken als banden, van *Rethbeim*, in 't Ampt *Aurach*. *) Hoewel deze Marmer den Orientaalschen Alabaſt byna gelykkomt, zo is doch deze meer kalkachtig, en bruiſt met Sterkwater.	Weiß, dunkelbraun und hellroth bandenweis abwechselnd gemischter Marmor, dessen Bande eine andere Richtung haben, als des bey N°. 55. angezeigten, von welchem es doch nur eine Abänderung iſt, von Rethheim, im Auracher Amte. *) Obwohl dieser Marmor dem morgenländischen Alabaſter faſt ähnlich ſiehet/ so iſt er doch kalchartig und brauſet mit Scheidewaſſer.	Marble compos'd of white brown and light red stripes alternately, it is much like the N 55, being one of the same sort; near Rethheim, District of Auracher. *) 'Tis in some manner like the oriental Alabaster, though of the lime-ſtone sort it ferments by aqua fortis.	Marbre à bandes blanches, brunes & rouge clair alternatives, dailleurs disposé comme le N. 55, dont il eſt une sorte, proche Rethheim, Préfecture d'Auracher. *) Il ressemble en quelque manière à l'Alabaſtre Orientale, quoique de la nature des pierres calcaires il fermente auſſi par l'eau forte.

LATINE

N°. 67. Marmor dilute cinereum, venulis reticulatis glaucis copiosis perfusum, circa *Neitlinger Cammerguth*.

— 68. Marmor ex hepatico et subalbido varium, intercurrentibus maculis albis & venulis spadiceis.
*) Locus specialis non notatur.

N°. 69. Marmor ex flavo in fuscum vergente et cinero colore distincte varium, circa *Owen*, praefecturae *Kirchheimensis*.

— 70. Marmor unicolor, dilutius rubrum, intercurrentibus maculis raris albidis, ex *Alpe Unterltningen*, praefecturae *Kirchheimensis*.

N°. 71. Marmor murini coloris, punctis albidis et nigris densissime conspersum, circa *Hochdorf*, praefecturae *Goeppingensis*.
*) Cinerum induratorum Vulcanicorum faciem fere refert, nec polituram bene fert, et cum aqua forti effervescit.

— 72. Marmor fasciis albis, fuscis et lacte rubris inter se alternantibus compositum, alio modo ordinatis, quam N°. 55. cujus est varietas; circa *Rethheim*, praefecturae *Auracensis*.
*) Etiamsi facie Alabaſtritem Orientalem aliquo modo imitetur, calcareae tamen indolis est, et cum aqua forti effervescit.

XII. 25

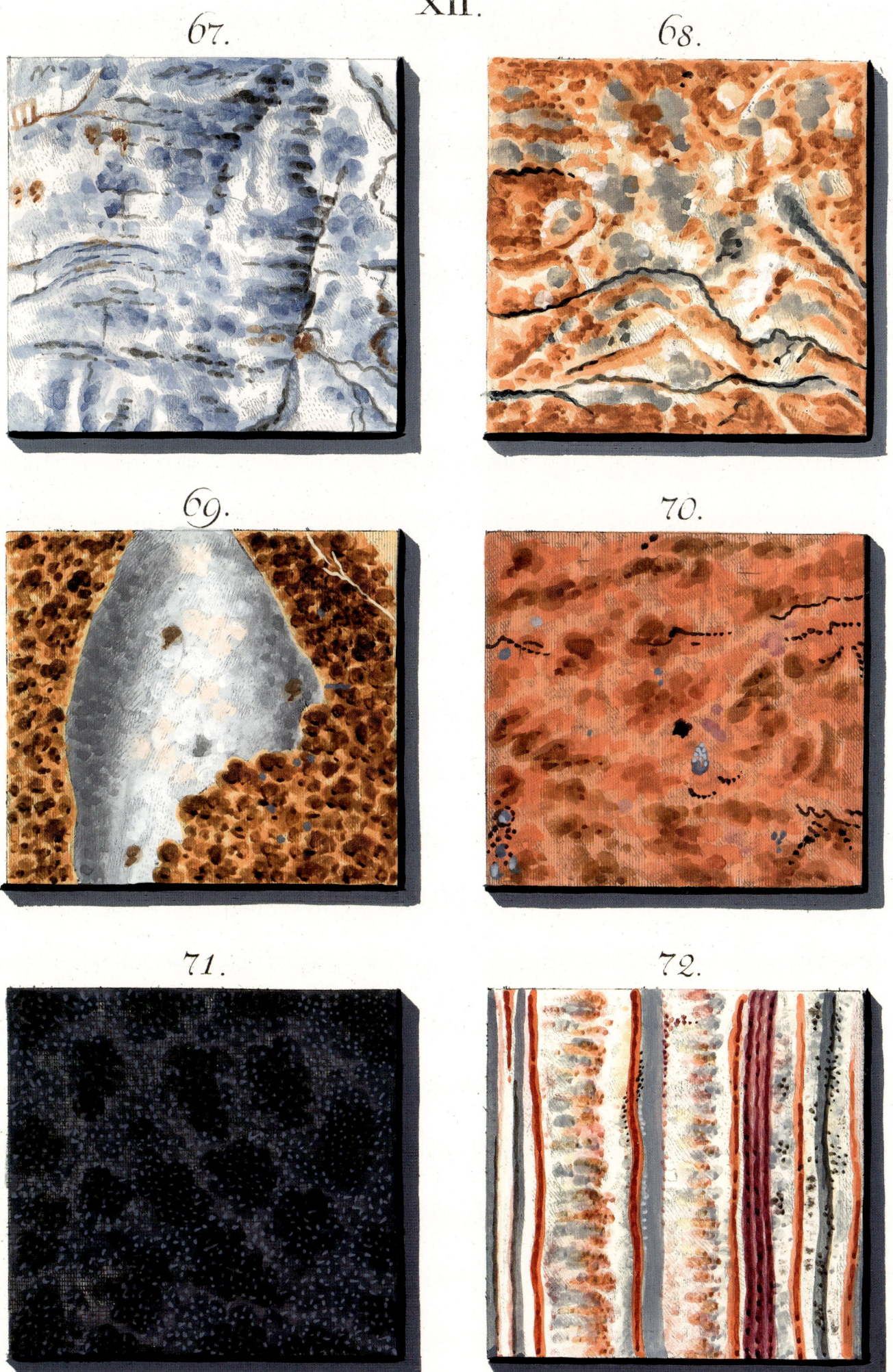

67. 68.

69. 70.

71. 72.

NERESHEIMSCHE MARMER.

Neresheimische Marmor.

MARBLE of NERESHEIM.

MARBRE de NERESHEIM.

MARMORA NERES-HEIMENSIA.

I.

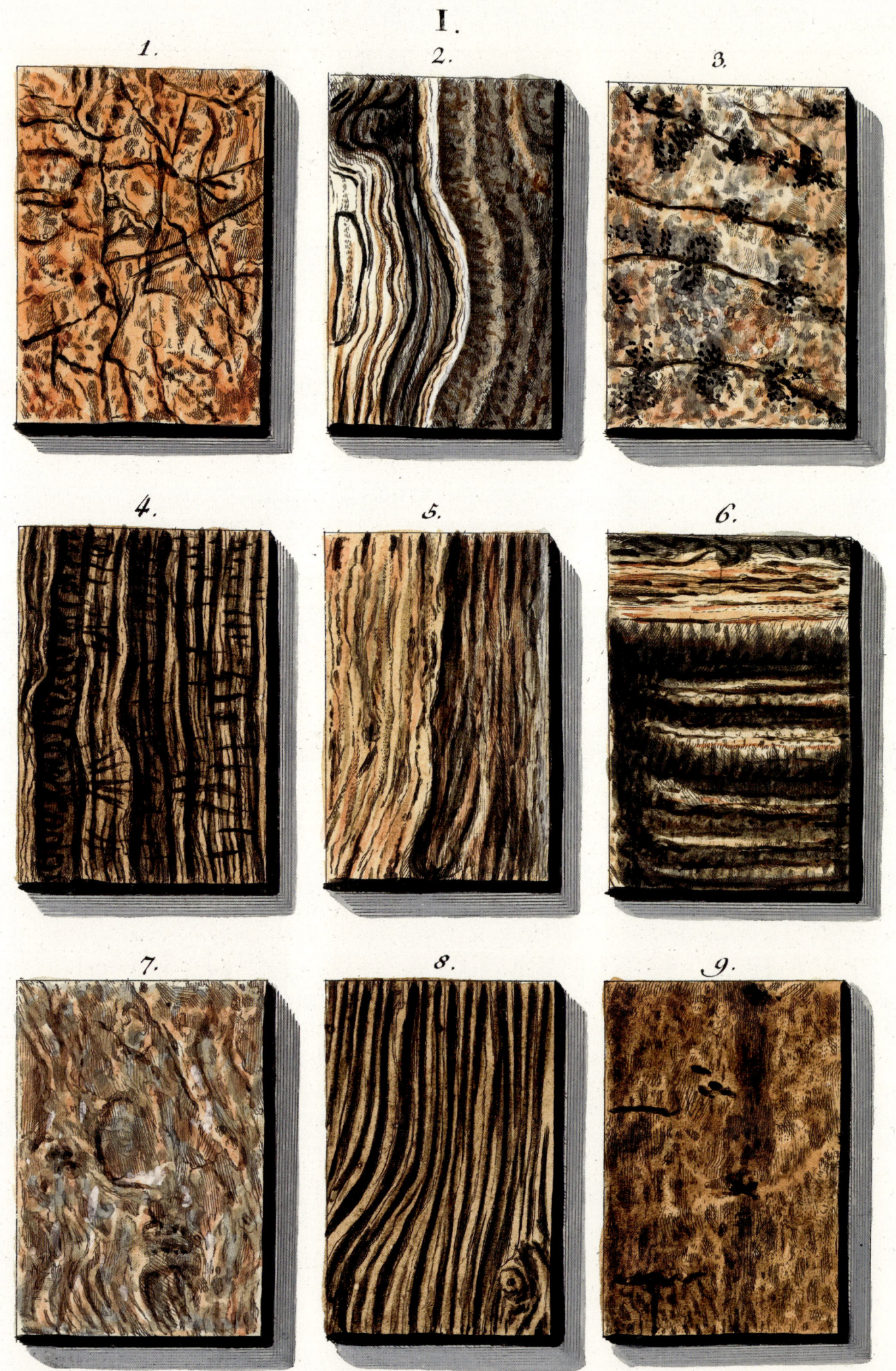

26

1. 2. 3.

4. 5. 6.

7. 8. 9.

A.L.Wirsing exc. Nor.

HOLLANDSCH.	HOCHTEÜTSCH.	ENGLISH.	FRANÇOIS.
Nº. 1. Geele Marmer met roodachtige Wolken en Aderen geteekend.	Gelblicher mit röthlichen Wolken und Adern durchzogener Marmor.	Yellowish Marble interspers'd with reddish clouds and veines.	Marbre jaunâtre parsemé de nuages & veines rougsâires.
— 2. Marmer, met wollige, stroogeele, witachtige en bruine Banden.	Mit wolligten und hirschfarbenen, strohgelben, weißlichen und braunen, zum Theil wie in einen Ast zusammen laufenden Banden durchzogener Marmor.	Marble with waving circles straw-colour, white & brown, part of which is terminated in knots.	Marbre à Cercles ondés paille, blanc & brun dont partie se termine en noeuds.
— 3. Lichtbruine, met heldere ook ten deele geelachtige Vlakken en Wolken, en met bruine Aderen geteekende Marmer.	Hirschfarbener, mit theils hell, theils sattgelben Flecken und Wolken, auch braunen Adern und schwarzen Baumgestalten gezeichneter Marmor.	Fallow-colour Marble, part with spots & clouds & part with yellow and, brown branchy veins.	Marbre fauve, mêlé en partie de taches & de nuages, & en partie de veines branchues jaune & brun.
— 4. Marmer met Donkerbruine breede en smalle Banden.	Dunkel hirschfarbener, mit sowohl breiten als schmalen, welligten, braunen Banden durchstrichener Marmor.	Fallow-colour Marble interspers'd with little and large brown waves.	Marbre fauve foncé parsemé d'ondes brunes grandes & petites.
— 5. Half geel en met bruinachtige Streepen voorziene Marmer.	Zur Helfte gelb und hirschfarbener, mit braunen welligten Strichen durchzogener Marmor.	Half yellow and half fallow-colour Marble, with streight brown waves.	Marbre moitié jaune & moitié fauve, à ondes brunes droites.
— 6. Marmer, met stroogeele, lichte en donkerbruine Banden.	Mit strohgelben, hell und dunkelbraunen, hin und herstrahligen Banden gezeichneter Marmor.	Straw-colour Marble with light and dark brown, crossed here and there by dented stripes.	Marbre paille, mêlé de brun clair & foncé, & croisé, par ci par là, de lignes dentelées.
— 7. Marmer, met leeverkleurige en lichtbruine Wolken.	Leberfarbener, mit hellbraunen zarten Wolken durchflossener Marmor.	Lever-colour Marble, mixed with light brown tan-colour clouds.	Marbre de couleur rougeâtre, mêlé de nuages brun clair tanné.
— 8. Bruingeele, naar Hout gelykende Marmer.	Braungelber, mit dunkelbraunen, den Jahren eines Holzes ähnlich fallenden Strichen durchzogener Marmor.	Dead yellow Marble, with brown stripes, almost imitating the veins of wood.	Marbre jaune terni, à rayes brunes, imitant presque les veines au bois.
— 9. Vuilgeele, met zwartachtige Wolken vermengde Marmer.	Schmuzig gelber, mit schwärzlichen matten Wolken gemischter Marmor.	Obsolete Yellow Marble, with blackish clouds.	Marbre jaune passé, mêlé de nuages minimes.

LATINE.

Nº. 1. Marmor flavescens, nubeculis et venis rufescentibus varium.

— 2. Marmor zonis undosis cervini, straminei, albidi et fusci coloris, partim in nodum confluentibus distinctum.

— 3. Marmor cervini coloris, maculis et nubeculis partim dilutius, partim saturatius flavis venisque fuscis conspersum, passim dendriticum.

Nº. 4. Marmor cervini coloris intensioris, zonis fuscis, tam latis, quam capillaribus, undose procurrentibus notatum.

— 5. Marmor ex dimidato flavum et cervinum, lineis undosis fuscis per longum divisum.

— 6. Marmor zonis ex stramineo, dilutius et intensius fusco colore alternantibus, passim ob lineas transversas fimbriatis variegatum.

Nº. 7. Marmor hepatici coloris, nebulis subfuscis teneris perfusum.

— 8. Marmor coloris lutei impurioris, lineis pullis, fibras ligni quasi imitantibus notatum.

— 9. Marmor obsolete flavum nebulis nigricantibus obsoletis mixtum.

HOLLANDSCH.	HOCHTEUTSCH.	ENGLISH.	FRANÇOIS.
N°. 10 Marmer, met bruine en witachtige Streepen en Banden.	Hirschfarbener, mit braunen und weißlichen wechselsweis einen länglichen Kern umgebenden Strichen und Banden durchzogener Marmor.	Fawn-colour Marble interspers'd with brown and white circles and stripes in the form of long knots.	Marbre couleur fauve parsemé de cercles & rayes brun & blanc, en forme de longs noeuds.
— 11. Geelachtige Marmer, met lichtbruine in de rondte lopende Aderen.	Gelblicher Marmor, dessen hellbraune in die Runde gezogene Adern, einen quer durchgeschnittenen Ast vorstellen	Yellowish Marble, with tan-colour circles, like a knot of a Tree cut crossway.	Marbre jaunâtre à cercles brun tanné, représentant un noeud d'Arbre coupé en travers.
— 12 Met geel en licht bruine Aderen gemengde Marmer.	Aus gelben und hellbraunen welligten und schräg durchsezenden Adern gemischter Marmor.	Marble mixed with yellow and brown veins and alternately with cross waves.	Marbre veiné jaune & gris clair, alternativement mêlé d'ondes obliques.
— 13. Marmer, met donker Kastanje bruine Aderen.	Dunkel hirschfarbener, mit kastanienbraunen, theils geraden, theils schrägen Bändern durchflossener Marmor.	Dark fallow-colour Marble intermixed with circles and stripes chesnut-colour.	Marbre fauve foncé parsemé de rayes & circles maron.
— 14. Bruingeele Marmer, met roodachtige Wolken.	Braungelber Marmor, mit röthlichen Wolken und weißlichen Strichen.	Yellow brown Marble intermixed with reddish clouds and white little stripes.	Marbre d'un jaune brun, entremêlé de nuages roux & de petites lignes blanches.
— 15. Marmer, met leverkleurige Wolken en Aderen.	Leberfarbener, mit wolkigten schrägen Adern durchzogener Marmor.	Lever-colour Marble with various veins and clouds.	Marbre couleur de foie, avec différentes veines & nuages.
— 16. Geele Marmer, met fyne bruine Aderen.	Gelber Marmor, mit zarten bräunlichen, einen dunkeln Kern umgebenden Adern.	Yellow Marble with reddish little veins ending in a little brown knot.	Marbre jaune à petites veines rousses aboutissant à un petit noeud rembruni.
— 17. Stroogeele Marmer, met donkerder Vlakken en roodachtige Wolken.	Strohgelber, mit gelben Flecken und röthlichen Wolken, auch auf einer Seite mit einer Bande durchzogener Marmor.	Straw-colour Marble interspers'd with reddish clouds & yellow spots.	Marbre paille, parsemé de nuages roux & detaches jaunes.
— 18. Marmer, uit geele en lichtbruine Streepen bestaande.	Aus gelben und hellbraunen, schräg und welligt laufenden Strichen gemischter Marmor.	Yellow & reddish Marble, intermixed with various waves.	Marbre entremêlé de rayes ondées & obliques jaune & roux.

LATINE.

N°. 10. Marmor cervini coloris, zonis et lineis, ex fusco et albido circa nodum oblongum alternantibus varium.

— 11. Marmor flavescens, zonis subfuscis circumactis, nodum arboris transversim sectum praeformantibus.

— 12 Marmor ex venis flavis et subfuscis, undoso et obliquo ductu alternantibus mixtum.

N°. 13. Marmor cervini intensi coloris, zonis badiis, tam rectoribus, quam obliquatis perfusum.

— 14. Marmor coloris ex fusco flavi, nebulis rufescentibus lineolisque albidis intercurrentibus notatum.

— 15. Marmor hepatici coloris, venis nubecularum instar tenuibus et obliquatis distinctum.

N°. 16. Marmor flavum, venis capillaribus subfuscis nodum parvum pullum cingentibus.

— 17. Marmor straminei coloris, maculis flavis et nubeculis rufescentibus perfusum, et uno latere zona variegatum.

— 18. Marmor, lineis undosis obliquatis flavis et dilutius fuscis varium.

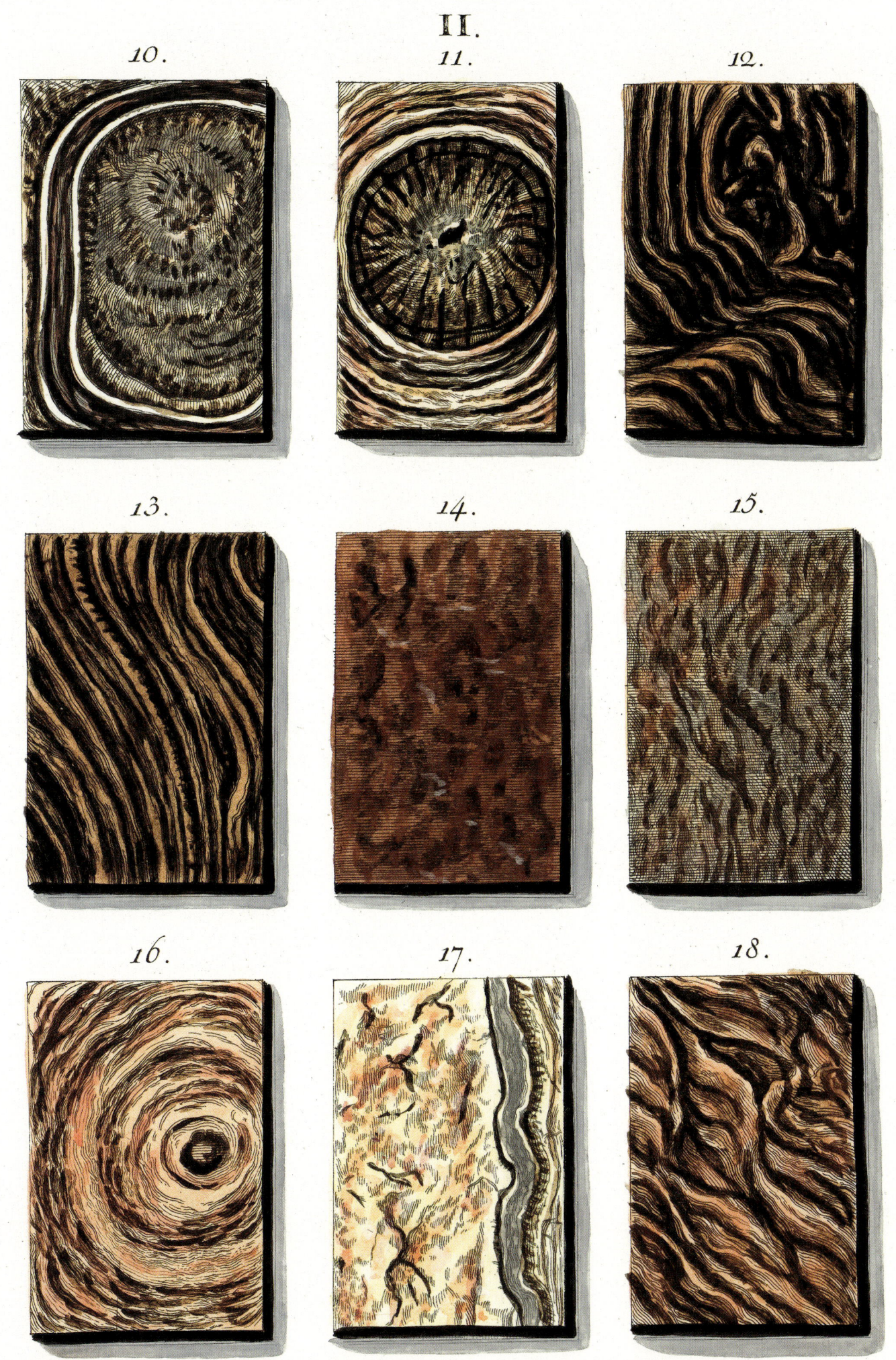

II.

10. 11. 12.

13. 14. 15.

16. 17. 18.

III. 28

19. 20. 21.
22. 23. 24.
25. 26. 27.

HOLLANDSCH.	HOCHTEÜTSCH.	ENGLISH.	FRANÇOIS.
N°. 19. Geele Marmer, met lichte en bruine dwarsloopende Aderen.	Sattgelber Marmor, mit hellgelben geraden, und braunen querlaufenden Adern.	Deep yellow Marble with light yellow stripes and cross'd with reddish ones.	Marbre jaune foncé, avec des rayes jaune clair & d'autres roux en travers.
— 20. Roodachtig bruine met stroogeele Vlakken en stippe bestroide Marmer.	Röthlich leberfarbener, mit strohgelben Flecken und Puncten bestreuter Marmor.	Reddish lever-colour Marble strew'd with straw-colour spets & points.	Marbre couleur de foie rougeâtre parsemé de taches & points paille.
— 21. Marmer, met bleekgeele zwarte Dendritische Stippen en Wolken.	Blaßgelber, mit schwarzen dendritischen Puncten und Wolken gezeichneter Marmor.	Pale yellow Marble, with black points & dented clouds.	Marbre jaune pâle, marqué de points & de nuages noirs dentelés.
— 22. Roodgeele Marmer, met donkerder Aderen.	Rothgelber Marmor, mit dunkelrothen welligten Adern.	Fallow-colour Marble with dark red wavid veins.	Marbre fauve, avec des veines ondées rouge brun.
— 23. Bleekgeele Marmer, met Oranje Wolken en fyne Aderen.	Mattgelber, mit rothgelben Wolken und braunen zarten Adern durchwebter Marmor.	Dead yellow Marble, mixed with reddish little clouds and little veins.	Marbre jaune passé, mêlé de petites veines & de petits nuages roux.
— 24. Marmer, met rood- en donkergeelachtige Streepen en zwarte Stippen.	Dunkelgelber Marmor, mit rothgelben welligten Strichen und schwarzen dendritischen Puncten.	Gold-colour Marble with fallow-colour waves and dented black points.	Marbre jaune doré, avec des ondes, fauves & des points noirs dentelés.
— 25. Donkerbruine Marmer, met roode Wolken en Aderen.	Dunkelfarbener Marmor, mit rothen Wolken und Adern.	Dark lever-colour Marble with reddish little veins and clouds.	Marbre couleur de foie brun, a petites reines & mages roux.
— 26. Donker stroogeele Marmer, met bruine Lynen en Banden.	Dunkelstrohgelber Marmor, mit welligt schrägen braunen Linien und Banden.	Deep straw-colour Marble, with reddisch circles and waved lines.	Marbre paille foncé, avec des cercles & lignes ondées rousses.
— 27. Lichtbruine en als met een wit gezoomde Band geteekende Marmer	Hellbrauner, mit einer welligten dunkelbraunen weiß eingefaßten Bande durchzogener Marmor.	Tan-colour Marble with chefs-nut colour waves and some white.	Marbre couleur tannée à ondes chatain avec du blanc.

LATINE.

N°. 19. Marmor intense flavum, venis dilutioribus rectis aliisque fuscis transversis notatum.

— 20. Marmor coloris ex hepatico rubescentis, maculis & punctis straminei coloris conspersum.

— 21. Marmor pallide flavum, punctis nubeculisque nigris dendriticis notatum.

N°. 22. Marmor fulvum, venis undosis austere rubris distinctum.

— 23. Marmor obsolete flavum, nubeculis fulvis et venulis capillaribus fuscis perfusum.

— 24. Marmor crocei coloris, striis undosis fulvis punctisque nigris dentriticis distinctum.

N°. 25. Marmor coloris saturate hepatici, nubeculis venulisque rufis notatum.

— 26. Marmor coloris saturate straminei, zonis et lineis undosis obliquatis fuscis varium.

— 27. Marmor subfuscum, zona undata spadicea, albo praetextata, distinctum.

HOLLANDSCH.	HOCHTEUTSCH.	ENGLISH.	FRANÇOIS.
N°. 28. Marmer, met donkergeele en zwarte Vlakken, en roodachtige Aderen.	Bleichgelber Marmor, mit dunkelgelben, auch schwarzen dendritischen Flecken, denn röthlichen Adern.	Pâle yellow Marble with deep yellow and dented red spots, also reddish veins.	Marbre jaune pâle, avec des taches jaune foncé & d'autres rouges dentelées, comme aussi des veines rousses.
— 29. Vleeschkleurige Marmer, met roode Vlakken en Wolken.	Hell fleischfarbener Marmor, mit rothen Flecken und Wolken.	Flesh-colour Marble, with red spots and little clouds.	Marbe couleur de chair, avec des taches & petits nuages rouges.
— 30. Marmer, met geel en witachtige Aderen en Vlakken.	Aus gelblich und weislich, auch beynahe zu gleichen Theilen mit schwarzen dendritischen Adern und Fleckenvermischter Marmor.	Yellow and whitish Marble, almost equally mix'd with black spots and dented veins.	Marbre jaune & blanchâtre, presque à égales parties mêlé de petites taches & veines noires dentelées.
— 31. Stroogeele Marmer, met klyne geele Vlakken en zwarte Aderen.	Strohgelber, mit kleinen gelben Flecken und schwarzen dendritischen Adern weitläufig durchzogener Marmor.	Straw-colour Marble, with little yellow spots and some dented black veins.	Marbre paille, à petites taches jaunes & quelques veines dentelées noires.
— 32. Bynaar een kleurige hooggeele Marmer.	Einfärbig hochgelber Marmor, mit etlichen dunkleren Wolken.	Fine yellow Marble, with some little dark clouds.	Marbre d'un beau jaune vif avec quelques petits nuages foncés.
— 33. Vuilgeele Marmer, met zwartachtige Dendritische Stippen.	Unrein gelblicher Marmor, mit vermischten schwärzlichen dendritischen Puncten.	Marble of a sad yellowish colour, mix'd with dented blackish points.	Marbre d'un jaune sale, entremêlé de points dentelés noiratres.
— 34. Marmer, hier en daar vuilwit en geelachtig, met zwarte Vlakken.	Unrein weißer, und hin und her gelber Marmor, mit breiten dendritischen schwarzen Flecken.	Sad white Marble, here and there yellowish, with large dented black spots.	Marbre blanc sale & par-ci par-là jaundâtre, avec de grandes taches noires dentelées.
— 35. Uit licht en donkergeel, ook roodachtige Wolken gemengde Marmer.	Aus hell und dunkelgelb, auch röthlichen Wolken gemischter Marmor, mit schwärzlichen ästigen Adern.	Marble mix'd light and dark yellow with red, and little branchy blackish veins.	Marbre mêlé de jaune clair & foncé avec du rouge, à petites veines noirâtres branchues.
— 36. Marmer, welke door de menigvuldige Dendritische Stippen bynaar zwart vertoond.	Ein wegen enge stehender dendritischer Puncten beynahe schwarz scheinender Marmor, mit weislichen und gelben abgesetzten Flecken.	Marble with dented reunited points, almost black and with white, and yellowish spots separately.	Marbre à points réunis presque noirs dentelés, avec destaches blanches & jaunes séparées.

LATINE.

N°. 28. Marmor pallide flavum, maculis saturatius flavis aliisque dentriticis nigris, ac venis rufescentibus varium.

— 29. Marmor subcarneum, maculis nubeculisque rubris conspersum.

— 30. Marmor, ex subflavo ac albido et aequali fere parte macularum et venularum nigrarum dendriticarum mixtum.

N°. 31. Marmor straminei coloris, maculis parvis flavis venisque dendriticis nigris rarioribus conspersum.

— 32. Marmor laete flavum purum, intercurrentibus rarioribus nubeculis intensioribus.

— 33. Marmor sordide flavescens, intermixtis punctis dendriticis nigricantibus.

N°. 34. Marmor sordide album, admixta passim flavedine et latis maculis nigris dendriticis.

— 35. Marmor, ex diluto et intensius flavo rubroque confluente mixtum, venulis nigricantibus ramosis notatum.

— 36. Marmor ex aggregatis punctis dendriticis totum fere nigrum, intermixtis maculis albidis et flavis distinctis.

IV.

28. 29. 30.

31. 32. 33.

34. 35. 36.

V.

37. 38. 39.

40. 41. 42.

43. 44. 45.

HOLLANDSCH.	Hochteütsch.	ENGLISH.	FRANÇOIS.
N°. 37. Geele Marmer, met roodachtige Wolken en bruine Aderen.	Gelber Marmor mit röthlichen Wolken, und zerstreuten braunen Adern.	Yellow Marble, with reddisch clouds and some little brown veins.	Marbre jaune, à nuages roussâtres & quelques petites veines brunes.
— 38. Roodachtige Marmer, met donkerder en vuil witte Vlakken.	Röthlicher Marmor, mit dunkleren rothen und dergleichen unrein weißen Flecken.	Reddish Marble, with deep red spots and various white ones.	Marbre rougeâtre, avec des taches rouge foncé & des grandes & petites blanches.
— 39. Marmer uit geel en bruin vermengd met zwartachtige Streepen.	Aus dem gelben und hell hirschfarbenen gemischter Marmor, mit rothbraunen und schwarzen dendritischen Streifen durchzogen.	Mix'd yellow and fawn-colour Marble, with reddish and black dented stripes.	Marbre mêlé de jaune & de fauve clair, avec des rayures denteleés roux ardent & noires.
— 40. Strookleurige Marmer, met Oranjestreepen en zwarte Aderen.	Unrein strohfarbener Marmor, mit gelbrothen Streifen, und häufigen schwarzen dendritischen Adern bezeichnet.	Sad straw-colour Marble, with fallow-colour stripes and a quantity of dented little black veins.	Marbre paille pâle, varié de rayures fauves, avec quantité de petites veines noires denteleés.
— 41. Lichtbruine Marmer, met Saffraangeele Streepen en Vlakken.	Hell hirschfarbener Marmor, mit safrangelben Streifen und Flecken.	Fawn-colour Marble, with stripes and spots gold-colour.	Marbre fauve clair, à rayes & taches jaune doré.
— 42. Licht geelroode Marmer, met zwarte Aderen en Stippen.	Hell gelbrother Marmor, mit schwarzen häufigen dendritischen Adern und Puncten.	Fallow-colour Marble, with many dented black little veins and points.	Marbre fauve, avec quantité de petites veines & points noirs dentelés.
— 43. Marmer, met wit in lichtbruin speelend, met roode en geele Vlakken en Wolken.	Aus dem weißen in das hellhirschfarbene spielender Marmor, mit rothen Flecken und rothen auch gelben Wolken.	Marble between white and fawn-colour, with ash colour spots and little clouds red and yellow.	Marbre inclinant du blanc au fauve clair à taches cendrées & petits nuages rouge & jaune.
— 44. Donker vleeschkleurige Marmer, met lichtroode Wolken en Stippen.	Dunkelfleischfarbener Marmor, mit eingemischten hellrothen Wolken und hellbraunen Puncten.	Deep flesh colour Marble mix'd with little light red clouds and reddish points.	Marbre couleur de chair foncée, mêlé de petits nuages rouge clair & des points roux.
— 45. Marmer, welke bynaar zwart is, door de meenigte Dendritische zwarte stippen.	Ein wegen der häufigen dendritischen Flecken und Puncten beynahe schwarzer Marmor, mit hell und dunkelgelben Streifen und Flecken.	Marble intermixd with dented spots and points almost black with light and deep yollow stripes and spots.	Marbre entremêlé de taches & de points presque noirs dentelés, avec des taches & rayures jaune clair & foncé.

LATINE.

N°. 37. Marmor flavum, nubeculis rufescentibus et venulis raris fuscis praeditum.

— 38. Marmor rubescens, maculis intensius rubris parvis aliisque sordide albis majoribus distinctum.

— 39. Marmor ex flavo et dilutissime cervino mixtum, lituris rutilis nigrisque dendriticis perfusum.

N°. 40. Marmor coloris impuri straminei, lituris fulvis et venulis nigris dendriticis frequentibus varium.

— 41. Marmor coloris cervini diluti, lituris et maculis croceis distinctum.

— 42. Marmor dilute fulvum, venulis punctisque nigris frequentibus dendriticis varium.

N°. 43. Marmor ex albo in cervinum dilutum vergens, maculis cinereis, nubeculis sanguineis et flavis variegatum.

— 44. Marmor coloris carnei saturati, intercurrentibus nubeculis dilutioribus et punctis subfuscis.

— 45. Marmor, ex confluxu macularum et punctorum dendriticorum totum fere nigricans, admixtis lituris maculisque flavis dilutis et saturatis.

HOLLANDSCH.	HOCHTEÜTSCH.	ENGLISH.	FRANÇOIS.
Aanmerk. Wy hebben nog wel 6 soorten van deze Marmers, doch dewyl dezelven geen merkelyk onderscheid maken met de voorgaande, slaan wy dezen maar over, dewyl ze toch allen in de nabyheid van 't Klooster Neresheim gebrooken worden.	Anmerck. Wir besitzen zwar noch sechs Arten dieser Marmor, sie zeigen aber beynahe keinen merklichen Unterschied von den vorhergehenden, weshalben wir sie um so eher übergehen wollen, da alle beschriebene Arten in keiner grossen Entfernung vom dem Kloster Nerösheim brechen.	NB. *There are, besides, here six other sorts; but as they differ little from those already described, they may be omitted, especially as they vary but little from all the kinds described about the Convent of Neresheim.*	NB. *Il y en a même encore ici six autres sortes; mais, qui, différant peu de celles mentionnées peuvent, être supprimées, surtout puisqu'elles ne varient gueres de toutes les especes décrites du Couvent de Neresheim.*

LATINE.

Nota. Sunt quidem insuper apud nos *sex* omnino specimina hujus loci, quae tamen adeo parum discrepant a recensitis, ut omitti potuerint; praesertim cum omnes varietates descriptae intra spatium non valde amplum circa coenobium Neresheimense eruantur.

DURLACHSCHE MARMER.

Durlachiſche Marmor.

MARBLE OF DURLACH.

MARBRE DE DURLACH.

MARMORA DURLACENSIA.

31

I.

1. 2.

3. 4.

5. 6.

A.L.Wirsing exc. Nor.

HOLLANDSCH.	Hochteutsch.	ENGLISH.	FRANÇOIS.
No. 1. Geelachtige met eenig wit gemengd en met zwarte Dendriten gezierde Marmer, van *Welmlingen* aan de Weg van *Blaufingen* naar *Wintersweiler*.	Gelblicher mit etwas weißlichen gemischter, und mit schwartzen Dendriten gezierter Marmor, von Welmlingen am Wege von Blaufingen nach Wintersweiler und Effringen.	Yellowish Marble, mix'd with some black Dentrites, from near Welmlingen, *in the way of* Blaufingen, *the side of* Wintersweiler *and* Effringen.	Marbre jaunâtre, mêlé de blanc avec quelques Dentrites noires; de Welmlingen, *au chemin de* Blaufingen, *du côté de* Wintersweiler & Effringen.
— 2. Bruine Marmer, met kleine geele en veele witte Vlakken van *Niefern*.	Brauner Marmor, mit kleinen gelben und vielen weißen Flecken, von Niefern, Oberamt Pforzheim, jenseit der Enz nahe am Walde.	Brown Marble, with many white spots and some yellow ones, of Niefern, *District of* Pforsheim, *this side of* Ens *near the forest*.	Marbre brun, marqué de petites taches jaunes & de beaucoup de blanches; de Niefern, *Préfecture de* Pforsheim, *au de ca de* Ens, *proche de la forêt*.
*) De witte Vlakken hebben haaren oorsprong van Entrochiten.	Not. Die weißen Flecken stammen von Entrochiten her.	NB. The white spots are the remainder of Entrochites.	NB. Les taches blanches sont des restes d'Entrochites.
— 3. Lichtvaale Marmer, met wit en roodachtige Wolken van *Wolbach*.	Hellfahler Marmor mit weißen ins röthliche abfallenden Wolken von Wolbach, ohnweit dem Dorfe bey der Zügelshütte.	Reddish gray Marble with white clouds falling upon the red colour; of Wolbach, *near the village and the Brick-Kiln*.	Marbre paillet, à nuages tombans du blanc au rouge; de Wolbach, *près du village & de la Tuilerie*.
— 4. Lichtbruine Marmer, met zwarte Dendriten, van *Effringen*.	Hellhirschfarbener Marmor mit schwartzen Dendriten von Effringen, oberhalb der Mühle.	Ligt fallow-colour Marble, adorned with black Dentrites, from Effringen *above the Mill*.	Marbre fauve clair, orné de Dentrites noires; de Effringen *au dessus du moulin*.
— 5. Donker Muiskleurige Marmer, met weinig witte maar veel geele Vlakken en Streepen, van *Niefern* in 't Ampt *Pforzheim*.	Dunkelmausfarbener Marmor mit vielen gelben und wenigern weißen Flecken und Strichen durchzogen, von Niefern, Oberamt Pforzheim.	Dark mous-colour Marble, interspersed with many little yellow spots and speckles and some white, from the neighbourhood, of Niefern, *District of* Pforsheim.	Marbre gris de souris brun, parsemé de plusieurs petites taches, de pointillages jaunes, & quelques blancs; des environs de Niefern, *Préfecture de* Pforsheim.
*) De witte Vlakken zyn doorgesnedene Entrochiten.	Not. Die weißen Flecken sind Durchschnitte von Entrochiten.	NB. The white spots are parts of Entrochites.	NB. Les taches blanches sont des parties d'Entrochites.
— 6. Zwartachtige Marmer, met witte verdwynende Vlakken van *Bauschlott*.	Schwärzlicher Marmor mit weißen sich verliehrenden Flecken von Bauschlott, Oberamt Pforzheim.	Blackish Marble, with dispersed white spots from Bauschlott, *District of* Pforsheim.	Marbre noirâtre, avec des taches blanches dispersées; de Bauschlott, *Préfecture de* Pforsheim.

LATINE.

No. 1. Marmor flauescens ex albido mixtum, passim Dendritis nigris varium, circa *Welmlingen*, ad viam a *Blaufingen* versus *Wintersweiler* et *Effringen*.

— 2. Marmor fusci coloris, maculis paruis flauis et plurimis albis distinctum, ex *Niefern*, præfecturæ *Pforzhemensis*, citra *Enz* amnem proxime ad syluam effossum.

Not. Maculæ albæ sunt Entrochorum reliquiæ.

— 3. Marmor coloris helui dilutissimi, nebeculis ex albo in rufescens declinantibus, circa *Wolbach*, non procul a pago ad officinam lateritiam.

— 4. Marmor ceruini coloris diluti, Dentritis nigris ornatum, circa *Effringen*, supra molendinum.

— 5. Marmor coloris ex fusco murini, plurimis maculis virgulisque flauis; et paucis albis distinctum, circa *Niefern*, præfecturæ *Pforzhemensis*.

Not. Maculæ albæ Entrochorum segmenta sunt.

— 6. Marmor nigricans, maculis diffluentibus albis notatum, circa *Bauschlott*, præfecturæ *Pforzhemensis*.

HOLLANDSCH.	HOCHTEUTSCH.	ENGLISH.	FRANÇOIS.
No. 7. Lichtleeverkleurige Marmer, met weinig zwarte Dendriten, van *Effringen*.	Hellleberfarbener Marmor, mit wenigen schwarzen Dendriten, bey Effringen, bey der obern Mühle.	Light liver-colour Marble, with some black Dentrites; from Effringen, above the Mill.	Marbre couleur de foie clair, marqué de quelques Dentrites noires, d'Effringen, au dessus de moulin.
8. Geele Marmer, met donker geele Streepen, van *Welmlingen*.	Gelber Marmor mit dunkelgelben Strichen von Welmlingen.	Yellow Marble, with darker streaks from Welmlingen.	Marbre jaune, parsemé de rayes plus foncées de Welmlingen.
9. Muiskleurige Marmer, met donker geele en witte verstrooide Vlakken, van *Niefern*.	Maußfarbener Marmor mit dunckelgelben zerstreuten Flecken und anderen weißen dergleichen, von Niefern, Oberamt Pforzheim.	Dark mous-colour Marble, interspersed with yellow and white spots, from Niefern, District of Pforsheim.	Marbre gris de de souris brun, avec des taches éparces blanches & d'autres jaunes; de Niefern, Préfecture de Pforsheim.
*) Deze is verschillend met de voorgaande welke ook van deze Plaats is.	Not. Er ist eine Abänderung der obigen von diesem Orte.	NB. 'Tis varies a little from the above of the same place.	NB. C'est une variété des précédens du même lieu.
10. Donker geele Marmer, met rood gemengd en met bruinachtige Wolken en Dendriten, van *Sölingen* op de Bergen by de Kalk Ovens.	Dunkelgelber mit roth gemischter Marmor, mit bräunlichen Wolken und Dendriten, von Sölingen, Oberamt Durlach, auf den Bergen bey den Kalchöfen.	Red and yellow mixed Marble, with brownish clouds and Dentrites; from Soelingen, District of Durlach, in the mountains where are the lime kilns.	Marbre mêlé de jaune & de rouge, avec des nuages & des Dentrites brunâtres, de Soelingen, Préfecture de Durlach, des montagnes où sont les fours à chaux.
11. Aschgraauwe Marmer, met geelachtige Vlakken en donker bruine Streepen, van *Bauschlott*, uit de tweede laage van de Rotz.	Aschgrauer Marmor mit eingemischten gelblichen Flecken, dunkelbraunen Streifen und Nieren, von Bauschlott, Oberamt Pforzheim, unter dem Schloße, aus dem zweyten Lager des Felsens.	Ash-colour Marble, intermixed with pale yellow spots, dark brown streaks and Knots; from Bauschlott, District of Pforsheim, in the castle, the second lay of stone.	Marbre gris cendré, entremêlé de taches jaune pâle, de rayes & de noeuds brun noir, de Bauschlott, Préfecture de Pforsheim, dans le Château, de la seconde couche de pierre.
12. Graauwe naar het donker bruin hellende Marmer, met witte Lynen en Stippen, van *Bauschlott*.	Aus dem grauen ins dunkelbraune fallender Marmor mit weißen Schlangenlinien und Puncten, von Bauschlott, Oberamt Pforzheim.	Dark gray Marble, falling upon the brown, with white points and serpenting lines; from Bauschlott, District of Pforsheim.	Marbre tirant du gris foncé au brun, avec des points blancs & des lignes serpentantes; de Bauschlott, Préfecture de Pforsheim.

LATINE.

No. 7. Marmor hepatici coloris diluti, Dendritis nigris rarioribus distinctum, circa *Effringen* ad molendinum superius.

8. Marmor flauum, lineis saturatioribus persusum, circa *Welmlingen*.

9. Marmor murini coloris saturati, maculis diffusis flauis aliisque albis, circa *Nefern*, præfecturæ Pforzhemensis.

Not. Est varietas præcedentium huius loci.

10. Marmor ex flauo et rubro mixtum, intercurrentibus nubeculis et Dendritis subfuscis, ex *Soelingen*, præfecturæ Durlacensis, in montibus, in quibus calx vritur.

11. Marmor cinerei coloris, intermixtis maculis subflauis, lineis et nodis ex fusco nigris, circa *Bauschlott*, præfecturæ Pforzhemensis, infra castellum, ex secundo petræ strato.

12. Marmor ex cinereo saturate fuscum, lineis serpentinis punctisque albis distinctum, ex *Bauschlott*, præfecturæ Pforzhemensis.

II.

7. 8.

9. 10.

11. 12.

32

III.

13.   14.

15.    16.

17.    18.

33

HOLLANDSCH.	HOCHTEUTSCH.	ENGLISH.	FRANÇOIS.
No. 13. Marmer, licht-leeverkleurig met zwarte Dendriten als doorzaaid, van *Effringen*.	Sehr hell leberfarbener mit schwarzen Dendriten, nach mancherley Richtungen, durchzogener Marmor von Effringen.	Ligt liver-colour Marble, with black Dentrites spread in various directions; from Effringen.	Marbre couleur de foie clair, avec des Dentrites noires répandues en différentes directions, d'Effringen.
14. Lichte en donkere Aschkleurige Marmer, met geele gebrookene Streepen en bruine Vlakken, van *Bauschlott*.	Hell und dunkel aschfarbener Marmor, mit einspielenden gelben unterbrochenen Streifen und braunen Flecken, von Bauschlott, Oberamt Pforzheim.	Ligt and dark ash-colour Marble with loose yellow broken circles and brown knots; from Bauschlott, District of Pforsheim.	Marbre gris clair & foncé, avec des cercles échappés, rompus, jaunes, & des nouds bruns; de Bauschlott, Préfecture de Pforsheim.
15. Dezelfde meerder eenkleurig, met duidelyker geele en donkere Vlakken, ook van daar, doch uit de onderste laage.	Ebendergleichen mehr gleich gemischter aschfarbener Marmor, mit deutlicheren gelben und dunklen Flecken, von ebendaher; aber aus der untersten Bank.	Marble like the last, but the ash-colour is more equal and the yellow spots and brown Knots more distinct; from the deepest lay, of the same place.	Marbre semblable au précédant, excepté que le gris est plus uniforme, les taches jabnes & les nouds bruns plus distincts, du même lieu, mais tiré de la plus profonde couche.
16. Muisvaale Marmer, met zwart en witachtige spatten, van *Wörsingen*, aan de Weg naar *Rikklingen*.	Mausfarbener Marmor mit schwärzlichen und weißlichen Tupfen durchzogen, von Wößingen, am Wege nach Ricklingen, Oberamt Stein.	Mous-colour Marble, interspersed with many litle black and white marks; from Woessingen, in the way of Rilklingen, near Stein.	Marbre gris de souris, parsemé de petites marques noires & blanches; de Woessingen, au chemin de Rilklingen, près Stein.
*) Deeeze schynt geheel te bestaan uit Stukjes van Schelp Dieren.	Not. Er scheinet ganz aus zerstückten Gehäußen von Schaalthieren zu bestehen.	NB. It appears wholly compos'd with litle fragments of shells.	NB. Il paroit entierement composé de petits fragmens de coquilles.
17. Marmer, graauw met geele en witte Vlakken gemengd, van *Niefern*.	Grauer mit gelben und weissen Flecken gemischter Marmor, von Niefern, Oberamt Pforzheim.	Ash-colour Marble, with yellow and white spots of various forms, from Niefern, District of Pforsheim.	Marbre gris cendré, avec des taches jaunes & blanches de différents formes; de Niefern, Préfecture de Pforsheim.
*). De witte Vlakken zyn van doorgesneede Entrochiten.	Not. Die weissen Flecken sind von durchgeschnittenen Entrochiten.	NB. The white spots are pieces of Entrochites.	NB. Les taches blanches sont des parties d'Entrochites.
18. Muiskleurige Marmer, met licht groene Wolken en geelachtige Vlakken, van *Wösingen* in 't opper Amt *Stein*.	Maußfarbener Marmor, mit hellgrünen Wolken und gelblichen Flecken, von Wösingen, Oberamt Stein.	Mous-colour Marble, with light ash-colour clouds, and whitish spots; from Woessingen near Stein.	Marbre gris de souris, avec des nuages gris cendré clair, & des taches blanchâtres, de Woeffingen, pres Stein.

LATINE.

No. 13. Marmor coloris hepatici dilutissimi, dendritis nigris ad varias directiones perfustra, circa *Effringen*.

14. Marmor ex dilute et saturate cinereo colore varium interludentibus zonis flauis interruptis et nodis fuscis, circa *Bauschlott*, præfecturæ *Pforzhemensis*.

15. Marmor simile, sed coloris maculis flauis nodisque fustis magis distinctis, *eiusdem loci*, sed ex strato infimo depromtum.

16. Marmor murini coloris, creberrimis stigmatibus nigricantibus et albescentibus, circa *Woeffingen*, ad viam versus *Rilklingen*, præfecturæ *Stein*.

Not. Totum ex comminutis testarum recrementis componi videtur.

17. Marmor cinerei coloris, maculis flavis et albidis variæ formæ notatum, circa *Niefern*, præfectura *Pferzhemensis*.

Not. Maculæ albæ Entrochorum segmenta sunt.

18. Marmor murini coloris, nubeculis dilute cinereis et maculis flauescentibus distinctum, circa *Woeffingen*, præfecturæ *Stein*.

HOLLANDSCH.	Hochteutsch.	ENGLISH.	FRANÇOIS.
No. 19. Aschgraauwe Marmer, met geele Wolken en donker bruine Streepen, van *Bauschlott*.	Aschgrauer Marmor mit gelben Wolken und unterbrochenen dunkelbraunen Streifen, von Bauschlott, Oberamt Pforzheim.	*Ash-colour Marble, with yellow clouds and brown broken stripes;* from Bauschlott, District of Pforsheim.	*Marbre gris cendré, avec des nuages jaunes & des rayes brunes interrompues;* de Bauschlott, Préfecture de Pforsheim.
20. Marmer insgelyks Aschgraauw met veele geele en witte Vlakken, van *Niefern*.	Aschgrauer Marmor mit vielen abgesetzten gelben und weissen Flecken von Niefern, Oberamt Pforzheim.	*Ash-colour Marble, with many yellow and white distinct stripes;* from Niefern, District of Pforsheim.	*Marbre gris, avec beaucoup de rayes distinctes jaunes & blanches;* de Niefern, Préfecture de Pforsheim.
*) De witte Vlakken zyn Entrochiten.	Not. Die weissen Flecken sind Durchschnitte von Entrochiten.		
21. Donker Muiskleurige Marmer, met gebrooke geele Streepen en Vlakken, van *Wörsingen*.	Dunkelmaußfarbener Marmor mit unterbrochenen gelben Strichen und Flecken, von Wösingen, am Wege nach Pforzheim.	*Dark Mous-colour Marble with yellow broken stripes and spots;* from Woessingen, *by the way near* Pforsheim.	*Marbre gris de souris foncé, avec de rayes & des taches jaunes interrompues;* de Woessingen, vers le chemin près de Pforsheim.
22. Aschgraauwe Marmer, met geele Wolken en Golfachtige bruine Banden en Vlakken, van *Bauschlott*.	Aschgrauer Marmor mit gelblichen Wolken und wellenförmigen braunen Banden und Flecken durchzogen, von Bauschlott, Oberamt Pforzheim.	*Ash-colour Marble, with yellowish clouds, brown waved streaks and Knots;* from Bauschlott, District of Pforsheim.	*Marbre gris cendré, à nuages jaunâtres, avec des bandes ondoyeés & des noeuds de couleur brune;* de Bauschlott, Préfecture de Pforsheim.
23. Donkere Muisvaale Marmer met lichtgraauwe Wolken en zwarte Streepen *van dezelfde Plaats*.	Dunckel mausfarbener Marmor mit dünnen hellgrauen Wolken und schwarzen Strichen von eben daher.	*Dark Mous-colour Marble with light ash-colour clouds, and black streaks;* of the same place.	*Marbre gris de souris foncé, avec des nuages gris cendré clair, & des rayes noires;* du même lieu.
24. Karstanje bruine Marmer, met graauwe en geele Vlakken en weinig witte Stippen, *ook van daar*.	Matt castanienbrauner, mit grauen und gelblichen Flecken auch wenigen weissen Puncten durchzogener Marmor, von eben daher.	*Dead Chesnut-colour and pale yellow spots, and some white points,* of the same place.	*Marbre chatain terni, parsemé detaches grises et jaunes pâles, avec quelques points blancs,* de la même place.

LATINE.

No. 19. Marmor cinerei coloris, nubeculis flauis et tæniis fuscis interruptis mixtum, circa *Bauschlott*, præfecturæ *Pforzhemensis*.

20. Marmor cinerei coloris, maculis copiosis et distinctis, flauis albisque varium, circa *Niefern*, præfecturæ *Pforzhemensis*.

Not. Maculæ albæ Entrochorum segmenta sunt.

21. Marmor murini coloris saturati, lineis interruptis maculisque flauis notatum, circa *Woessingen*, prope viam versus *Pforzheim*.

22. Marmor cinerei coloris, nubibus flauescentibus, tæniis vndosis nodisque fuscis distinctum, circa *Bauschlot*, præfecturæ *Pforzhemensis*.

23. Marmor murini coloris intensi, intercurrentibus nebulis dilute cinereis et lineis rectis nigris præditum, *eiusdem loci*.

24. Marmor coloris badii obsoleti, intercurrentibus maculis cinereis et subflauis punctisque rarioribus albis, *eiusdem loci*.

IV.

19. 20.

21. 22.

23. 24.

34

25.   V.   26.   35

27.   28.

29.   30.

HOLLANDSCH.	HOOCHTEUTSCH.	ENGLISH.	FRANÇOIS.
No. 25. Strookleurige Marmer, met zwarte gescheurde en eenige geele Vlakken, van *Wintersweiler* by het Dorp *Rebberge*.	Strohfarbener Marmor/ mit schwärzlichen zerrißenen Flecken und etlichen gelben/ von Wintersweiler/ ohnweit dem Dorfe am Rebberge/ in der Landgrafschaft Sausenberg und Herrschaft Röteln.	Straw-colour Marble, with dispersed black spots and some yellow points; from the montain Rebberg, not far from the village of Wintersweiler, Landgraviate of Sausenberg and the Manor of Roeteln.	Marbre paille, avec des taches noires dispersées, & quelques points jaunes; auprès du village de Wintersweiler, de la montagne Rebberg, Landgraviat de Sausenberg, & Seigneurie de Roeteln.
— 26. Licht en donker geel gemengde Marmer, met graauwe Vlakken, van *Candern*, in 't Landgraafschap *Sausenberg*.	Hell und dunkelgelb kraußgemischter Marmor/ mit graulichen Flecken/ von Candern/ ohnweit der Papiermühle/ in der Landgrafschaft Sausenberg und Röteln.	Light and dark yellow Marble waved and mixed with ash colour spots; from Candern, near the paper-mill, Landgraviate of Sausenberg & Manor of Roeteln.	Marbre jaune clair & foncé, ondoyé, & mêlé de taches gris cendré; de Candern, près le moulin à papier, Landgraviat de Sausenberg & Seigneurie de Roeteln.
*) Veele overblyfzels van Madreporen en Milleporen zyn hier in.	Not. Überbleibsel von Madreporiten und Milleporiten sind darinnen anzutreffen.	NB. There the remainders of Madrepores & Millepores are to be seen.	NB. On y voit des restes de Madrepores & de Millepores.
— 27. Donker geele Marmer, met nog donkerder Streepen en Aderen, van *Tannenkirch* in het Bosch.	Dunckelgelber Marmor/ mit noch dunkleren Strichen und Adern/ auch einigen weißröthlichen Flecken/ von Tannenkirch/ im Walde neben dem Rebberg unter der Flühe.	Saffron-colour Marble, interspers'd with darker streaks, and veins, also with white spots falling on the red; from Tannekirch in the forest, about the level of Rebberg, under the pasture land.	Marbre couleur de Saffran, parsemé de lignes & de veines plus foncées, avec des taches d'un blanc tirant sur le rouge; de Tannekirch, dans la forêt, à la hauteur du mont Rebberg, au dessous du paturage.
— 28. Leeverkleurige Marmer, met roode Wolken en Streepen van het Lusthuis *Landek* in 't Markgraafschap *Hochberg*.	Aus dem gelben dunkel leberfarbener Marmor/ mit rothen Wolken und Strichen/ von dem Hirnfirsten/ nahe bey dem Schloße Landeck/ Marggrafschhaft Hochberg.	Marbre falling from the yellow to the dark liver coulour, with red clouds and streaks; from the top of the stone, near the castle of Landek, Margraviate of Hochberg.	Marbre tirant du jaune à la couleur de foie foncée, avec des nuages & rayes rouges; du sommet de la pierre, proche le Chateau de Landeck, au Margraviat d'Ochberg.
*) Hy bestaat uit Steen gekorreld als Kuit van Visch.	Not. Er bestehet ganz aus sogenanten Rogenstein/ dessen Körner äusserst klein/ innen hohl/ und durch Kalchspat verbunden sind.	NB. It seems intirely composed as the roe of fish in very little grains, sticking in holes by calcareons spath.	NB. Il paroit entierement composé d'œufs de poisson en tres petits grains, liés dans des creux par du path calcaire.

HOLLANDSCH.	Hochteutsch.	ENGLISH.	FRANÇOIS.
29. Oranje kleurige Marmer, met donkerroode en hier en daar witachtige Wolken en zwarte Dendriten, van *Sölingen* in 't Ampt *Durlach*.	Rothgelber Marmor / mit dunkelrothen hin und her weißlichen Wolken und schwarzen Dendriten / von Sölingen / Oberamt Durlach / unterer Marggraffschaft Baden.	Ash-colour Marble, with red clouds and some black Dendrites; from Soelingen, District of Durlach, under the Margraviate of Baden.	Marbre gris, avec des nuages rouges, & quelques Dendrites noires; de Soelingen, Préfecture de Durlach, au dessous du Margraviat de Baden.
30. Kastanje bruine eenkleurige Marmer, van *Niefern* boven de Wynbergen van den *Entzberg*.	Castanienbrauner einfärbiger Marmor von Niefern / Oberamt Pforzheim / oberhalb den Weinbergen in dem Entzberge.	Plain Chesnut-colour Marble, from Niefern, District of Pforsheim, above the vineyards, upon the mount Ensberg.	Marbre chatain brun uni; de Niefern, Préfecture de Pforsheim, au dessus des vignes, sur le mont Ensberg.

LATINE.

N°. 25. Marmor straminei coloris, maculis discerptis nigricantibus paucisque croceis distinctum, circa *Wintersweiler*, prope pagum, ad montem *Rebberg*, Landgrauiatus *Sausenberg* et Dominii *Roeteln*.

— 26. Marmor ex diluto et saturato flauo colore vndosis et crispis ductibus mixtum, intercurrentibus maculis cinerascentibus, circa *Candern*, non procul a molendino chartario, Landgrauiatus *Sausenberg* et Dominii *Roeteln*.

Not. Reliquiæ Madreporarum et Milleporarum admixtæ sunt.

— 27. Marmor crocei coloris, intercurrentibus lineis et venis saturatioribus, maculisque ex albo rubescentibus, circa *Tannenkirch*, in sylua ad latus montis *Rebberg*, infra pascuum.

— 28. Marmor ex flauo hepatici coloris saturati, nubeculis et lineis rubris passim mixtum ex summis petræ prope Castellum *Landeck*, Marggrauitus *Hochberg*.

Not. Totum quantum ex Oolitho, granulis minutissimis intus cauis et spatho calcario glutinutis constat.

— 29. Marmor gilui coloris, nubeculis rubris passim albescentibus et Dendritis nigris varium, circa *Soelingen*, præfecturæ *Durlacensis*, Marggrauiatus *Badensis* inferioris.

— 30. Marmor badii coloris saturati puri, circa *Niefern*, præfecturæ *Pforzhemensis*, supra vineas in monte *Enzberg*.

VI. 36

31. 32.

33. 34.

35. 36.

HOLLANDSCH.	Hochteutsch.	ENGLISH.	FRANÇOIS.
No. 31. Leeverkleurde naar 't geele trekkende Marmer, met donkere Aderen, van *Nymburg* in 't Graaffchap *Hochberg*.	Aus dem leberfarbenen ins gelbe fallender Marmor, mit dunkleren Adern, von Nymburg ohnweit dem Kloster, in der Marggraffchaft Hochberg.	*Marble falling from the liver-colour to the yellow, with some darker veins; from* Nymburgh, *near the Convent, in the Margreaviate of* Hochberg.	*Marbre tombant de la couleur de foie au jaune, avec quelques veines plus foncées; de* Nymbourg, *près du Couvent, dans le Margraviat de* Hochberg.
*) Deze bestaat geheel uit Steen als Visch Kuit met grotere Korrels als No. 28.	Not. Er bestehet ganz aus Rogenstein, von grösfern Körnern als Nr. 28. die theils hohl, theils blätterich angefüllt, und mit Spath, auch Schneckenschaalen gefüttet sind.	N. *'Tis composed of fish-row in grains part hollow and part in leaves, but greater than those of No. 28. sticking by a calcareous spath & fragments of shel's.*	NB. *Il est composé d'œux de poisson en grains en partie creux & en partie feuilletes, plus grands que ceux du No. 28. attachés en semble, par du spath calcaire & des fragmens de coquilles.*
— 32. Bruin geele Marmer, met donkere Vlakken en Dendriten van *Nymburg* uit de Leemkuil.	Braungelber Marmor mit dunkleren Flecken und schwarzen Dendriten, von Nymburg, oberhalb der Mühle, bey des Zieglers Leimgrube, Marggraffchaft Hochberg.	*Dark yellow Marble, with brown spots and black Dentrites here and there, from* Nymburgh, *above the mill, near the Brick-mine, in the Margraviate of* Hochberg.	*Marbre jaune foncé, marqué par-ci par-là de taches brunes & de Dentrites noires; de* Nymbourg, *au dessus du moulin, près de la mine des briques, dans le Margraviat de* Hochberg.
*) Breekt in Plaatjes.	Not. Er giebt nur Platten, und diese Probe ist über das Haupt genommen.	NB. *It is however drawn by plectes, that proves his division in vertical section.*	NB. *On le voit cependant par planches; ce qui prouve sa division en section verticale.*
— 33. Geele en leeverkleurde Marmer, met ingestrooide witte Vlakken, van *Neder Emmendingen*.	Gelblich sattleberfarbener Marmor, mit eingestreuten weissen Flecken, von Nieder-Emmendingen, am Bache des Geißberges, Marggraffchaft Hochberg.	*Brownish yellow Marble, with some white spots; from* Nieder-Emmendingen, *next the rivelet of the mount Geisberg, in the Margraviate of* Hochberg.	*Marbre jaune brunâtre, avec quelques taches blanches; de* Nieder-Emmendingen, *vers le ruisseau du mont Geisberg, Margraviat de* Hochberg.
*) Hy bestaat geheel uit Korrels als No. 28.	Not. Er bestehet ganz aus Körnern, eines dem von Nr. 28. ähnlichen Rogensteines, der durch Ueberbleibsel von Schaalthieren, Entrochitem und Kalchspath verbunden ist.	NB. *It comists en little grains like those of the No. 28. sticking by the remainders of Testacees, Entrochites and calcareous spath.*	NB *Il consiste tout en petits grains semblables à ceux du No. 28. liés par des restés de Testacées, d'Entrochites, & de spath calcaire.*
— 34. Rood en geel gevlakte Marmer, van *Böttingen*, beneden 't Dorp.	Roth und gelbgefleckter Marmor, von Bottingen, unter dem Dorfe, Marggraffchaft Hochberg.	*Variegated red and yellow Marble near* Bottingen, *under the Margraviate of* Hochberg.	*Marbre varié de rouge & de jaune, proche de* Bottingen, *au dessous du village, dans le Margraviat de* Hochberg.

HOLLANDSCH.	Hochteütsch.	ENGLISH.	FRANÇOIS.
— 35. Roodachtig graauwe Marmer, met lichte Vlakken van *Wolbach* by de Teegelbakkery.	Röthlichgrauer Marmor, mit einigen hellen Flecken, von Wolbach, ohnweit dem Dorfe bey der Zügelhütte, Landgrafschaft Sausenberg, und Röteln.	*Reddish gray Marble, with some yellow spots; from* Volbach, *near the village and the brick-kiln in the Landgraviate of* Sausenberg *and* Roeteln.	*Marbre gris rougeâtre avec quelques taches jaunes; de* Volbach *près du village & des fours à briques, Landgraviat de* Sausenberg *&* Roeteln.
— 36. Zwartbruine eenkleurige Marmer, van *Durlach* uit de *Toorenberg*.	Schwarzbrauner einförmiger Marmor, von Durlach, aus dem Turnberge, nahe bey dem Thurne, in der untern Marggrafschaft Baden.	*Plain dark brown Marble, near* Durbach *in the mount Turnberg, next the Tower, low Margraviate of* Baden.	*Marbre minime uni, proche de* Durlach *au* Turnberg *vers la Tour, dans le Margraviat inférieur de* Baden.
NB. De Marmer Plaatjes op de 5de en 6de Tab: zyn uit het Kabinet van den Heer Hofraad *Schreber*.	Die Platten der 5ten und 6ten Tafel haben wir der Gewogenheit des berühmten Herrn Hofrath Schrebers zu Erlang zu verdanken.	*We are indekted for the Plates V & VI, to the celebrated* Schreberus, *Professor of* Erlang.	*Nous avons l'obligation des Planches V. & VI, an celebre* Schreberus, *Professeur d'*Erlang.

LATINE.

No. 31. Marmor coloris ex hepatico flauescentis venis saturatioribus parcis perfusum, circa *Nymburg*, non procul a Coenobio, Margrauiatus *Hochberg*.

Not. Totum ex Oolitho granis partim cavis, partim plenis lamellatis, ac Nr. 28. maioribus, componitur, quæ Spatho calcario et recrementis Concharum glutinantur.

— 32. Marmor coloris ex fusco flaui, maculis passim et Dendritis nigris notatum, ex *Nymburg*, supra molendinum, prope limi fodinam officinæ lateritiæ, Margrauiatus *Hochberg*.

Not. Per plana saltem foditur, et hoc exemplar verticali sectione diuisum est.

— 33. Marmor coloris hepatici flauescentis saturatioris, maculis albis passim distinctum, circa *NiederEmmendingen*, ad riuum montis *Geisberg*, Marggrauiatus *Hochberg*.

Not. Ex Oolitho totum constat, granulis similibus Nr. 28 quæ testaceorum, Entrochorum recrementis, Spathoque calcario glutinantur.

— 34. Marmor ex rubro et flauo varium, circa *Bottingen*, infra pagum, Marggrauiatus *Hochberg*.

— 35. Marmor heluoli coloris, maculis rarioribus dilutioribus notatum, circa *Wolbach*, prope pagum ad officinam lateritiam, Landgrafiatus *Sausenberg* et *Roeteln*.

— 36. Marmor coloris pulli puri, circa *Durlach*, in monte *Thurnberg*, prope turrim, Marggrauiatus *Badensis inferiori*.

Exemplaria Tabularum Vtæ et VItæ fauori Illustr. SCHREBERI, Professoris Erlangensis celeberrimi debemus.

SALTZBURGSCHE MARMER.

Salzburger Marmor.

SALTZBURG MARBLE.

MARBRE DE SALTZBOURG.

MARMORA SALISBUR-GENSIA.

I.

1. 2.

3. 4.

5. 6.

A.L.Wirsing exc. Nor.

37

HOLLANDSCH.	Hochteutsch.	ENGLISH.	FRANÇOIS.
No. 1. Zeer lichtkleurige Marmer, met witte en geelachtige stippen bestrooid, van *Untersberg*.	Sehr hellleberfarbener, mit weißen, gelblichen und röthlichen Puncten bestreuter Marmor von Untersberg.	Very light liver-coloured Marble, interspersed with white, yellow and reddish spots; of Untersberg.	Marbre couleur de foie très-claire, parsemé de points blancs, jaunes & roux; de Untersberg.
— 2. Marmer met lichtgraauwe en witte Vlakken, van *Untersberg*.	Mit hellgrauen ziegelfarbigen und weißen Flecken gleich gemischter Marmor, von Untersberg.	Marble equally spotted with brown and white; of Untersberg.	Marbre également tacheté de gris & de blanc; de Untersberg.
— 3. Geele Marmer, met witte en donker roode Vlakken, van *Haunsberg*.	Gelber Marmor mit weißen und dunkelziegelrothen, mit weißen Rändern umgebenen abgesezten Flecken, von Haunsberg.	Yellow Marble, with white and brown-red spots; of Haunsberg.	Marbre jaune varié de taches blanches & rouge brun; de Haunsberg.
— 4. Licht roode Marmer met witte geele en graauwe Vlakken van *Haunsberg*.	Hellziegelrother Marmor, mit weißen, gelben und grauen abgesezten Flecken, von Haunsberg.	Light red Marble, interspers'd with white, yellow and ash-colour points and veins of various sizes; of Haunsberg.	Marbre rouge clair, parsemé de points & de veines de différentes grandeurs, blancs, jaunes & gris cendrés; de Haunsberg.
— 5. Licht en donker bloedrode gemengde Marmer, met witte stippen en Aderen, van *Untersberg*.	Hell und dunkel blutroth gemischter Marmor mit weißen Puncten und Adern, von Untersberg.	Light and dark red Marble mixed with white points and veins; of Untersberg.	Marbre mêlé rouge de sang clair & foncé avec des veines & des points blancs; de Untersberg.
— 6. Marmer, licht en donkerbruin gevlakt, van *Untersberg*.	Aus hell und dunkelbraun gefleckter Marmor mit ausgestreuten weißen Puncten, von Untersberg.	Light and dark brown spotted Marble, with some white points; of Untersberg.	Marbre tacheté brun clair & foncé, avec quelques points blancs; de Untersberg.
*). Hier en daar zyn kleine overblyfzels van Zee-Schepzels te zien.	Not. Hin und her sind sehr kleine Ueberbleibsel von Seegeschöpfen zu sehen.	*). There is now and then to be seen in it little animals, or sea productions.	*). On y découvre par-ci par-là des petits corps marins.

LATINE.

No. 1. Marmor hepatici dilutissimi coloris punctis albis, flavescentibus, et rufescentibus conspersum, ex *Vntersberg*.

— 2. Marmor maculis distinctis ex dilute fusco lateritiis et albis aequaliter varium, ex *Vntersberg*.

— 3. Marmor flauum, maculis albis aliisque lateri profandi coloris, albo margine praetextatis, distincte variegatum, ex *Haunsberg*.

— 4. Marmor coloris lateritii diluti, maculis variae magnitudinis albis, flauis, cinereisque distinctis notatum, ex *Haunsberg*.

— 5. Marmor ex colore dilutius et saturatius sanguineo mixtum, interspersis punctis venisque albis, ex *Vntersberg*.

— 6. Marmor colore dilute et saturata badio maculatum, Stigmata alba rariora, ex *Vntersberg*.

Not. Minutissima marinorum corporum recrementa admixta habet.

HOLLANDSCH.	Hochteutsch.	ENGLISH.	FRANÇOIS.
N°. 7. Marmer met bruinroode stippen en Aderen, van *Untersberg*.	Aus unrein weiß und lebberfarben gemischter Marmor mit braunröthlichen Puncten und Adern vom Untersberg.	Sad white and liver-coloured Marble, with reddish brown veins and points; of Untersberg.	Marbre mélangé de blanc sale & de rouge brun, avec des veines & des points roux foncé; de Untersberg.
— 8. Witte Marmer, met groenachtige, witte, graauwe en zwarte Vlakken en Aderen, van *Untersberg*.	Matt weißer Marmor mit grünlichen / weißen / grauen / schwarzen und leberfarbenen abgesezten Flecken und Adern / vom Untersberg.	Variegated white Marble with greenish, ash colour, black and liver-coloured distinct veins and points; of Untersberg.	Marbre blanc, varié de taches & veines distinctes; verdâtres, grises, noires & rouge brun; de Untersberg.
*). De groenachtige Vlakken, zyn als een soort van Kley, en kunnen niet gepolyst worden.	Not. Die grünlichen Flecken sind thonartig / und lassen sich nicht sehr glätten.	*). The greenish spots imitating the clay don't admit polishing.	*). Les taches verdâtres approchant la nature de l'argille n'admettent pas bien le poli.
— 9. Marmer uit geel, wit, graauw en rood gemengd, van *dezelfde Plaats*.	Aus gelb / weißlich graulich / und röthlich gemischter und gefleckter Marmor / von eben daher.	Mixed yellow, greenish and white Marble, witt reddish circular lines; of the same place.	Marbre mêlé de jaune, de verdâtre, & de blanc, avec des lignes circulaires roujâtres; du même lieu.
—10. Wit en graauw gemengde Marmer, van *dezelfde Plaats*	Weiß und grau gemischter Marmor / mit dunkelbraunen und schwarzen abgesezten Flecken / und dunkelgrauen Adern / vom Untersberg.	White and ash colour mixed Marble, with dark-brown and black spots, variegated by deep ash-colour veins; of Untersberg.	Marbre mêlé de blanc & de gris cendré, avec des taches distinctes brun foncé & noires & des veines gris brun; de Untersberg.
—11. Muisvaale Marmer, met donkere Wolken, van *Gaisberg*.	Mausfarbener Marmor mit dunkelgrauen Wolken / weißen Puncten und Adern / vom Gaisberg.	Mouse-colour Marble, mixed with dark ash-colour clouds and with white veins and points; of Gaisberg.	Marbre gris de souris, varié de nuages gris brun, & de veines & points blancs; de Gaisberg.
—12. Donker Aschkleurige Marmer, van *Gaisberg*.	Dunkelaschfarbener / mit geraden braunschwarzen Strichen durchzogener Marmor / vom Gaisberg.	Dark ash-colour Marble, interspersed with straight lines of a blackish brown; of Gaisberg.	Marbre gris cendré foncé, parsemé de lignes droites d'un brun noirâtre; de Gaisberg.

LATINE.

N°. 7. Marmor ex albo obsoleto et dilute hepatico mixtum, interspersis punctis venisque ex fusco rufis, ex *Vntersberg*.

— 8. Marmor albidum, virescentibus, cinereis, nigris, dilute hepaticis, distinctis maculis venisque varium, ex *Vntersberg*.

Not. Maculæ virescentes argillaceæ naturæ adpropinquant, neque polituram bene admittunt.

— 9. Marmor ex flauo, cinerascente, albido, lineisque rufescentibus circumactis maculatum, *eiusdem loci*.

—10. Marmor ex albo et cinereo mixtum, maculis distinctis, pullis nigrisque et venis saturate cinereis variegatum, ex *Vntersberg*.

—11. Marmor murini coloris, nubeculis saturate cinereis, punctis venisque albis distinctum, ex *Gaisberg*.

—12. Marmor saturate cinereum, lineis ex pullo nigricantibus rectis perfusum, ex *Gaisberg*.

II.   38

7.   8.

9.   10.

11.   12.

III.   39

13.   14.

15.   16.

17.   18.

HOLLANDSCH.	Hochteütsch.	ENGLISH.	FRANÇOIS.
No. 13. Vuilwitte met lichtgraauwe Wolken en Aderen getekende Marmer, van *Untersberg*.	Unreinweißer mit hellgrauen und leberfarbenen Wolken und Adern durchzogener Marmor, vom Untersberg.	Sad white Marble, vein'd and with little clouds ash and fallow-colour; of Untersberg.	Marbre blanc sale, marqué de petites veines & nuages gris & fauves; de Untersberg.
— 14. Marmer met bleekroode en witachtige Vlakken, ook *van daar*.	Aus dem hellröthlichen leberfarbenet Marmor, mit abgesezten weißen Flecken, von Untersberg.	Light liver-colour Marble, with distinct white spots; of Untersberg.	Marbre d'un rouge pâle, avec des taches distinctes blanches, de Untersberg.
— 15. Leeverkleurige Marmer, met bruinroode Wolken, van *dezelfde Plaats*.	Röthlich leberfarbener Marmor, mit braunrothen Wolken, Flecken und Adern, von eben daher.	Liver-colour Marble, with red-brown clouds, veins and spots; of the same place.	Marbre rouge de foie, avec des nuages, des veines & des taches rouge brun; du même lieu.
— 16. Bruin en lichtroode Marmer, met donkere Aderen en witachtige Wolken, insgelyks van *Untersberg*.	Aus dem braunen ins hellrothe fallender Marmor, mit dunklen Adern und mattweißen Wolken und Federn, von eben daher.	Reddish brown Marble with darker spots, and sad white veens and clouds; of the said place.	Marbre brun tombant sur le rouge, avec des taches plus foncées, des veines & des nuages blanc sale; du dit lieu.
— 17. Vleeschkleurige Marmer, met bruinroode Vlakken en blaauwachtige Wolken, van *dezelfde Plaats*.	Hellfleischfarbener Marmor mit braunröthlichen Flecken, bläulichen Wolken und abgesezten weißen Adern, vom Untersberg.	Flesh-colour Marble, with reddish spots, bluish clouds and white veins; of Untersberg.	Marbre couleur de chair avec des taches rougeâtres, des nuages bleuâtres, & des veines blanches; de Untersberg.
— 18. Oranje en Vuurkleurig gemengde Marmer, van *dezelfde Plaats*.	Aus rothgelb und feurfarb gemischter Marmor mit hellgrauen und leberfarbenen Flecken getüpfelt, von eben daher.	Orange and fallow-colour mixed Marble, with light greenish and liver colour spots; of the same place.	Marbre mêlé d'orange & de fauve avec des taches grisâtre clair & de couleur de brique; du même lieu.

LATINE.

No. 13. Marmor sordide album, nubeculis venulisque dilutissime cinereis et ceruines notatum ex *Vntersberg*.	— 15. Marmor ex rubro hepaticum, maculis nubeculis ex fusco rubris, *eiusdem loci*.	— 17. Marmor coloris carnei diluti, maculis subfuscis, nubeculis cærulescentibus venisque albis distinctum, ex *Vntersberg*.
— 14. Marmor coloris ex dilutissime rubro hepatici, maculis albis distinctum, ex *Vntersberg*.	— 16. Marmor ex fusco diluto in rubrum vergens, venis saturatioribus, maculis nubeculisque sordide albidis notatum, *eiusdem loci*.	— 18. Marmor ex giluo et fuluo mixtum, maculis cinerascentibus et dilute hepaticis conspersum, *eiusdem loci*.

HOLLANDSCH.	Hochteütsch.	ENGLISH.	FRANÇOIS.
No. 19. Witachtige Marmer, met verstrooide Stippen van *Untersberg*.	Weißlicher Marmor mit zerstreuten leberfarbenen Puncten / von Untersberg.	Whitish Marble, with some liver-colour points; of Untersberg.	Marbre blanchâtre avec quelques points couleur de foie; de Untersberg.
— 20. Uit witachtig en lichtbruin bestaande Marmer, ook *van daar*.	Aus dem weißlichen hellleberfarbener Marmor / mit weißlichen Körnern und braunen Puncten dicht besprengt / von eben daher.	Whitish Marble turning upon the liver-colour, strew'd plentifully with white drops and brown points; of the same place.	Marbre blanchâtre tirant sur la couleur de brique, abondamment parsemé de gouttes blanches & de points bruns; du même lieu.
— 21. Marmer, graauw, leverkleurig en zwart gemengd, van *Gaisberg*.	Aus grau / leberfarb / und schwärßlich gemischter Marmor / mit weißlichen Körnern / vom Gaisberg.	Marble mixed ash colour, liver-colour and black, with white grains; of Gaisberg.	Marbre mêlé de gris, de couleur de foie & de noir, avec des grains blancs; de Gaisberg.
— 22. Leeverkleurig, wit en geel gemengde Marmer, van *Haunsberg*.	Aus leberfarben / weißlich und gelb gemischter und zerstückte Felsen vorstellender Marmor / vom Haunsberg.	Liver colour Marble, with yellow and white; of Hounsberg.	Marbre couleur de foie, varié de jaune & de blanc; de Hounsberg.
— 23. Donkerleverkleurige Marmer, met roodbruine wit gezoomde Vlakken, van *Haunsberg*.	Dunkelleberfarbener Marmor / mit abgesezten rothbraunen weiß eingefaßten / auch anderen weißen und gelbrothen Flecken / vom Haunsberg.	Dark liver-colour Marble, with reddish spots surrounded with white, and oters white and yellowish red; of Hounsberg.	Marbre couleur de foie foncé, marqué de taches rousses environnées de blanc, & d'autres blanches & jaunes rougeâtres, de Hounsberg.
— 24. Muiskleurige Marmer, met witte Stippen van *Gaisberg*.	Maußfarbener Marmor / mit kleinen rothen und weißen Puncten auch dergleichen Adern / von Gaisberg.	Mouse-colour Marble, with veins and little points red and white; of Gaisberg.	Marbre gris de souris, avec des veines & petits points rouge & blanc; de Gaisberg.
*). De witte Stippen zyn Overblyfzels van Entrochiten.	Not. Die weißen Puncten find Glieder von Entrochiten.	*). Those white points are little remains of Entrochites.	*). Ces points blancs sont des restes d'Entrochites.

LATINE.

No. 19. Marmor albescens, punctis hepaticis conspersum, ex *Vntersberg*.

— 20. Marmor ex albido dilute hepaticum, guttis albidis et punctis fuscis conspersum, *eiusdem loci*.

— 21. Marmor ex cinereo, hepatico et nigricante mixtum, interspersis granulis albidis, ex *Gaisberg*.

— 22. Marmor ruderatum, ex hepatico, albido et flauo varium, ex *Haunsberg*.

— 23. Marmor coloris hepatici saturati, maculis distinctis ex rufo badiis, albo cinctis, aliisque albis et giluis variegatum, ex *Haunsberg*.

— 24. Marmor murini coloris, punctis minutissimis rubris et albis, venisque similibus conspersum, ex *Gaisberg*.

Not. Puncta alba reliquiæ sunt Entrochorum minutissimorum.

IV.

19.   20.

21.   22.

23.   24.

40

V.   41

25.   26.

27.   28.

29.   30.

HOLLANDSCH.	HOCHTEUTSCH.	ENGLISH.	FRANÇOIS.
No. 25. Licht roode Marmer, met groote witte gegolfde Vlakken, van *Untersberg*.	Hellziegelrother Marmor mit grossen weißlichen wellenförmigen Flecken und blutrothen Adern, vom Untersberg.	Light red Marble, with large waving spots, and blood-red veins; of Untersberg.	Marbre rouge clair, avec des grandes taches blanches ondoyantes & des veines couleur de sang; de Untersberg.
*). De witte Vlakken scheinen Overblyfzels van Milleporen te zyn.	Not. Die weißen Flecken scheinen Ueberbleibsel von Milleporen.	*). The white spots seem to be some remains of Millepores.	*). Les taches blanches semblent être des restes de Millepores.
— 26. Vleeschkleurige Marmer, met eenige geelroode Vlakken en witte Stippen, van *Untersberg*.	Hellfleischfarbener Marmor mit einigen gelbröthlichen Flecken und weißlichen Puncten, von eben daher.	Light flesh-colour Marble, with reddish and white spots and points; of the same place.	Marbre couleur de chair, avec des taches & des points jaune rougeâtre & blanc; du même lieu.
*). Ook deze schynt Overblyfzels van Zee-Schepzels te hebben.	Not. Auch dieser scheinet Überbleibsel von Seegeschöpfen zu enthalten.	*). There is also some sea productions to be seen.	*). On y voit aussi des restes de corps marins.
— 27. Groenachtig graauwe Marmer, met witachtige Vlakken en Aderen, ook *van daar*.	Grünlich grauer Marmor mit rundlichen weißlichen Flecken und Adern verschiedener Farben, eben daher.	Greenish ash-colour Marble, with white spots and veins of various colours; of the said place.	Marbre gris verdâtre, avec des taches blanches & des veines de différentes couleurs; du dit lieu.
*). De witachtige Vlakken gelyken naar Tubuliten.	Not. Die weißlichen Flecken sehen den Tubuliten sehr ähnlich.	*). The white spots are much alike the Tubulariæ.	*). Les taches blanches imitent assez bien les Tubulaires.
— 28. Leeverkleurige en geel gemengde Marmer, van *Haunsberg*.	Leberfarb und gelb abgesetzt gemischter Marmor, mit weißen schmalen Flecken, vom Haunsberg.	Marble distinctly mixed liver-colour and yellow with thin white spots; of Hounsberg.	Marbre mêlé de couleur de foie & de jaune avec des petites taches blanches; de Hounsberg.
— 29. Donker en lichtbruin met vuil wit golfswys gemengde Marmer, van *Haunsberg*.	Aus dunkelbraun und unrein gelben wellenweis gemischter Marmor, mit einigen weißen Strichen und Ringen, vom Haunsberg.	Marble intermingled with dark and light brown and pale yellow waves, and some white stripes and rings; of Hounsberg.	Marbre entremêlé de gris brun, de gris clair & d'ondes jaune pâle, avec quelques rayes & anneaux blancs; de Hounsberg.
*). Ook deze bevat Zee-Schepzels, ten minsten zyn in dit Voorwerp kleine Strombiten te zien.	Not. Auch dieser enthält Meergeschöpfe, wenigstens sind in dieser Platte kleine Strombiten zu sehen.	*). This represents also some sea-productions like the Strombites.	*). Cellui-ci représente aussi des corps marins assez semblables aux Strombites.
— 30. Bloedroode Marmer, met lichtroode Vlakken, van *Untersberg*.	Blutrother Marmor, mit hellrothen Flecken, auch weißen und schwarzen Puncten, von Untersberg.	Blood-colour Marble, interspers'd with flesh-colour spots, and white and black points; of Untersberg.	Marbre rouge de sang, parsemé de taches couleur de chair & des points blancs & noirs; de Untersberg.

LATINE.

No. 25. Marmor coloris lateritii diluti maculis magnis vndosis albidis venisque sanguineis perfusum, ex *Vntersberg*.
Not. Maculæ albæ Milleporarum reliquiæ videntur.
— 26. Marmor carnei coloris diluti, maculis raris giluis et punctis in album declinantibus, eiusdem loci.
Not. Et hoc passim recrementa corporum marinorum comprehendere videtur.

— 27. Marmor ex cinereo virescens, maculis subrotundis albidis, interstinctum venis raris varii coloris, eiusd. loci.
Not. Maculæ albæ Tubulitarum reliquias bene imitantur.
— 28. Marmor ex hepatico et flauo distincte mixtum, maculis albis gracilibus, ex *Haunsberg*.

— 29. Marmor ex pullo, fusco dilutiore et flauo obsoleto vndose mixtum, intercurrentibus striis et annulis albis, ex *Haunsberg*.
Not. Passim et hoc marina continet, præcipue in hoc exemplari Strombites aliquot reperiuntur.
— 30. Marmor coloris sanguinei, maculis subcarneis et punctis albis nigrisque conspersum, ex *Vntersberg*.

HOLLANDSCH.	HOCHTEUTSCH.	ENGLISH.	FRANÇOIS.
No. 31. Lichtleeverkleurige met roodbruine Wolken en Aderen geteekende Marmer, van *Untersberg*.	Hellleberfarbener mit röthlichbraunen Wolken und dunklen dergleichen Tropfen und Adern durchzogener Marmor / von Untersberg.	Liver-colour Marble, with darker waves, veins ands drops; of Untersberg.	Marbre couleur de foie avec des ondes, veines & gouttes plus foncées; de Untersberg.
*). Deze bezit Overblyfzels van kleine Schulpen.	Not. Er enthält Ueberbleibsel von sehr kleinen Muschelschaalen.	*). It contains some remains of little shells.	*). Il contient des restes de petits coquillages.
— 32. Rood en vuil geel gemengde Marmer, van *dezelfde Plaats*.	Aus roth und unrein gelb ungleich gemischter Marmor / mit weißlichen Adern. von eben daher.	Mixed red and dirty yellow Marble with some whitish little veins; of the same place.	Marbre mêlé de rouge & de jaune sale, avec des veines blanchâtres; du même lieu.
*). Hier en daar zyn Overblyfzels van Pentacriniten.	Not. Hin und her zeigen sich Ueberbleibsel der äussersten Glieder von Pentakriniten.	Intermixed and waved Marble with red, yellow and white; of Untersberg.	Marbre entremêlé de rouge de sang, de jaune & de blanc à ondes; de Untersberg.
— 33. Bloedrood, geel en wit gegolfde Marmer, ook *van daar*.	Blutroth / feuergelb und weißlich wellenweis gemischter Marmor / vom Untersberg.	Marble distinctly spotted ash-colour and white; of the said place.	Marbre distinctement taché de gris cendré & de blanc; du dit lieu.
— 34. Graauw en wit gevlakte Marmer, van *Untersberg*.	Grau und weiß abgesezt gefleckter Marmor / von eben daher.		
*). De graauwe Vlakken bestaan uit Overblyfzels van kleine Schulpen, welke met Spath als vereenigd zyn.	Not. Die grauen Flecken bestehen aus kleinen Geschieber / die mit Ueberbleibseln von kleinen Muschelschaalen durchzogen / und von einem weissen Spath zusammengekittet sind.	*). The ash-colour spots consist in remains of little shells, and of a glutinous white Spath.	*). Les taches grises consistent en restes de petites coquilles, & d'un Spath blanc aglutiné.
— 35. Donker en bloedrood, met wit gemengde Marmer, van *Untersberg*.	Aus dunkel und hell blutroth / röthlich und weiß abgesezt gemischter Marmer / von Untersberg.	Variegated red Marble whith red white; of the said place.	Marbre rouge de sang, varié de rouge clair, & de blanc; du même lieu.
— 36. Marmer met witte bloedroode geel en graauwe Vlakken van *Untersberg*.	Blutrother Marmor mit hellrothen / weißen / gelben und grauen abgesezten Flecken / von eben daher.	Marble of light and dark red varied with light-red, white, yellow and ash-colour; of Untersberg.	Marbre taché de rouge clair, de blancs, de jaune & de gris; de Untersberg.

LATINE.

No. 31. Marmor ex hepatico dilutissimo et fusco rufescente undatim mixtum, intercurrentibus guttis venulisque intensius rufis ex *Vntersberg*.

Not. Recrementa minima Conchularum continet.

— 32. Marmor ex rufo et sordide flauo inæqualiter mixtum, intercurrentibus venulis albicantibus. *Eiusd. loci.*

Not. Passim articolorum extremorum Pentacrinitarum reliquias monstrat.

— 33. Marmor ex sanguine, fuluo, albidoque vndose mixtum, ex *Vntersberg*.

— 34. Marmor ex cinereo et albo distincte maculatum, *eiusdem loci*

Not. Maculæ cinereæ sunt frustula, aqua volutata, conchularum recrementis referta, et spatho albo glutinata.

— 35. Marmor ex diluto et saturato sanguineo et lateritio, subrubro, alboque distincte variegatum, ex *Vntersberg*.

— 36. Marmor coloris sanguinei saturati maculis dilute sanguineis, albis, ochraceis, cinereisque distinctis variegatum, *eiusdem loci.*

VI.   42

31.   32.

33.   34.

35.   36.

ZWITZERSCHE MARMER.
UIT HET CANTON BERN.

Helvetische Marmor.
Aus den CANTON BERN.

MARBRE DE LA SUISSE.
CANTON DE BERNE.

MARBLE OF ZWITZERLAND.
FROM THE CANTON OF BERN.

MARMORA HELVETICA.
PAGI BERNENSIS.

I.

1. 2.

3. 4.

A.L.Wirsing exc. Nor.

43

HOLLANDSCH.	Hochteütsch.	ENGLISH.	FRANÇOIS.
No. 1. Stroogeele Marmer, met roestkleurige Vlakken, van *Wengin*.	Strohgelber Marmor mit rostbraunen Flecken bestreuet, von Wengin.	Straw-colour Marble, interspers'd with reddish spots; from Wengin.	Marbre couleur de paille, parsemé de taches rousses; de Wengin.
*) In het midden der Vlakken is een klyn Nest van Eizer Kies.	Not. In der Mitte der Flecken befindet sich ein kleines Nest von Eisenkieß.	Not. The midle of the spats is in little knots of Pyrites.	Not. Le milieu des taches est en petits nœuds de Pyrites.
2. Uit ligt geel, Teegelrood, Vleeschkleurig en Bloedrood gemengde Marmer, van *Roche* in *Pais de Vaud*.	Aus hellgelb, ziegelroth, und blutroth vermischter Marmor, von Roche im Pais de Vaud.	Marble mix'd with ligh yellow, reddish, and deep and pale bloodred; from the neighbourhood of Roche in the Pays de Vaud.	Marbre mélangé de jaune clair de roux, & de rouge de sang pâle & foncé; des environs des Roche, au Pays de Vaud.
3 Vleeschkleurige Marmer, met witte en Bloedroode Stippen en Vlakken, van *Opper Hasly*.	Fleischfarbener Marmor mit weißen und blutrothen dichtstehenden Puncten und Flecken bestreut, von Ober Hasly.	Flesh-colour Marble intermix'd with blood-red and white; from the uper Valey, of Hasly.	Marbre couleur de chair, parsemé de marques & de taches blanches & rouge de sang; de la Vallée supérieure de Hasly.
4. Marmer, dewelke uit witte en Vleeskleurige Wolken met Bloedroode en zwartachtige Vlakken bestaad, van *Hasly*.	Aus weißen und fleischfarbenen Wolken gemischter Marmor, mit blutrothen und schwärzlichen zerrißenen Flecken, eben daher.	Marble mix'd with flesh-colour and white clouds, dwided by blood-red and blackish spots; from the same place.	Marbre mêlé de petits nuages blancs & couleur de chair, divisés par des taches rouge de sang & noirâtres; du même lieu.

LATINE

No. 1. Marmor coloris straminei maculis ferrugineis conspersum, circa *Wengin*.
Not. Macularum medium nodulus pyriticus occupat.
— 2. Marmor ex flauescente, rufo, dilute et saturate sanguineo colore mixtum, ex confiniis *Rupis* (*Roche*) ditionis *Vaudensis*.

— 3. Marmor carnei coloris, stigmatibus maculisque albis et sanguineis interstinctum, ex *Valle Haslia superiore*.

— 4. Marmor ex albis et dilute carneis nubeculis mixtum, maculis discerptis sanguineis et nigricantibus conspersum, *eiusdem loci*.

HOLLANDSCH.	Hochteutsch.	ENGLISH.	FRANÇOIS.
No. 5. Ligt en muiskleurige Marmer, met witte Vlakken en witte en roode Aderen, van *Roche*.	Aus hell- und dunkelmausfarben gemischter, mit weißen Flecken, auch weißen und rothen Adern durchzogener Marmor, von Roche.	Dark and light mouse-colour varied Marble, with white and reddish spots and viens; from Roche.	Marbre varié de gris de souris foncé & clair, avec des taches & veines blanches & rousses; de Roche.
—— 6. Gewolkte Marmer, met donkergeele Aderen, van *Buren*.	Hell- und dunkelgelbwolkig gemischter Marmor, mit dunkelgelben Adern, von Buren.	Yellow Marble, diffus'd with light clouds and dark veins; from Buren.	Marbre jaune parsemé de nuages clairs & de veines foncées; de Buren.
—— 7. Roodachtige met groene en zwartachtige Vlakken en Aderen geteekende Marmer, van *Grindelwald*.	Röthlichweißer mit rothen, grünen und schwärzlichen Flecken und Adern durchzogener Marmor, vom Grindelwald.	Whitish flesh-colour Marble, distinctly mark'd with red spots, greenith and blackish veins; from de Valey of Grandelia.	Marbre couleur de chair blanchâtre marqué de taches rouges, avec des veines noirâtres & verdâtres; de la Vallée de Grindelia.
*) De groene Vlakken en Aderen, schynen Leem of Serpentynsteen achtig te zyn, en laten zich niet wel polysten.	Not. Die grünen Flecken und Adern scheinen thon- oder serpentinartig zu seyn, und nehmen die Politur nicht gut an.	The greenish spots and veins seem of a clayish nature and don't admit polishing.	Les taches & les veines verdâtres semblent d'une nature argilleuse & ne prennent point le pole.
—— 8. Donkerrood aschgraauw en geel, fraay gevlakte Marmer, met breede Melkwitte Aderen, van *Roche*.	Aus dunkelroth, aschgrau und gelb schön gefleckter Marmor mit breiten milchweißen Adern, von Roche.	Marble elegantly varied by reddish, ash-colour and yellou spots, with milk-white large veins; from Roche.	Marbre élégamment varié de taches rousses foncées, cendreés & jaunes, avec des grandes veines blanc de lait; de Roche.

LATINE.

No. 5. Marmor ex murino saturato et diluto colore varium, maculis venisque albis et rufis distinctum, ex *Rupe*.

—— 6. Marmor flaui coloris, nubeculis dilutioribus et venis saturatioribus perfusum, ex *Buren*.

—— 7. Marmor ex carneo albescens, maculis rubris, insulis venisque virescentibus et nigricantibus distinctum, ex *Valle Grindelia*.

Not. Insulae et venae virescentes argilaceae naturae videntur, nec polituram bene admittunt.

—— 8. Marmor saturatae rufis, cinereis, et flauis maculis, venisque latis lacteis eleganter varium ex *Rupe*.

II. 44

5. 6.

7. 8.

III.   45

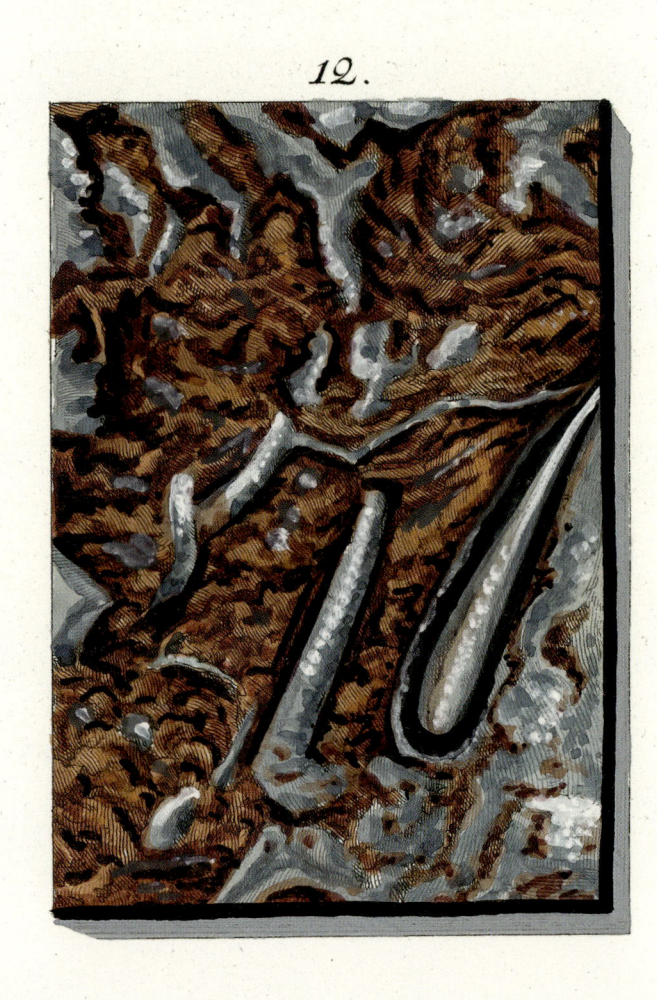

9.   10.

11.   12.

HOLLANDSCH.	Hochteutsch.	ENGLISH.	FRANÇOIS.
No. 9. Marmer, uit zwarte en witte Vlakken en Streepen bestaande, over 't geheel fraay gemengd, van *Belberg*.	Aus schwarzen und weißen Flecken und Strichen durchaus schön gemischter Marmor, von Belberg.	Fine Marble mixed with spots and stryes black and white; of Belberg.	Beau Marbre mélangé de taches & de rayes blanches & noires; de Belberg.
— 10. Roosenkleurige, met witachtige Wolken, Bloedroode Vlakken en ligtgroene Aderen geteekende Marmer, van *Opper Hasly*.	Schön rosenfarbener mit weißlichen Wolken und bluthrothen Flecken auch hellgrünen Adern durchzogener Marmor, von Ober Hasly.	Pretty rose-colour Marble, with little whitish clouds, small blood-red spots, and ligt green veins; from de uper Valey of Hasly.	Marbre d'un joli rose, avec des petits nuages blanchatres, des taches rouge de sang & des veines vert clair; de la Vallée supérieure de Hasly.
— 11. Marmer, ten deele ligt ten deele donker rood met witachtige groote Vlakken Wolken en Stippen, van *Belberg*.	Theils hell, theils dunkel röthlich mausfarbener Marmor, mit weißlichen großen Flecken und Wolken, auch rothen häufigen Puncten, von Belberg.	Reddish light and dark mouse colour Marble, with whitish great spots and little clouds, variegated with red points; from Belberg.	Marbre gris de souris rougeatre, en partie clair & en partie foncé, avec des grandes taches & des petits nuages blanchatres varié de points rouges; de Belberg.
— 12. Teegelroodachtige Marmer, met graauwe en witte Vlakken en Streepen, van *Roche*.	Dunkelziegelrother Marmor mit grauen und weißen Flecken und Strichen, von Roche.	Dark reddish Marble, with green and white spots and stripes; from Roche.	Marbre roux foncé, avec des taches & rayes vertes & blanches; de Roche.

LATINE.

No. 9. Marmor ex maculis virgisque albis atque nigris distinctis totum eleganter mixtum, ex *Belberg*.

— 10. Marmor coloris amoene rosei, nubeculis albicantibus, maculis sanguineis et venis dilute viridibus distinctum, ex *Valle Haslia superiore*.

— 11. Marmor coloris partim dilute partim saturate murini rufescentis, maculis magnis et nubeculis albidis, punctisque rubris vndique versicolor, ex *Belberg*.

— 12. Marmor saturatæ rufum, maculis virgisque cinereis et albis varium, ex *Rupe*.

HOLLANDSCH.	HOCHTEUTSCH.	ENGLISH.	FRANÇOIS.
No. 13. Ligtaschkleurige met donkerroode Vlakken en Aderen en met Bloedroode Droppels en Stippen beftrooide Marmer, van *Opper Hasly*.	Hellaschgrauer mit schwartzrothen abgesezten Flecken und Adern durchzogener, und mit blutrothen Tropfen und Punkten beftreuter Marmor, von Ober Hasly.	Light ash-colour Marble, with distinct spots and veins; also blood-red drops and points; from de uper Valey of Hasly.	Marbre gris cendré clair, avec des taches & veines distinctes parfemé de gouttes & de points rouges de fang; de la Vallée Superieure de Hasly.
— 14. Geheel Melkwitte Marmer, van dezelfde Plaats.	Ganz reiner milchweißer Marmor, von eben daher.	Intire clear milk-white Marble, from the fame place.	Pur Marbre blanc de lait; du même lieu.
*) Inwendig is niets 't welk glanffend is.	Not. Innwendig zeiget fich nichts glanzendes.	Not. It don't feem at all fhining inwardly.	Not. Il ne paroit du tout point reluifant interieurement.
— 15. Marmer, beftaande uit vleeschkleurige, graauwe, groenachtige en witte in elkander fmeltende Wolken, van *Grindelwald*.	Aus hellen fleischfarbenen, grauen, grünlichen und weißlichen in einander vertriebenen Wolken gemifchter Marmor, von Grindelwald.	Confusedly intermixed Marble, with flesh, ash-colour, greenish and whitish clouds; from the Valey of Grindelia.	Marbre confufément entremêlé de nuages couleur de chair claire, gris cendrés verdâtres & blanchâtres; de la Vallée de Grindelia.
— 16. Bleekroode en witachtige Marmer, met Bloedroode Droppels en Oranje Streepen, van *Opper Hasly*.	Aus den blaßrothen und weißlichen gemifchter Marmor, mit blutrothen Tropfen und rothgelben Strichen, von Ober Hasly.	Flesh-colour and white mix'd Marble, with dark blood-red drops and fallow ftripes; from the uper Valey of Hasly.	Marbre mêlé de couleur de chair pâle & de blanc, avec des gouttes rouge de fang foncé & des rayes fauves de la Vallée fupérieure de Hasly.

LATINE.

— 13. Marmor dilutiffime cinerafcens, maculis venisque phæi coloris diftinctum, guttis punctisque fanguireis confperfum, ex *Valle Haslia fuperiore*.

— 14. Marmor lactei coloris totum purum, *ejusdem loci*.

Not. Nihil candidi intus relucet.

— 15. Marmor ex nubeculis dilute carneis, cinereis, virefcentibus et albidis inter fe confufis concretum, ex *Grindelia Valle*.

— 16. Marmor ex pallide carneo et albo colore mixtum, guttis faturate fanguineis confperfum, intercurrentibus virgulis fulvis, ex *Valle Haslia fuperiore*.

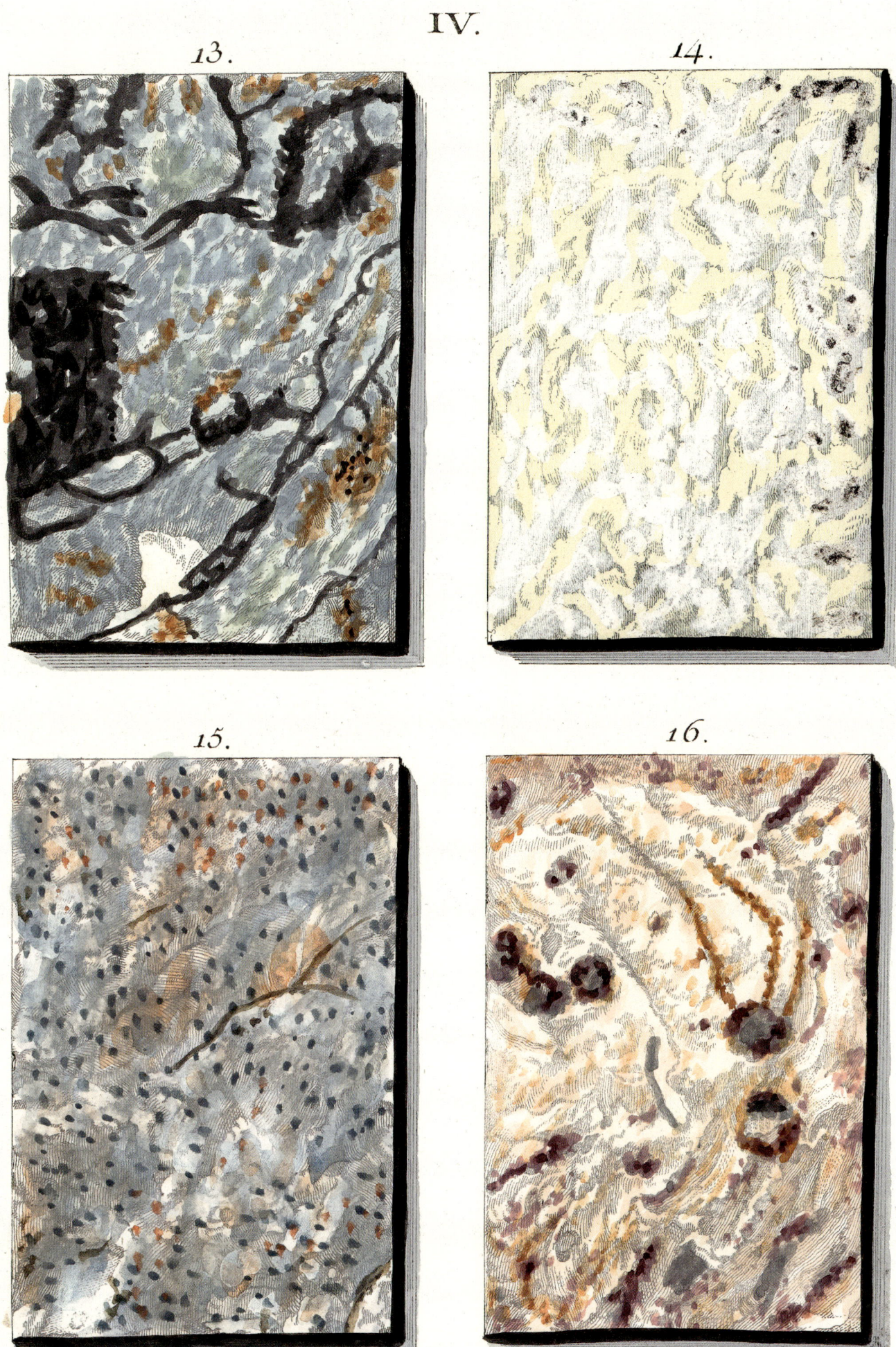

IV.

13.   14.

15.   16.

46

V.

17. 18.

19. 20.

47

HOLLANDSCH.	Hochteütsch.	ENGLISH.	FRANÇOIS.
No. 17. Ligtleeverkleurige en fyn rood gestipte Marmer van *Wrendolin*.	Hellleberfarbener und zart rothpunctirter Marmor/ von *Wrendolin*.	Ligt liver-colour Marble, with red little points; from Wrendolin.	Marbre couleur de foie clair, pointillé de rouge; d'auprès de Wrendolin.
— 18. Fraaije Aschgraauwe, met ruitachtige witte en Leeverkleurige aderen vercierde Marmer, van *Belberg*.	Schön aschgrauer/ mit gitterförmigen weißen hin und her leberfarbenen Adern gezierter Marmor/ von *Belberg*.	Pretty ash-colour Marble, mixed with white and liver-colour veins, almost in the form of a net; from Belberg.	Joli Marbre gris cendré, mêlé de veines blanches & couleur de foie, presque en forme de reseau; de Belberg.
— 19. Ligtrood en wit gemengde Marmer, met donkerroode Vlakken, van *Grindelwald*.	Aus hellroth und weißlich gemischter Marmor/ mit dunkelrothen Flecken/ vom *Grindelwald*.	Light red and white mix'd Marble, with dark red spots, from the Valey of Grindelia.	Marbre mêlé de rouge clair & de blanc, avec des taches rouge foncé; de la Vallée de Grindelia.
— 20. Muiskleurige Marmer, als met witte gescheurde Vlakken en Aderen vermengd, van *Roche*.	Aus mausfarbenen/ aschgrauen und weißen zerrißenen Flecken und Adern gemischter Marmor/ von *Roche*.	Marble intermix'd with ash and mouse-colour and white interrupted spots and veins; from Roche.	Marbre entremêlé de taches & de veines interrompues gris cendré & blanc; de Roche.

LATINE.

No. 17. Marmor coloris hepatici diluti, rubro minutim punctatum, circa *Wrendolin*.

— 18. Marmor amœne cinerei coloris, venis albis, hepatico mixtis et in reticulatum opus quasi dispositis, notatum, ex *Belberg*.

— 19. Marmor ex dilute rubro et albido confuso conflatum intermixtis maculis saturate rubris ex *Valle Grindelia*.

— 20. Marmor ex maculis venisque laceris, murinis, cinereis albisque totum mixtum circa *Rupem*.

HOLLANDSCH.	Hochteutſch.	ENGLISH.	FRANÇOIS.
21. Donkerbruine met witachtige Stippen beſtrooide Marmer, van *Spiez*.	Dunkelbraunſchwarzer / mit weißlichten Puncten beſtreuter Marmor / von Spiez.	Brownish black Marble, ſtrowd with white points; from Spiez.	Marbre d'un brun noirâtre, pointillé de blanc; d'auprès de Spiez.
22. Ligtgraauwe met enigzints donkerder Wolken en donkergraauwe Aderen verdeelde Marmer, uit het *Simmenthal*.	Hellgrauer / mit etwas dunklern Wolken und dunkelgrauen Adern durchzogener Marmor / aus dem Simmenthal.	Light ash-colour Marble, mark'd with dark clouds and brownish veins; from Simmia.	Marbre gris cendré clair, marqué de nuages foncés & de veines gris brun; de la *Vallée de* Simmia.
23. Bruinroode met Wolken en witachtige Aderen gemengde Marmer, van *Bumpliz*.	Braunröthlicher mit röthlichen Wolken und weißlichen Adern gemiſchter Marmor / von Bumpliz.	Rusty brown Marble, interspers'd with reddish clouds and ſmall white veins; from Bumpliz.	Marbre roux brun, parſemé de nuages rougeâtres & de petites veines blanches; d'auprès de Bumpliz.
24. Donkermuiskleurde met dergelyke helderder Vlakken geteekende Marmer van *Merlingen*.	Dunkelmausfarbener / mit dergleichen helleren wellenförmigen Flecken häuffig durchzogener Marmor / von Merlingen.	Dark mouse-colour Marble with abundance of light waved ſpots.	Marbre gris de ſouris brun, avec quantité de taches claires ondées; d'auprès de Merlingue.

LATINE.

No. 21. Marmor ex badio intenſo colore nigrum, ſtigmatibus albidis, conſperſum, circa *Spiez*.

— 22. Marmor coloris dilute cinerei, nubeculis ſaturatioribus et venis intenſius cinereis notatum, ex *Valle Simmia*.

— 23. Marmor coloris heluoli, nubeculis rubeſcentibus, venuliſque albidis perfuſum, circa *Bumpliz*.

— 24. Marmor murini intenſi coloris, maculis dilutioribus vndoſis copioſe diſtinctum, circa *Merlingen*.

VI.

21. 22.

23. 24.

48

VII.   49

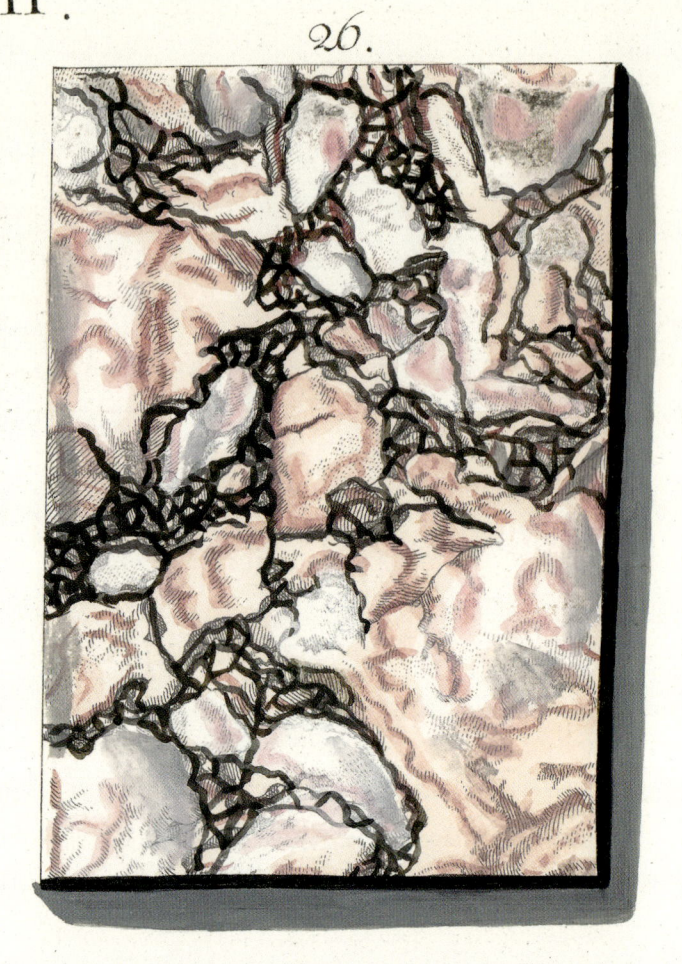

25.   26.

27.   28.

HOLLANDSCH.	Hochteütsch.	ENGLISH.	FRANÇOIS.
No. 25. Ligtmuisfaale Marmer, met breede witte streepen en fyne roode Aderen, van *Belperg*.	Hellmausfarbener mit breiten weißen Strichen, und zarten rothen ästigen Adern durchzogener Marmor, von *Belberg*.	Light mouse-colour Marble, with large white stripes and branchy red veins; from Belberg.	Marbre gris de souris clair, à grandes blanches & des veines rouges ramifiées; d'auprès de Belberg.
—26. Marmer, als uit rood en witachtige stukken bestaande met donkerroode breede Aderen, van *Opper Hasly*.	Aus röthlichen und weißlich gemischten Stücken, mittelst schwarzrothen breiten Adern zusammengesezter Marmor, von *Ober Hasly*.	Marble composed with pieces reddish and white; interlaced by large dark red veins; from Hasly.	Marbre composé de pieces rougeâtres & blanches, rempli de grandes veines rouge brun; de la Vallée supérieure de Hasly.
—27. Uit rood, bruin en graauw bestaande Matmer, met melkwitte Aderen, van *Roche*.	Aus roth, hirschbraun und grau gemischter, und mit milchweißen Adern durchschnittener Marmor, von *Roche*.	Reddish, fallou and ash colour mix'd Marble spread with milk white veins; from Roche.	Marbre mêlé de roux, de cauve, & de gris cendré, avec des veines blanc de lait; de Roche.
—28. Bruin zwarte eenkleurige Marmer, van *Roche*.	Braunschwarzer einfärbiger Marmor, von *Roche*.		

LATINE.

No. 25. Marmor murini coloris diluti, virgis latis albis, venisque rubris ramosis distinctum, circa *Belberg*.

—26. Marmor ex frustis coloris albidi et rufescentis, intercurrentibus venis latis phæi coloris concretum, ex *Valle Haslia superiore*.

—27. Marmor ex rufo, ceruno et cinero mixtum, venis lacteis coloris perfusum, ex *Rupe*.

—28. Marmor ex badio nigrum purum, circa *Rupem*.

DENDRIT of BOOMSTEEN PLAATEN.
van Baden in Zwitzerland (*).

Dendritentafeln von Baden.
im Argau in Helvetien (†).

PLATES of the DENTRITES.
of BADEN in ARGAU SWITZERLAND (‡).

PLANCHES des DENTRITES.
de Baden dans Argau en Suisse (§).

TABULÆ DENTRITICÆ BADENSES.
ARGOUIAE HELUETICAE (§§).

(*) Alhoewel deeze Plaaten meer Mergelachtig zyn en niet zo hard als de Marmers, zo hebben wy dezelven echter om hunne Kalkachtige Natuur en van wegens derzelver schoonheid ook afgebeeld.

(†) Obwohl diese Tafeln mehr mergelartig sind/ und den Marmor an Härte nachstehen/ so haben wir sie doch/ da sie auch kalchartiger Natur sind/ wegen ihrer Schönheit und Mannigfaltigkeit der Zeichnung hier anfügen wollen.

(‡) Though these Tables are a little carthy and dont come to the hardness of Marble, being of a calvarious nature we add them here relatively to their eleganci and the variety of the pictures.

(§) Quoique ces Tables soient un peu terreuses, & quelles cedent, en dureté au Marbre, étant d'une nature calcaire, nous les joignons ici par rapport a leur élégance & à la variété du dessein.

(§§) Tabulas istas, etiamsi margaceæ indolis magis sint, et marmoribus duritie cedant, ob elegantiam tamen et varietatem picturarum atque calcariam naturam adiunximus.

1.   I.   2.   50

3.   4.

A.L.Wirsing exc. Nor.

HOLLANDSCH.	HOCHTEUTSCH.	ENGLISH.	FRANÇOIS.
No. 1. Eene Plaat, van eene witachtige kleur, op dewelke behalven eenige aan den Rand zich bevindende zwarte Boomteekeningen, noch verscheidene andere als struiken zich vertoonende Teekeningen zyn, van *Baden* in *Argau*. (§)	Eine Tafel von weißlicher Farbe, auf welcher außer einigen an den Rändern befindlichen schwarzen Baumzeichnungen, gleichsam beyde Ränder eines durchstreichenden Baches mit zarten Gesträuche besezt erscheinen, von Baden in Argau.	*Whitish table, where there appears wery side & aspecially at the edges, a sort of shrubs of a black colour; from Baden in Argou.*	Table blanchâtre ou l'on voit de chaque côté & surtout aux bords des espèces d'arbrisseaux de couleur noire; des environs de Baden en Argau.
*). Over 't geheel is van deze Plaaten dit aantemerken dat de Boom figuren de geheele dikte van den Steen wel doordringen, echter niet aan de andere zyde juist dezelfde vertooningen zich voordoen.	Not. Ueberhaupt ist von diesen Tafeln zu merken, daß die Baumgestalten die ganze Dicke des Steines durchdringen, jedoch nicht allezeit eben dieselbe Zeichnung auf der andern Fläche zeigen.	Not. 'Tis to observe in general in this table, that those marks of shrubs penetrate the whole mass of the Dentrites, but they produce however in them various configurations.	Not. Il est observer en général dans cette table, que ces marques d'arbrisseaux pénétrent toute la masse de pierre des dentrites, mais quelles y produisent cependant différentes configurations.
(§) Op de vlakte van deze Plaat zyn veellerhande gedeeltens van *Enkriniten*, zowel van derzelver steelen als kroonen te zien.	Auf der Fläche dieser Tafel sind mancherley Theile von Enkriniten, sowohl der Stiele, als der Kronen zu sehen, welche wir aber jezo nicht genau beschreiben können.	*The surface of this table presents different parts of Encrinites, as well of the feet as of the head; the reason of which we can not account for.*	Le plat de cette table presente différentes parties des Encrinites, tant des pieds que de la tête; ce dont nous ne pourrons donner la raison.
2. Eene dergelyke Plaat, op welker geheele oppervlakte zich als Eilanden, Streepen en Boomen vertoonen, van *dezelfde Plaats*.	Eine ähnliche Tafel, auf deren ganze Fläche eine Menge Inseln und Linien mit schwartzen Baumgestalten umgeben sind, eben daher.	*a Table of the same colour of which the surface est full of various tufts of black marks and lines; from the same place.*	Table de même couleur, dont toute la surface est pleine de différentes touffes de marques & lignes noires; du même lieu.
*) Ook in deze zyn eenige Leeden van *Enkriniten*.	Not. Auch in dieser kommen einige Glieder von Enkriniten vor.	*Some parts of Encrinites appear in this table*	Il paroit dans celle ci quelques parties d'Encrinites.
3. Een klyne dergelyke Plaat waarop zich schynd te vertoonen een Bosch van willige Boomen, van *Baden* in *Argau*.	Eine kleinere bräunlichweiße Tafel, auf deren Grund gleichsam Weidenbüsche, und in der Luft Wolken und Vögel, durch die Baumgestalten nachgeahmet werden. Von daher.	*Other table smaller, of a dirty white in the inferiour part of which, according the ligt various objects are seen as clouds and birds; from the same place.*	Autre plus petite d'un blanc sale, à la partie inférieure de laquelle, suivant les coups de lumière on voit différens objects comme des nuages & des oiseaux; du même lieu.

HOLLANDSCH.	Hochteütsch.	ENGLISH.	FRANÇOIS.
— 4. Eene dergelyke met andere Boomwerk zich vertoonende Plaat.	Eine andere, der vorigen beynahe in allen gleichkommende Tafel, eben daher.	An other like it, of which the effect is about equal; from the same place.	Autre semblable dont les effets sont à peu près pareils; du même lieu.

LATINE.

No. 1. Tabula albescens, fruteta ripas riui ab utroque latere cingentia, præter alia ad margines, præferens, nigri coloris, circa *Badam Argoviæ*.

Not. Generatim de cunctis his tabulis tenendum est, signaturas dendriticas totam lapidis massam penetrare, etsi plerumque aliquam lineationis diversitatem exhibeant.

Aream hujus Tabulæ occupant varii Encrinitarum articuli, tam pedunculi, quam capitis, quorum vlteriorem rationem nunc reddere nequimus.

— 2. Tabula similis coloris, cujus tota area variis insulis lineisque frondosis nigri coloris repleta est, *eiusdem loci*.

In hac quoque aliqui Encrinitarum articuli occurrunt.

— 3. Alia minor, coloris sordidi albi, in cuius inferiore parte luci, sal. cibus consiti, simulacrum occurrit, et aer incumbens nubeculas et volucrum imitamenta monstrat, *eiusdem loci*.

— 4. Similis alia, eadem simulacra circiter monstrans, *eiusdem loci*.

II. 51

5.

6.

HOLLANDSCH.	Hochteutsch.	ENGLISH.	FRANÇOIS.
N°. 5. Eene Plaat waarop zich als Eilanden vertoonen met Bosschen begroeid en waarin als nedergelegene Boomstammen zyn, van *Baden* in *Argau*.	Eine Tafel / auf deren Fläche viele bergichte mit mancherley Büschen bewachsene Inseln und gleichsam der ästige Stamm eines abgestorbenen Baumes nachgeahmet sind / eben daher.	Table of a whitish straw-colour, in the surface of which various representations are seen, as divers dead bushes; or branches growing from the tronc.	Table d'un blanc paille, dans toute la surface de laquelle paroissent diverses représentations, comme de differens arbrisseaux flatris ou des branches poussant du tronc.
*) Ook hier in zyn eenige *Entrochyten*.	*Not.* Auch hier finden sich einige Entrochiten.	*Not.* Some Entrochites are found in it.	*Not.* On y trouve quelques Entrochites.
— 6. Eene langwerpige Plaat waarop zich soorten van Mos vertoonen, *ook van daar*.	Eine gleichfarbige / längliche Tafel / auf welcher verschiedene einigen ästigen oder einfachen Moosen ähnliche Gestalten vorkommen / eben daher.	Table ovale of the same colour in which various figures are perceiv'd or singles or branchy as heath, of the same place.	Table ovale de même couleur, dans laquelles'apperçoivent dés représentations simples ou ramifiées comme de la bruyere, &c; du même lieu.

LATINE.

N°. 5. Tabula coloris ex albo straminei, in cuius tota area insulae montosae, arbustis variae distributionis et teneritatis, et arboris marcidae truncus ramosus quasi figurantur, *eiusdem loci*.

Not. In hac quoque aliquot Entrochi reperiuntur.

— 6. Tabula oblonga similis coloris, in qua simulacra, tam simplicia quam ramosa, Bryornm faciem praeferentia, et ex marginibus umbrosis emergentia existunt.

HOLLANDSCH.	Hochteutsch.	ENGLISH.	FRANÇOIS.
No. 7. Eene dergelyke groote Plaat waarop zich Boomen vertoonen, uit welker afgekapte Takken nieuwe schynen uittespruiten en 't geen zich verder noch eene vruchtbare verbeelding weet voortestellen *van dezelfde Plaats*.	Eine größere Tafel, auf welcher gleichsam Bäume, aus deren abgehauenen Aesten neue hervorsproßen; theils eine Insel, aus welcher Rauch und Dämpfe auffteigen, oder was sonst eine fruchtbare Einbildung sich dabey vorstellen kan, zu sehen sind, eben daher.	*Great table where arboreous plants are seen, as broken branches shooting out again, or a field from where clouds and vapours arise, where in short are seen various objects that can bi figured by a fertile imagination; from the same place.*	*Grande Table où l'on voit une représentation d'arbres dont les branches tronquées poussent des rejettons, ou un champ d'où s'élevent des nuages & des vapeurs, où l'on voit enfin différents objets qu'une imagination féconde peut se figurer; du même lieu.*
— 8. Eene langwerpiger Plaat wederom met andere figuren, insgelyks van *Baden* in *Argau*.	Eine längliche Tafel, auf welcher die Baumgestalten einige Aehnlichkeit mit Stengeln des Güldenwiederthons zu zeigen scheinen, eben daher.	*Oval Table where arboreous plants are seen, not unlike capillaries; from the same place.*	*Table ovale, où traversent des arborisations assez semblables à des capillaires; du même lieu.*

LATINE.

No. 7. Tabula magna, in qua partim simulacra arborum, quibus ex ramis resectis novi pullulant, partim insula, ex qua, quasi ex Campo phlegræo vapores et nebulæ adscendunt, vel quidquid aliud, quod fœcunda imaginatio sibi fingere poterit, præfigurantur, *eiusdem loci*.

— 8. Tabula oblonga, quam traiiciunt stipites dendritici, Polytrichum fere imitantes, *eiusdem loci*.

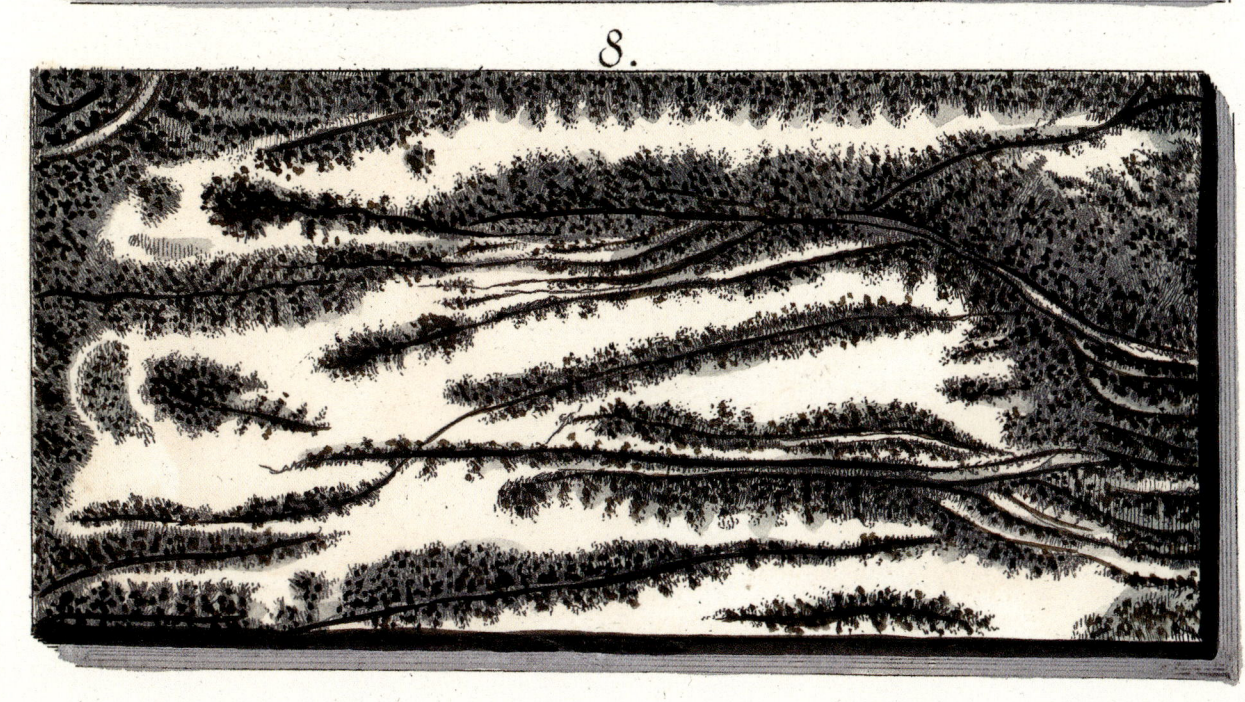

III.

7.

8.

52

TYROOLSCHE MARMER.

Marmor aus Tyrol.

MARBLE of TYROL.

MARBRES du TYROL.

MARMORA TYROLENSIA.

HOLLANDSCH.	Hochteutsch.	ENGLISH.	FRANÇOIS.
No. 1 Geheel witte Marmer met bleekgeele Wolken, van *Innspruk*.	Ganz weißer Marmor / mit einigen blaßgelben Wolken / von Innspruk.	Plain white Marble, with few light straw-colour clouds from Inspruck.	Marbre entierement blanc; avec quelques nuages couleur de paille pâle; from Inspruck.
*) Van binnen zyn hier en daar glanzende Vlakken te zien.	Not. Jnnwendig sind hin und wieder glänzende Flächen vorhanden.	Not. Some bits shine here and there in the interiour like tinsel.	Not. Quelques petites lames brillent par-ci par-là dans l'intérieur.
— 2. Roode Marmer, met graauwe en witte Vlakken, van dezelfde *Plaats*.	Rother Marmor / mit grauen und weißen Flecken / von Innspruk.	Red Marble, with many little ash-colour and white spots; from Inspruck.	Marbre rouge, avec beaucoup de petites taches blanches & gris cendré; d'Inspruck.
*) Daar ter Plaatze word dezelve *Kapellensteen* genoemd.	Not. Daselbst wird er Capellenstein genennt.	Not. In the place of its growth, it is call'd Chapel-Marble.	Not. Dans son lieu natal il est nommé Marbre de Chapelle.
— 3. Marmer, Oranjekleurig met veele witte Aderen en vlakken, van *Wald* bey *Hall* in het *Innthal*.	Gelbrother mit vielen weißen Adern und Flecken durchzogener Marmor / von Wald bey Hall im Innthal.	Fallou reddish Marble, intermix'd with many red spots and veins; from Wald near Hall in Inthal.	Marbre d'un fauve roux, parsemé de beaucoup de taches & veines rouges; de Wald près de Hall dans Innthal.
*) Dezelve breekt 5 voet lang en breed en is met veele *Entrochyten*, *Trochyten* en overblyfzels van schulpen aangevult.	Not. Er ist mit vielen Entrochiten / Trochiten und Ueberbleibseln von Muschelschaalen angefüllt. Er bricht fünf Schuh lang und breit.	Not. It abounds in Introchites, Trochites. and other shells. They draw pieces of five foot in length and the same breath.	Not. Il abonde en Entrochites, Trochites & autres coquillages. On entire des passes de cinq pieds de long & autant de large.
— 4. Roode Marmer, met geelachtige en Leeverkleurde Aderen, ook *van daar*.	Rother Marmor / mit gelblich leberfarbenen Adern / von eben daher.	Red Marble, with dirty yellow spots and white veins; from the same place.	Marbre rouge, avec des taches jaune terni & des veines blanches; du même lieu.
— 5. Geel en Muiskleurige Marmer, met groote donkerroode Vlakken, van *dezelfde Plaats*.	Aus gelb und mausfarben gemischter Marmor mit großen dunkelblutrothen abgesetzten Flecken / von eben daher.	Yellow and mouse-colour mix'd Marble with sini large distinct dark blood-red spots; of the same place.	Marbre mêlé de jaune & de gris de souris, avec de belles grandes taches distinctes rouge de sang foncé; du même lieu.
*) Deze soort breekt 5 voet in 't vierkant.	Not. Er bricht fünf Schuh lang und breit.	Not. They draw pieces of five foot long and five foot broad.	Not. On entire des tables de cinq pieds de long & de large.

53

I.

1. 2.

3. 4.

5. 6.

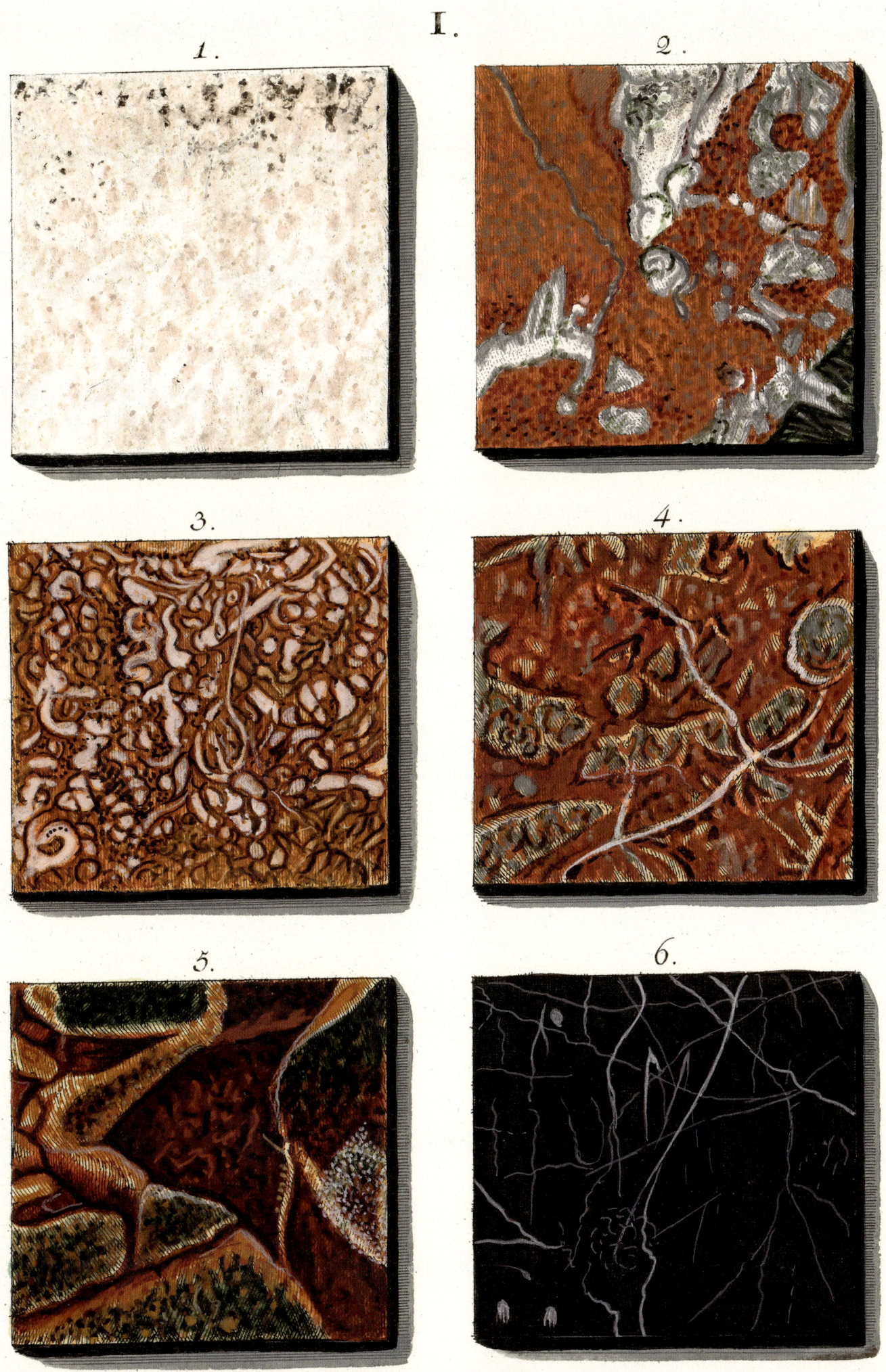

A.L.Wirsing exc. Nor.

HOLLANDSCH.	Hochteütsch.	ENGLISH.	FRANÇOIS.
— 6. Geheel zwarte Marmer, met fyne witte zich doorkruizende Aderen, van *Innspruk*.	Ganz schwarzer / mit weißen deutlichen und zarten sich kreuzenden Adern schön durchzogener Marmor / von Innthal.	Blackish Marble interspersed with white veins crossing one another; from Inspruck.	Marbre noirâtre parsemé de veines croisées blanches distinctes; d'Inspruck.

LATINE.

No. 1. Marmor totum candidum, intercurrentibus paucis nubeculis coloris pallide straminei, circa *Oenipontem*.

Not. Ob laminulas, intus comprehensas passim splendet.

— 2. Marmor rubrum, maculis cinereis plurimisque albis varium, circa *Oenipontem*.

Not. In loco natali vocatur saxam sacellorum.

— 3. Marmor ex fuluo rufum, venis maculisque albis copiosis interstinctum, circa *Wald* prope *Halam* ad *Oenum*.

Not. Entrochis, Trochitis aliisque Concharum reliquiis scatet.

Massae ad quinque pedum longitudinem et latitudinem fodiuntur.

— 4. Marmor rubrum, maculis coloris ex flauo hepatici venisque albis notatum, *eiusdem loci*.

— 5. Marmor ex flauo et murino mixtum, maculis magnis et distinctis coloris sanguinei saturati, eleganter distinctum, *eiusdem loci*.

Not. Tabulae ad quinque pedum longitudinem et latitudinem fodiuntur.

— 6. Marmor nigerrimum, venis albis teneris distinctis et sese decussantibus perfusum, circa *Oenipontem*.

HOLLANDSCH.	HOCHTEUTSCH.	ENGLISH.	FRANÇOIS.
7. Geelachtige Marmer, met Bloedroode Vlakken en Vleeschkleurige Wolken, van *Wald* bey *Hall*.	Gelblicher Marmor, mit unterbrochenen blutrothen Flecken und ins fleischfarbene fallenden Wolken, von Wald bey Hall im Innthal.	Yellowish Marble, interrupted by blood red spots, and clouds falling on the flesh-colour; from Wald near Hall in Innthal.	Marbre jaunâtre, interrompu par des taches rouge de sang & des nuages tirant sur la couleur de chair; de Wald proche Hall en Innthal.
8. Ligt Oranjekleurige Marmer, met veel Vlakken en Stippen, van *Hall*.	Hellrothgelber Marmor, mit vielen Flecken und Puncten, von eben daher.	Light fallow-colour Marble, with many white spots and points; from the same place.	Marbre fauve clair, tacheté & pointillé de blanc; du même lieu.
*) De meeste Stippen zyn Stukjes van *Entrochyten* en andere Zee-Dieren.	Not. Die mehresten Puncten sind Stücken von Entrochiten und anderen Seekörpern.	Not. The greatest part of the points are the remains of Entrochites or other sea-excretions.	Not. La plus part des points sont des restes d'Entrochites ou d'autres excretions marines.
9. Marmer, uit geel en rood bestaande, met zwartachtige Vlakken, van *dezelfde Plaats*.	Aus gelb und blutrothgemischter Marmor, mit abgesezten schwärzlichen Flecken, eben daher.	Yellow and blood-red mix'd Marble, varied with blackish spots; from the same place.	Marbre mélangé de jaune & de rouge de sang, & varié de taches noiratres, du même lieu.
10. Ligt roode Marmer, met donker bruine Vlakken en witte Aderen, ook *van daar*.	Etwas hellrother Marmor mit dunkelleberfarbenen Flecken und weißen abgesezten Adern, eben daher.	Light red Marble with light and dark liver-colour spots, interspersed with white veins; from the same place.	Marbre rouge clair, à taches couleur de foie clair & somé parsemé de veines blanches du même lieu.
11. Witachtige en ligtgraauwe Marmer, met roode Vlakken, insgelyks *van daar*.	Aus weißlich und hellgrau zusammengesezter Marmor mit rothen abgesezten Flecken, eben daher.	Mix'd ligt ash-colour and white Marble, with distinct red spots; from the same place.	Marbre varié de blanc & gris cendré clair avec des taches rouges distinctes du même lieu.
12. Teegel en Bloedroode Marmer, met witte als gescheurde Vlakken en Aderen, insgelyks van *Wald* bey *Hall* in het *Innthal*.	Aus ziegelroth und blutroth buntfarbiger, hin und her gelbröthlicher Marmor, mit weißen zerrißenen Flecken und Adern, eben daher.	Reddish and blood-red mix'd Marble, fallow with white spots and veins; from the same place.	Marbre varié de roux & de rouge de sang, ci & là fauve clair, avec des taches veines blanches; du même lieu.

LATINE.

No. 7. Marmor flavescens, maculis sanguineis interruptis nubeculisque in carneum colorem inclinantibus varium, circa *Wald* prope *Hælam* ad *Oenum*.

— 8. Marmor coloris fului diluti, maculis punctisque albis copiose distinctum, *eiusdem loci*.

Not. Puncta pleraque sunt reliquiæ Entrochorum aliorumque recrementorum marinorum.

— 9. Marmor ex flauo et sanguineo mixtum, maculis nigricantibus distinctis varium, *eiusdem loci*.

— 10. Marmor dilutius rubrum maculis dilute et suturate hepaticis venisque albis distinctis perfusum, *eiusdem loci*.

— 11. Marmor ex albido et dilute cinereo varium, maculis rubris distinctis notatum, *eiusdem loci*.

— 12. Marmor ex rufo et sanguineo varium, passim dilute fuluum, maculis laceris venisque albis distinctum, *eiusdem loci*.

II.   54

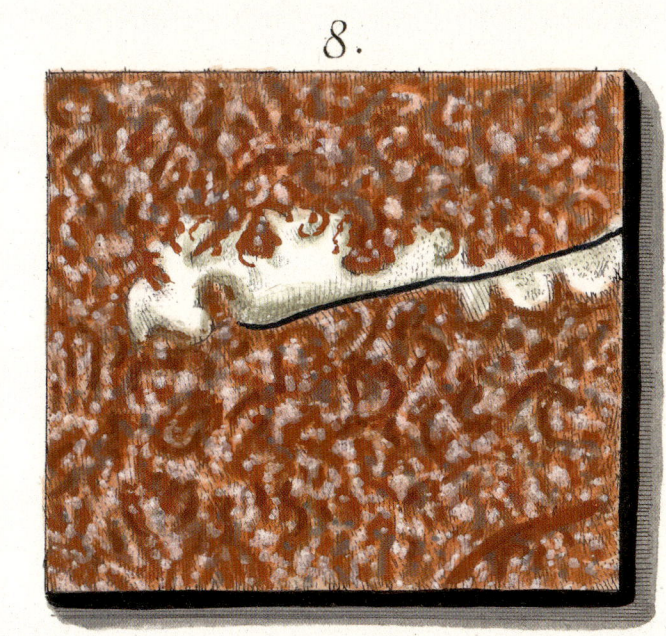

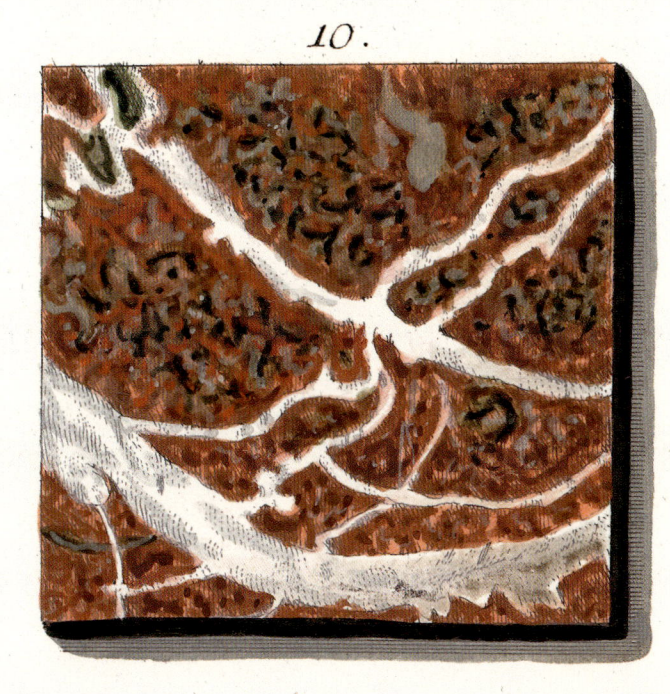

11.   12.

7.   8.

9.   10.

MARMER
UIT HET ZUIDELYK GEDEELTE VAN FRANKRYK.

Marmor
AUS DEM SÜDLICHEN FRANKREICH.

MARBLE
OF THE SOUTH OF FRANCE.

MARBRES
DE LA FRANCE MÉRIDIONALE

MORMORA
GALLIÆ MERIDIONALIS.

I.

1. 2.

3. 4.

55

A.L.Wirsing exc.Nor.

HOLLANDSCH.	HOCHTEUTSCH.	ENGLISH.	FRANÇOIS.
N°. 1. Ligt en donker geel gevlakte Marmer, met rood en witachtige streepen uit *Franche Comté*.	Hell und dunkelgelb gefleckter Marmor; mit zerstreuten rothen Strichen und weißlichen Linien aus der Franche Comté.	*Marble spotted with light and dark yellow, interspersed here and there by red stripes and white lines; from the* Franche-Comté.	*Marbre tacheté de jaune clair & brun, parsemé ci & là de rayes rouges & de lignes blanches; de la* Franche Comté.
— 2. Marmer met groote geele vlakken en wolken, *van dezelfde plaats*.	Marmor mit großen hellgelben Flecken, dunkelgelben Wolken und zerstreuten rothen Strichen, eben daher.	*Marble intermixed with great oker-colour spots, dark yellow clouds, and some red lines; from the same place.*	*Marbre varié de grandes taches couleur d'ocre & de nuages jaune foncé, avec quelques lignes rouges; du même lieu.*
— 3. Half ligt rood en ligt geel fraay gevlakte Marmer, *insgelyks van daar*.	Gleichsam zur Helfte aus hell- und dunkelgelb, und hell und dunkelblutroth gemischter Marmor, eben daher.	*Reddish Marble mixed with dark and light yellow, and various reds; from the same place.*	*Marbre rougeâtre, mêlé de jaune clair & foncé, & de différens rouges; du même lieu.*
— 4. Donker rood gevlakte Marmer, met geele vlakken tusschen beiden, *ook van daar*.	Aus dunkel- und hellblutroth gemischter Marmor, mit rothgelben Strichen und dunkelgelben Flecken, eben daher.	*Dark and light red mixed Marble with fallow-colour lines, and dark yellow spots; from the same place.*	*Marbre entremêlé de rouge clair & foncé, avec des lignes fauve & jaune brun; du même lieu.*

LATINE.

N°. 1. Marmor ex flavo diluto et saturatiore maculatum, lituris vagis rubris lineisque albidis passim notatum, ex *Comitate Franciæ*.

— 2. Marmor maculis dilute ochraceis magnis, nubeculis intense flavis, lineisque vagis dilute rubris varium, *ejusdem loci*.

— 3. Marmor plagis, dilute flavis, passim croceo mixtis, aliisque saturate et dilute sanguineis, dimidiatim quasi maculatum, *ejusdem loci*.

— 4. Marmor ex sanguineo diluto et saturato mixtum, intercurrentibus lineis fulvis et maculis saturate flavis. *ejusdem loci*.

HOLLANDSCH.	Hochteutsch.	ENGLISH.	FRANÇOIS.
No. 5. Safraankleurige Marmer, met eenige roode en witte vlakken, uit *Franche comté*.	Dunkelblutroth und safrangelb gemischter Marmor mit wenigen weißlichen Flecken / eben daher.	*Dark yellow mixed Marble, with some litle white spots; from the same place.*	*Marbre entremêlé de jaune foncé, avec quelques petites taches blanches; du* même lieu.
— 6. Eene andere soort van deze Marmer met meerder rood, *ook van daar*.	Eine Abänderung dieses Marmors mit zugerundeten rothen Flecken / eben daher.	*A variety of the same Marble, with various little circulary red spots; from the same place.*	*Variété du même Marbre, avec plusieurs petites taches rouges circulantes; du* même lieu.
— 7. Koraalroode Marmer, met ligt blaauwe wolken en safraankleurige vlakken, *insgelyks van daar*.	Korallenrother Marmor / mit wasserblauen großen Flecken und safrangelben Wolken / eben daher.	*Vermillon-colour Marble, with great light blue spots, and saffron-colour clouds; of the same place.*	*Marbre couleur de vermillon, avec des grandes taches bleu clair, varié par des nuages d'un beau jaune; du* même lieu.
— 8. Een ander stuk van deze Marmer.	Eine Abänderung eben dieses Marmors / mit vielen safrangelben und wenigen wasserblauen Flecken / eben daher.		

LATINE.

No. 5. Marmor ex sanguineo saturato et croceo maculatum, intercurrentibus paucis maculis albidis, *ejusdem loci*.

— 6. Alia ejusdem Marmoris varietas, maculis pluribus rubris gyratis, *eiusdem loci*.

— 7. Marmor miniati coloris, maculis magnis aquei coloris. nubeculisque croceis distinctum, *ejusdem loci*.

— 8. Alia ejusdem Marmoris varietas, maculis pluribus croceis et paucioribus aqueis distinctum, *ejusdem loci*.

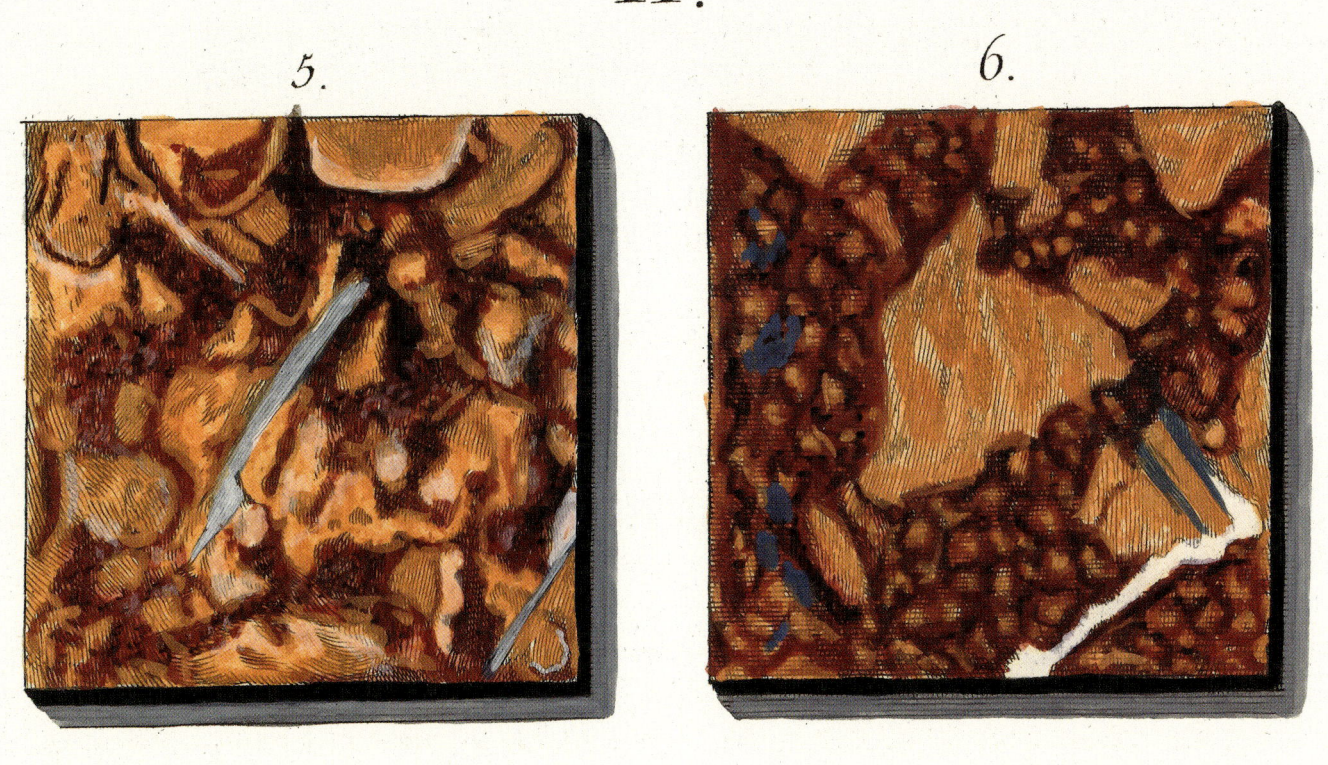

II.

5.   6.

7.   8.

56

III.

9.   10.

11.   12.

HOLLANDSCH.	Hochteütsch.	ENGLISH.	FRANÇOIS.
No. 9. Noch een ander ſtuk van dezelfde Marmer als de voorgaande.	Eine andere Abänderung deſſelben Marmors / mit großen weißlichen Flecken / und kleinen ſafranfarbenen Strichen / eben daher.	A Variety of the ſame Marble, with great white ſpots, and a a few ſcratches of ſaffron-colour; from the ſame place.	Varieté du même Marbre, avec des grandes taches blanches, and quelques rayures d'un beau jaune; du même lieu.
—10 Vuil rood en gevlakte Marmer, van *Montbriſon* in *Dauphiné*.	Aus verſchoßen roth und gelb großgefleckter Marmor / mit weißlichen Puncten im rothen / und dunkelgelben im weißen / von *Montbriſon* in *Dauphiné*.	Marble with great ruſty red ſpots, with white points in the red, and little dark yellow clouds in the white; from Montbriſon in Dauphiné.	Marbre à grandes taches rouge terni & blanc, pointillé de blanc dans le rouge & nuagé de jaune foncé dans le blanc; de Montbriſon en Dauphiné.
—11. Een ander ſtuk van dit zelfde ſoort met bleekroode wolken.	Eine Abänderung deſſelben von ſtrohgelber Farbe mit großen blaßrothen Flecken und bleichrothen Wolken / eben daher.	A Variety of the ſame Marble, ſtraw-colour, mixed with great pale red ſpots, and little clouds of a lighter red; from the ſame place.	Varieté du même Marbre, d'une couleur de paille, mêlé de grandes taches rouge pâle & des petits nnages d'un rouge plus clair; du même lieu.
—12. Geelachtig en met ligt roode wolken geteekende Marmer, van *Montbriſon*.	Aus gelben und hellrothen Wolken gemiſchter Marmor / mit kleinen weißen Puncten / eben daher.	Variegated Marble, with yellow and light red clouds, and little white points; from the ſame place.	Marbre varié dt nuages jaune & rouge clair, avec des petites pointes blanches; du même lieu.

LATINE.

No. 9. Alia adhuc ejusdem Marmoris varietas, maculis magnis albidis liturisque paucis croceis diverſum, *ejusdem loci*.

—10. Marmor maculis magnis ſordide rubris et albidis, ſtigmatibus albis in rubro, et nubeculis flavis ſaturatis in albo colore diſtinctum, circa *Montbriſon Delphinatus*.

—11. Alia ejusdem marmoris varietas, ſtraminei coloris, intermixtis maculis magnis, pallide rubris et nubeculis adhuc pallidioribus, *ejusdem loci*.

—12. Marmor flavis et dilute rubris nubibus varium, intercurrentibus ſtigmatibus albis, *ejusdem loci*.

HOLLANDSCH.	HOOGTDUITSCH.	ENGLISH.	FRANÇOIS.
No. 13. Met roosenkleurige vlakken gecierde Marmer, van *Montbrison*.	Strohgelber mit rosenfarbenen Wolken und Adern durchstoßener Marmor, eben daher.	Straw-colour Marble, mixed, with rose-colour veins and clouds; from the same place.	Marbre couleur de paille, mêlé de veines & de nuages rose; du même lieu.
Not. Deeze vier soorte No. 10—13. worden *Choin* genoemd en laten zich fraay polysten.	*Not.* Diese vier Sorten Marmor, van Nr. 10 bis 13, werden gewöhnlich *Choin* daselbst genennt, und lassen sich schön glätten.	*Not.* These four sorts of Marble from No. 10 to 13, are commonly called *Choin*, and receive a fin polish.	*Not.* Ces quatre Marbres du No. 10 au 13. inclusivement, sont communément nommés *Choin*, & reçoivent un beau poli.
—14. Uit zeer veele kleine roode vleeschkleurige en witte vlakken bestaande Marmer, van *Canne* in *Languedok*.	Aus kleinen rothen, fleischfarbenen und weißen zertheilten Flecken gleichsam gestopfter Marmor, von *Canne* in *Languedok*.	Marble stuffed with red, flesh-colour, and white, distinct but close, spots; from Canne in Languedoc.	Marbre farci de taches rouge, couleur de chair & blanches, distinctes mais closes; de Canne en Languedoc.
Not. Deze word *le Cervelat* genoemd.	*Not.* Wegen dieses Aussehens wird er dorten *Le Cervelat* genennt.	*Not.* Tis from that form it is called *Cervelat*.	*Not.* C'est de cette forme que vient son nom de *Cervelat*.
—15. Bloedroode Marmer met zwarte aderen en witte vlakken van dezelfde plaats.	Kirschrother Marmor, mit schwarzen Adern durchstrickt und weißen zerstreuten Flecken, von eben daher.	Dark cherry-colour Marble, with black veins in a net form, interrupted by white spots; from the same place.	Marbre cerise foncé avec des veines noires en rézeau, interrompues par detaches blanches; du même lieu.
Not. Deze noemd men *la Griotte*.	*Not.* Wegen dieser Farbe wird er *La Griotte* genennt.	*Not.* It is call'd *Morella* by the likeness of its colour.	*Not.* Il est nommé *la Griote* par la ressemblance de sa couleur.
—16. Ligt roode Marmer met muiskleurige vlakken, van *Firiol* in *Provence*.	Hellrother Marmor mit großen und kleinen hellmaußfarbenen Flecken und weißlichen Adern, von *Firiol* in der Provence.	Reddish Marble, with great and small light mouse-colour spots, and whitish veins; from Firiol in Provence.	Marbre rougeâtre avec des grandes & des petites taches gris de souris clair & des veines blanchâtres; de Firiol en Provence.

LATINE.

No. 13. Marmor straminei coloris, venis et nubibus rosei coloris mixtum, *ejusdem loci*.

Not. Quatuor hæc marmora a Nr. 10 ad 13. communi nomine *Choin* a marmorariis indicantur, et polituram optimam admittunt.

—14. Marmor particulis rubris, carneis et albis discretis sed dense inter se mixtis confertum, circa *Canne Occitaniæ*.

Not. Ob hanc formam *le Cervelat* dicitur.

—15. Marmor rubri intensi coloris, venis nigris reticulatum, intercurrentibus maculis albis discerptis; *ejusdem loci*.

Not. Ob colorem cerasa acida æquantem, *La Griotte* vocatur.

—16. Marmor rubescens, magnis parvisque dilute murinis, venisque albentibus varium, circa *Firiol*, *Provinciæ*.

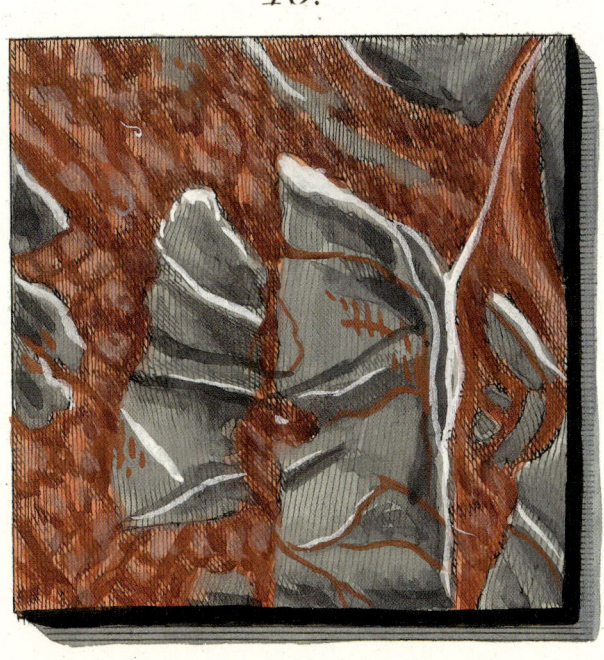

IV.

13. 14.

15. 16.

V.

17. 18.

19. 20.

59

HOLLANDSCH.	HOCHTEUTSCH.	ENGLISH.	FRANÇOIS.
N°. 17. Geel wit en bruin rood gemengde Marmer, van *Très* in *Provence*.	Aus gelb / safrangelb / braunroth und weiß durcheinander gemischter Marmor / von *Très* in der *Provence*.	*Marble mixed in different manners with yellow, saffron-colour, brown, red, and white; from* Très *in* Provence.	*Marbre mêlé en différentes manieres de jaune, de couleur de saffran, de brun, de rouge & de blanc; de* Très *en* Provence.
— 18. Donkerrood ligt en donker geel gevlakte Marmer, *ook van daar*.	Aus dunkel und hellgelb auch sattrothen Flecken zusammengesetzter Marmor / von eben daher.	*Marble mark'd with great saffron colour, white and dark red spots; from the same place.*	*Marbre marqué de grandes taches couleur de saffran, blanc, & rouge foncé; du même lieu.*
Not. Deze werd *Diaspre* genoemd.	*Not.* Um dieser schönen Mischung willen wird er auch *Diaspre* genennt.	*Not.* 'T is for its lively colour it is call'd *Diaspre*.	*Not.* C'est par rapport à ses vives couleurs qu'en l'appelle *Diaspre*.
— 19. Bruine en als met stippen geteekende Marmer, van *Aix* in *Provence*.	Aus hirschbraun und dunkelbraun theils punktirt / theils wellenweis gemischter Marmor / von *Aix* in der *Provence*.	*Light fallow colour and dark brown Marble mixed in points and waves; from* Aix *in* Provence.	*Marbre mêlé de couleur fauve clair & brun obscur en points & ondes, d'auprès d'*Aix *en* Provence.
Not. 'Er schynen *Stalactiten* in te zyn.	*Not.* Er scheinet den Stalactiten gleich erwachsen zu seyn.	*Not.* It seems to be of the stalactiter sort.	*Not.* Il semble être de la sorte des stalactites.
— 20. Zeer fraaije roosenkleurige en stroogeele Marmer, *van dezelfde plaats*.	Aus gelb / roth / rosenfarb und strohgelb Bandenweis gemischter Marmor / von eben daher.	*Yellow, red, rose, & straw-colour Marble, mixed in circles; from the same place.*	*Marbre mêlé de jaune, rouge rose & paille en cercles; du même lieu.*
Not. Deze soort word aldaar *Jaspere* of *Diaspre de belle vuë* genoemd.	*Not.* Wegen des Aussehen nennt man ihn dorten *Jaspere* oder *Diaspre de belle vüe*. Dieses Stück stellet gleichsam einen queerdurchschnittenen Ast eines Baumes vor.	*Not.* 'T is called, relatively to its form, *Jaspere* or *Diaspre de belle vue*. 'T is like a knot of tree cut acros.	*Not.* On l'appelle, par rapport à sa forme, *Jaspere* ou *Diaspre de belle vuë*. Il ressemble à un noeud d'arbre coupé transversalement.

LATINE.

N°. 17. Marmor ex flavo, croceo, fusco, rubro et albo, vario modo mixtum, circa *Très*, *Provenciæ*.

— 18. Marmor maculis croceis, albidis et intense rubris magnis distinctum, *ejusdem loci*.

Not. Ob vividos istos colores marmorarii illud quoque *Diaspre* vocant.

— 19. Marmor ex cervino et fusco colore per puncta et undas mixtum, circa *Aquas Sextias Provenciæ*.

Not. Stalactiticum videtur.

— 20. Marmor ex flavo, rubro, roseo et stramineo per zonas mixtum, *ejusdem loci*.

Not. Ob formam *Jaspere* vel *Diaspre de belle vuë* a marmorariis vocatur. Hoc exemplar nodum arboris transversim sectum simulat.

HOLLANDSCH.	Hochteutsch.	ENGLISH.	FRANÇOIS.
N°. 21. Uit groote bruine muiskleurige en geele stukken als te zamen gestelde Marmer, van *St. Eutrope* in *Provence*.	Aus großen hirschbraunen/maußfarbenen und gelblichen Stucken zusammengesezter und mit rothen Adern durchzogener Marmor von *St. Eutrope in der Provence*.	Light fallow, mouse, and whitish-colour Marble mixed in great pieces, with red veins; from St. Eutrope *near* Aix *in* Provence.	Marbre mêlé de fauve, gris de souris, & blanchâtre, en grandes portions, avec des veines rouges; de St. Eutrope *près* d'Aix en Provence.
Not. Dezelve word aldaar tot de *Brocatelle* of *Breche* gereekend.	*Not.* Er wird daselbst zum Brocatelle oder Breche gerechnet.	*Not.* 'T is commonly called on the spot *Brocatelle* or *Breche*.	*Not.* Il y est nommé *Brocatelle* ou *Breche*.
—22. Donkerroode Marmer met geele en blaauwachtige stukken, van *Cert* in *Provence*.	Dunkelrother Marmor/ mit eingesezten röthlichen/ gelben und weißen großen Stücken/ von Cert *in der Provence*.	Dark red Marble, composed of great parts reddish, yellow and white; from Cert *in* Provence.	Marbre rouge foncé composé de grandes parties rougeâtres, jaunes & blanches; de Cert en Provence.
Not. Deze noemd men ook *Brocatelle* of *Breche*.	*Not.* Auch dieser wird Brocatelle oder Breche genennt.	*Not.* This is also call'd *Brocatelle* or *Breche*.	*Not.* Celui-ci est aussi nommé *Brocatelle* ou *Breche*.
—23. Geele met groote en kleine roode, witte en strookleurige vlakken en streepjes geteekende Marmer, deze word te *Aix* in *Provence*, *Breche d'Alep* of *Toloné* genoemd.	Aus großen und kleinen rothen/ röthlichen/ gelben/ und strohfarbenen/ auch aschgrauen und maußfarbenen Stucken zusammengesezter Marmor/ der zu *Aix in der Provence, Breche d'Alep* oder *Toloné* genennt wird.	Marble with parts of various sizes, red, reddish, yellow, straw, ash, and mouse-colour, named at Aix *in* Provence Breche d'Ales *or* Toloné.	Marbre plain de parties rouges, roussâtres, jaunes, couleur de paille, gris cendré, & de souris, en différentes grandeurs; nommé à Aix en Provence Breche d'Alep ou Toloné.
—24. Met zeer veele, uit verschillende kleuren bestaande vlakken, als te zamen gestelde Marmer, van *St. Eutrope* by *Aix*.	Aus mancherley kleinen hirschbraunen/ maußfarbenen/ dunkel und hellaschfarbenen gelben/ gelblichen/ rothen/ und mehreren Stucken zusammengesezter Marmor/ von *St. Eutrope bey Aix in der Provence*.	Marble elegantly intermixed with small parts, light fallow colour, mouse-colour, dark and light ash-colour, yellow, whitish and red; from St. Eutrope *near* Aix *en* Provence.	Marbre élégamment entremêlé de petites parties fauve clair, gris de souris, gris cendré clair & obscur, jaune, blanchâtre & rouge; de St. Eutrope, proche d'Aix en Provence.
Not. Ook deeze word tot de *Breche* gereekend	*Not.* Auch dieser wird mit recht zur Breche gerechnet.	*Not.* This is also properly call'd on the spot *Brecee*.	*Not.* C'est aussi à juste titre qu'on y appelle celui-ci *Breche*.

LATINE.

No. 21. Marmor ex cervino, murino, et flavescente per portiones magnas mixtum, et venis rubris interstinctum, de *St. Eutrope* circa *Aquas Sextias Provenciæ*.

Not. Ibi *Brocatelle* vel *Breche* vocari solet.

—22. Marmor intense rubrum, portionibus rubescentibus, flavis, et albis magnis compositum, circa *Cert Provenciæ*.

Not. Hoc quoque *Brocatelle* vel *Breche* vocatur.

—23. Marmor totum ex portionibus, rubris, rufescentibus, flavis, stramineis, cinereis, murinis variæ magnitudinis conflatum, *Breche d'Alep*, vel *Toloné*, *Aquis Sextiis Provenciæ* vocatum.

—24. Marmor ex portiunculis cervini, murini, cinerei intensi et diluti, flavi, flavescentis, et rubri coloris, omnibus parvis, eleganter compactum, de *St. Eutrope*, circa *Aquis Sextias Provenciæ*.

Not. Hoc quoque merito speciebus, *Breche* vocatis adnumeratur.

VI.

21. 22.

23. 24.

MARMER
UIT BRABANT

𝔐𝔞𝔯𝔪𝔬𝔯
𝔄𝔲𝔰 𝔅𝔯𝔞𝔟𝔞𝔫𝔱.

MARBLE
OF BRABANT

MARBRES
DU BRABANT.

MORMORA
BRABANTICA.

I.

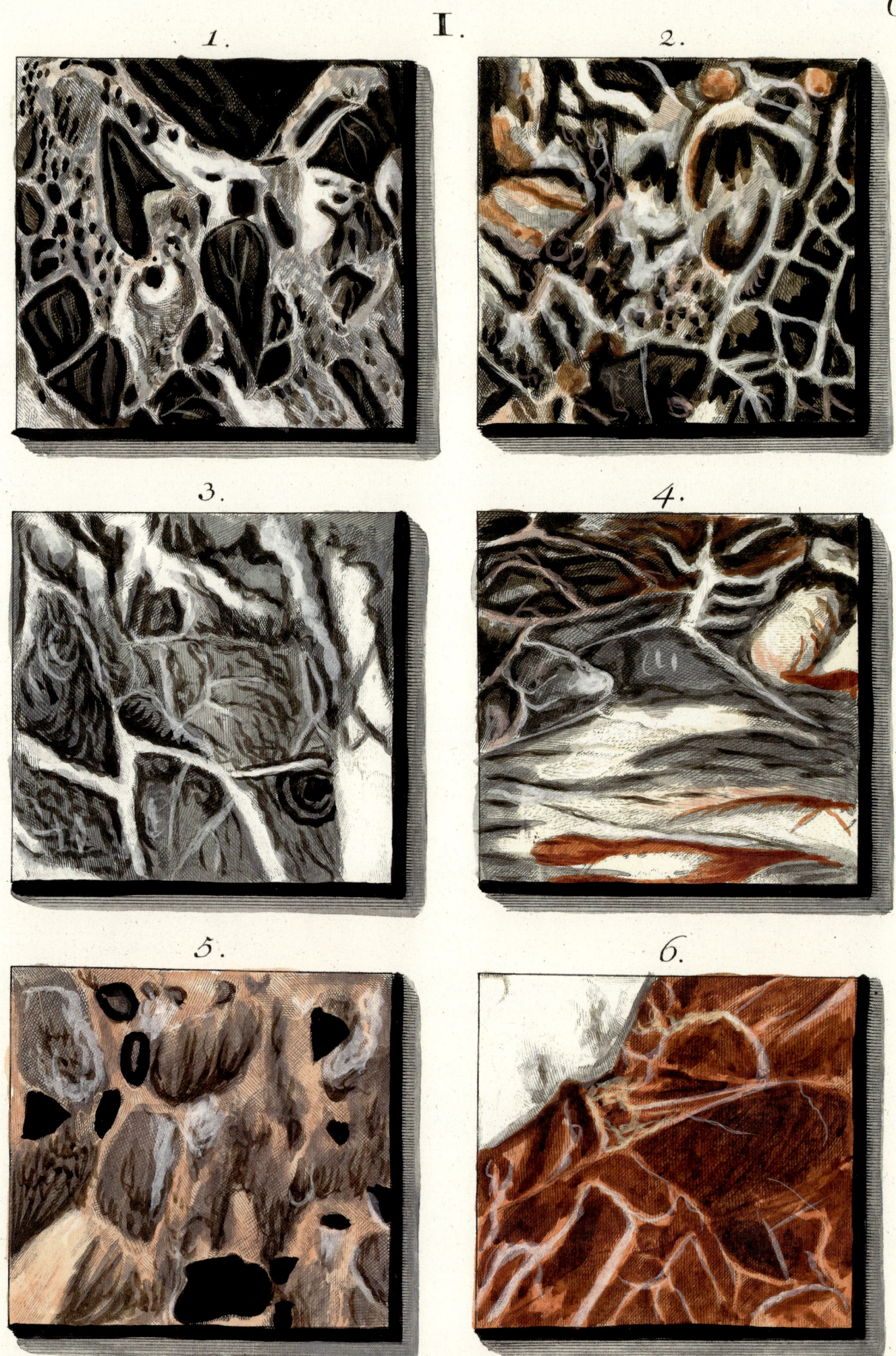

1. 2.

3. 4.

5. 6.

A.L.Wirsing exc. Nor.

61

HOLLANDSCH.	Hochteütsch.	ENGLISH.	FRANÇOIS.
N°. 1. Donker en licht muiskleurige Marmer, met zwartächtige en witte vlakken, uit het Graafschap *Namen*.	Dunkel und hellmaußfarbener Marmor, mit schwärzlichen abgesezten und weißen zerrissenen Flecken, aus der Grafschaft *Namur*.	Light and dark mouse-colour Marble, interspersed with distinct black & white spots; of the County of *Namur*.	Marbre gris de souris varié de clair & foncé, & entremêlé de taches distinctes noires & blanches; du Comté de *Namur*.
Not. Het word gebroken by *Waulsor*, een half uur van *Bouvigné* aan de Maas.	*Not.* Der Bruch ist bey *Waulsor*, eine halbe Stunde von *Bouvigne* an der Maaß.	*Not.* This bit comes from *Waulsor* one halve league from *Bouvigne* upon the Maas.	*Not.* Ce Morceau est d'auprès de *Waulsor* à demi lieue de *Bouvigne* sur la Meuse.
— 2. Licht bruin en muiskleurige Marmer, met witte aderen en vlakken, van *Moulin* by *Namen*.	Aus Hirschbraun und Maußfarben gemischter Marmor, mit zerrissenen weißen Adern und Flecken, von *Moulin* bey *Namur*.	Fallow and mouse-colour variegated Marble, interspersed with white veins and spots; from *Moulin* in the County of *Namur*.	Marbre varié de fauve & de gris, avec des veines éparses & des taches blanches; d'auprès de *Moulin* au Comté de *Namur*.
Not. Het word gebroken by *Salet* in 't gebied van de Abtdy *Moulin*, een uur van *Bouvigné*.	*Not.* Der Bruch ist bey *Salet*, in dem Gebiete der Abtey *Moulin*, eine Stunde von *Bouvigne*.	*Not.* This bit comes from *Salet*, belonging to the Abbay of *Moulin*, one league from *Bouvigne*.	*Not.* Ce Morceau est de *Salet*, appartenant à l'Abbaye de *Moulin*, une lieuë de *Bouvigne*.
— 3. Geel en donker graauwkleurige Marmer, met witte aderen en vlakken, van *Floreste* uit het Land van *Namen*.	Aus hell und dunkelgrau gemischter Marmor, mit häufigen weißen Adern und Flecken, von *Floreste* aus der Gegend von *Namur*.	Light and dark mouse-colour Marble, with planty of white spots; from *Florelle*, in the Jurisdiction of *Namur*.	Marbre mêlé de gris clair & forné, marqué abondamment de taches blanches; de *Floreste*, au gouvernement de *Namur*.
Not. Men breekt het aan de vloed van de *Sambre*, twee uuren van *Namen*.	*Not.* Der Bruch ist auf der rechten Seite des Flusses Sambre, zwo Stunden von *Namur*.	*Not.* This bit comes from de right side of the river *Sambre*, two leagues of *Namur*.	*Not.* Ce Morceau vient du côte droit de la rivière *Sambre*, à deux lieues de *Namur*.
— 4. Licht en donker bruinkleurige Marmer, met witächtige en bloedkleurige vlakken en aderen, van *Bouvigné*.	Aus hellhirschbraun, dunkel und hellbraun gemischter Marmor, mit matten blutfarbenen auch weißlichen Flecken und Adern durchzogen, von *Bouvigne*.	Light and dark ash-colour Marble aboundantly variegated with dult red vens and spots as also with some white; from *Bouvigne*.	Marbre mêlé de fauve clair & de gris & foncé, varié abondamment par des veines & taches d'un rouge mat & d'autres blanches; de *Bouvigné*.

HOLLANDSCH	Hochteutsch.	ENGLISH.	FRANÇOIS.
Not. Het word gebroken tegen het Noorden der stad *Namen*.	*Not.* Der Bruch liegt gegen Norden der Stadt *Namur*.	*Not.* This bit has bein drawn in the North of the Town of *Namur*.	*Not.* Ce Morceau a été tiré au Nord de la ville de *Namur*.
— 5. Roodächtig licht bruine Marmer, met witachtige wolken, zwarte grauwe en witachtige vlakken, *Breche de doulair* genaamd, na by *Dinant*, in het Graaffchap *Namen*.	Röthlich hirschbrauner Marmor, mit weißlichen Wolken und schwarzen auch grauen und weißlichen Flecken, dort selbst Breche de Doulair genannt, nahe bey *Dinant*, in der Graffchaft *Namur*.	Reddish Marble, rendiclated by a Fallow colour and with whitish clouds, as also with black, mouse-colour and white marks, called Breche de Doulair, from *Dinand* in the County of *Namur*.	Marbre roussâtre, ondé de fauve & à nuaget blanchâtres, avec des marques noires grises & blanches, d'appellé Breche de Doulair, d'auprès de *Dinand*, Comté de *Namur*.
— 6. Roode en witte Marmer, met witte streepen, uit Oostenryks *Henegauwen* eerste soort.	Aus roth und weiß abgeschnitten bunter Marmor, mit weissen Strichen, aus dem Osterreichischen *Hennegau*, erste Abänderung.	Intermixed red and white Marble with little white lines; from the Austrian *Hainault*, the first variety.	Marbre entrecoupé de rouge & de blanc, avec des petites lignes blanches; de *Hainault* Autrichien, premiere variété.
Not. Hetzelve word gebroken aan de *Rance*, agt uuren van *Mons*, en twee van *Beaumont*, tusschen de *Sambre* en de *Maas*.	*Not.* Der Bruch ist an dem *Rance*, acht Stunden von *Mons*, zwo von *Beaumont*, zwischen der *Sambre* und *Maas*.	*Not.* The piece comes from the *Rance* eigt leagues from *Mons* and two from *Beaumont*, between the *Sambre* and the *Maas*.	*Not.* Ce Morceau vient de la *Rance*, huit lieues de *Mons* & deux de *Beaumont*, entre la *Sambre* & la *Meuse*.

LATINE.

Nº. 1. Marmor ex murino saturatiore et dilutiore mixtum intercurrentibus maculis distinctis nigricantibus, et albis laceris, ex Comitatu *Namurcensi*.

Not. Lapicidina est prope *Waulsor*, leucam dimidiam a *Bouiniaco ad Mosam* distante.

— 2. Marmor ex ceruino et murino varium, venis discerptis et maculis albis distinctum, circa *Molendinum*, Comitatus *Namurcensis*.

Not. Lapicidina est *Saleti*, pertinentis ad Abbatiam *Molendini*, leucam unam a *Bouiniaco* distantis.

— 3. Marmor ex cinereo diluto et saturato mixtum, venis et maculis albis copiose notatum, de *Floreste*, ditionis *Namurcensis*.

Not. Lapicidina est ad dextram amnis *Sabae*, duas leucas a *Namurco* distans.

— 4. Marmor ex ceruino diluto, et murino diluto ac saturato mixtum, maculis sordide sanguineis aliisque albidis et venulis concoloribus frequenter varium, circa *Bouiniacum*.

Not. Lapicidina est versus Septentrionem urbis *Namurci*.

— 5. Marmor ex rufo ceruinum nebulis albicantibus undulatum, glebulas nigras cinereas et albidas includens, incolis *Breche de Doulair* vocatum, proxime ad *Dinandum*, Comitatus *Namurcensis*.

— 6. Marmor ex rubro et albo dimidiatum lineis albis minoribus permixtum, ex *Hannonia Austriaca*, prima varietas.

Not. Lapicidina est ad amnem *Rance*, octo leucas a *Montio* et duas a *Bellomontio* distans, inter *Sauam* et *Mosam* fluvium.

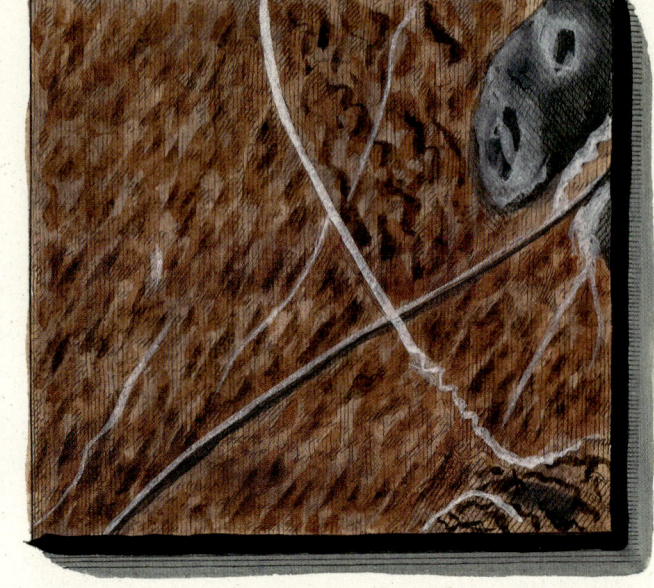

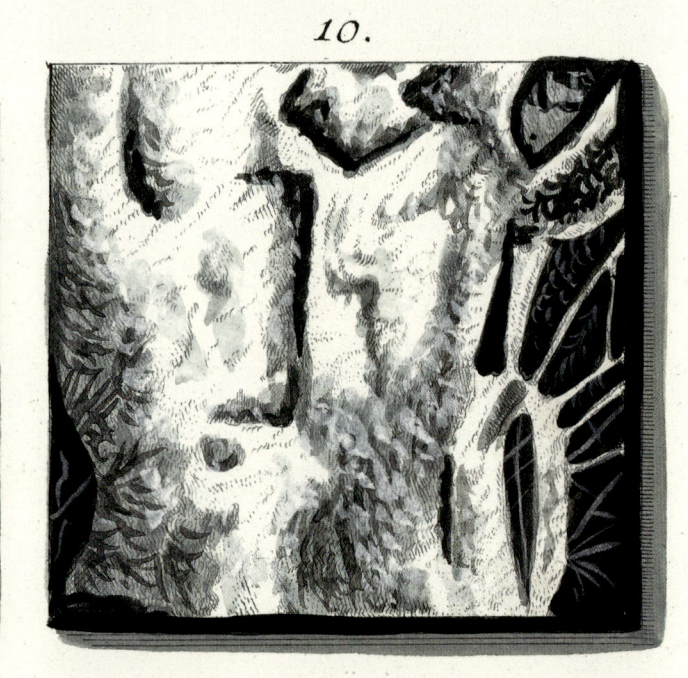

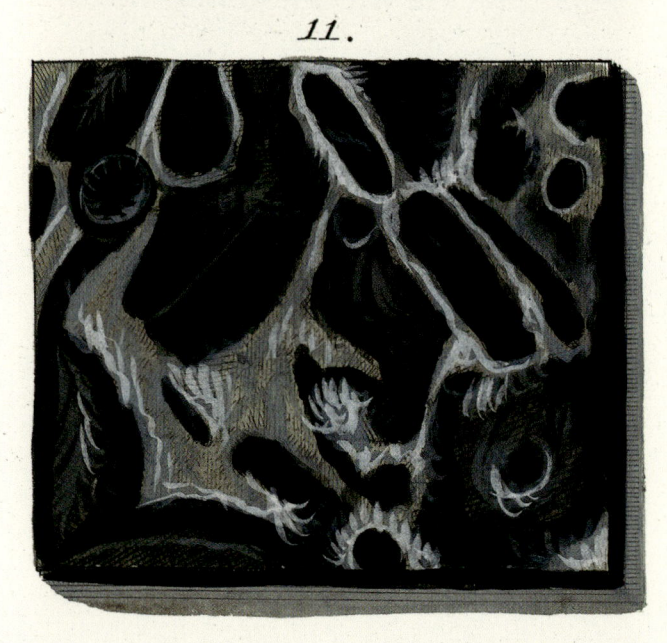

II.

7. 8.

9. 10.

11. 12.

62

HOLLANDSCH.	HOCHTEUTSCH.	ENGLISH.	FRANÇOIS.
N°. 7. Lichtbruin leverkleurige Marmer, met witte banden en vlakken, uit Oostenryks *Henegauwen* tweede foort.	Aus dem leberfarbenen mattbrauner Marmor / mit weiſſen Bändern und Flecken / aus dem Oſterreichiſchen Hennegau / zwote Abänderung.	Dull yellow, reddish Marble, markd with little white bands and spots, from the Auſtrian Hainault, *the second Variety*.	Marbre roux jaunatre terni marqué de taches & bandes blanches; du Hainault Autrichien. *Second Varieté*
—8. Roodachtig licht bruin met witte wolken en aderen doorgewerkte Marmer, als het voorige, derde foort.	Röthlich hirſchbrauner Marmor mit blaſſen und weißlichen Wolken und Adern häuftg durchzogen/ eben daher / dritte Abänderung.	Reddish fallow-colour Marble, with plenty of dead whit clouds and little veins; from the same place, *the third Variety*.	Marbre d'un fauve rougeâtre frequemment parremé de nuages & petites veines d'un blanc fale; du même lieu, *troifieme varieté*.
—9. Roodachtig leverkleurige Marmer, doormengd met aschgraauwe vlakken en wolken, als het voorige, vierde foort.	Röthlich leberfarbener Marmor / mit aſchgrauen Flecken und Wolken durchzogen/ eben daher/ die vierte Abänderung.	Yellow reddish Marble, interspersed with ash-colour spots and clouds; of the same place, *the fourth Variety*.	Marbre d'un jaune rougeatre, parfemé de taches & de nuages gris cendré, du même lieu. *Quatrieme Varieté*.
Not. 'Er is ons nog eene foort te vooren gekomen, welke in een bruine grond, veel gelykt aan de *Madrepora Virginia*.	*Not.* Es iſt uns noch eine Abänderung aber zu ſpäth / zu Handen gekommen / welche im braunen Grund viele Aeſte der Madrepora Virginea zeiget.	*Not.* This is another fort, contriving many little branches of Madrepore.	*Not.* Celui-ci eſt un autre fortie, en ce qu'il contient plufieurs petits ramieux de Madrepore.
—10. Witte Marmer met zwarte vlakken wolken en aderen, uit het Oostenryks *Henegouwen*.	Weiſſer Marmor mit ſchwarzen Flecken und Adern / auch ſchwärzlichen Wolken / aus dem Öſterreichiſchen Hennegau.	White Marke, with spots, veins and little Hackish clouds; from the Auſtrian Hainault.	Marbre blanc, avec des taches, des veines & des petits nuages noirâtres, du Hainault Autrichien.
Not. Het word gebroken by *Solre faint Geri*, een uur van *Beaumont*.	*Not.* Der Bruch iſt bey Solre ſaint Geri / eine Stunde von Beaumont.	*Not.* This bit comes from *Solre St. Geri*, at one league from *Beaumont*.	*Not.* Ce Morceau eſt de *Solre faint Geri*, à une lieux de *Beaumont*.

HOLLANDSCH.	Hochteütsch.	ENGLISH.	FRANÇOIS.
Nº. 11. Zwarte Marmer met witte vlakken uit den Breuk *St. Anna*, van dezelfde plaats.	Schwarzer Marmor mit weißen Flecken/ aus dem Bruch St. Anne/ eben daher.	*Black Marble*, *with various white spots; from the Quarry* St. Anna, *of* the same place.	*Marbre noir*, *avec différentes taches blanches*, *de la Carriere* St. Anne, *du même lieu*.
— 12. Witte Marmer met vierhoekige zwarte vlakken, van dezelfde plaats.	Weißer Marmor mit abgefeßten viereckigten schwarzen Flecken/ eben daher.	*White Marble with black sqarré spots; of* the same place.	*Marbre blanc*, *à taches noires quarré; du même lieu*.

LATINE.

Nº. 7. Marmor ex hepatico obsolete rufum, taeniis et maculis albis distinctum, ex *Hannonia Austriaca*, secunda varietas.

— 8. Marmor ex ceruino rufescens, nebulis venulisque pallidis albescentibus frequenter perfusum *ejusdem loci*, tertia varietas.

— 9. Marmor coloris hepatici rubescentis, maculis et nebulis cinerascentibus perfusum, *ejusdem loci*, quarta varietas.

Not. Datur et alia varietas, quae in colore pullo ramulos Madreporae virgineae continet: nimis sero oblatam omittere coacti fuimus.

Nº. 10. Marmor album, maculis venisque nigris nubeculisque nigricantibus varium, ex *Hannonia Austriace*.

Not. Lapicidina est circa *Solre Saint Géri*, leucam unam a *Bellomontio* distans.

Nº. 11. Marmor nigrum maculis difformibus albis notatum, ex Lapicidina *St. Annae*, *ejusdem loci*.

— 12. Marmor album, maculis nigris multangulis distinctis notatum, *ejusdem loci*.

III   63

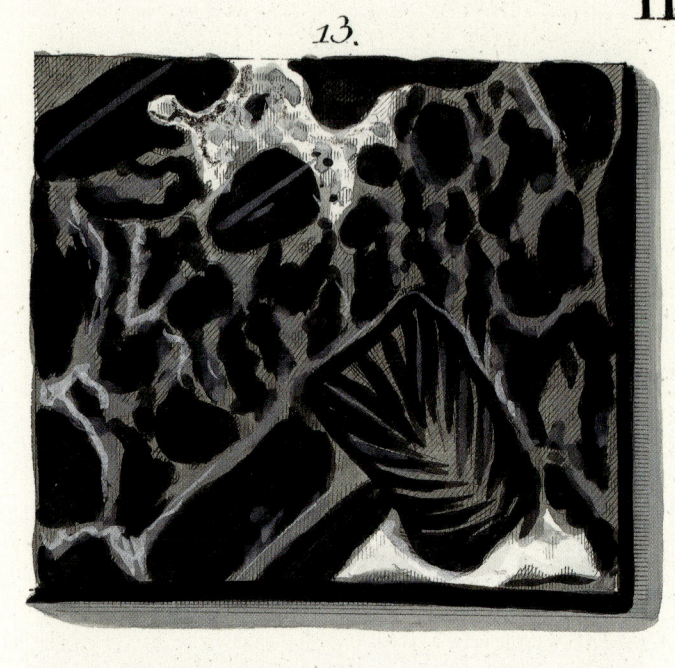

13.   14.

15.   16.

17.   18.

HOLLANDSCH.	HOCHTEUTSCH.	ENGLISH.	FRANÇOIS.
No. 13. Zwarte Marmer, met weinige onregelmatige witte vlakken, van *Solresaint Geri*,	Schwarzer Marmor / mit unregelmäßigen wenigen weissen Flecken / von Solresaint Geri / eben daselbst.	Black Marble, with white irregular spots; from Solresaint Geri, of the same place.	Marbre noir, avec des taches blanches irrégulieres, d'auprès de Solresaint Géri, au même lieu.
—14. Witte Marmer, met kleine zwarte veelhoekige vlakken, van dezelfde plaats.	Weisser Marmor mit kleinen schwarzen runden und vieleckigen Flecken / eben daher.	White Marble, with little black spots of various forms, ibidem.	Marbre blanc, à petites taches noires de différentes formes; du même lieu.
—15. Witte Marmer, met breede hoekige donker en licht zwarte vlakken, als het voorige.	Weisser Marmor / mit breiten und eckigen / dunkel und heller schwarzen Flecken / eben daher.	White Marble, with large angular spots more or less blackish.	Marbre blanc, à grandes taches angulaires noirâtres plus ou moiens foncées.
—16. Licht bruin en donker aschgraauwe Marmer, met witte aderen van *St. Remi*, in 't Hertogdom *Luxenburg*.	Hirschfarbener und dunkel aschgrauer Marmor / mit weißlichen Adern von St. Remi / im Herzogthum Luxemburg.	Fallow and dark ash-colour Marble, with whitish veins; from St. Remi, two leagues from Dutchy of Luxemburg.	Marbre fauve & gris cendré foncé, avec des veines blanchâtres; de St. Remi, au Duché de Luxembourg.
Not. Het word gebroken twee uuren van *Marche en Fumene*.	*Not.* Der Bruch liegt zwo Stunden von Marche en Fumene.	*Not.* This bit has bein drawn two leagues from *Marche en Fumene*.	*Not.* Ce Morceau à deux lieues de *Marche en Fumêne*.
—17. Licht aschgraauwe wit en rood bruin gevlakte Marmer, van dezelfde plaats.	Aus hell aschgrau / weiß / und röthlich hirschfarben gefleckter Marmor / eben daher.	Light ash-colour'd Marble, spotted with white and reddish fallow-colour; from the same place.	Marbre gris cendré clair, taché de blanc & fauve rougeâtre; du même lieu.
—18. Licht aschgraauwe Marmer, met lange aderen en roode vlakken, ook van daar.	Noch heller aschfarbener Marmor / mit langen weissen Adern und wenigen ziegelfarbenen Flecken/ eben daher.	Other light ash-colour Marble, with long veins & some reddish spots, from the same place.	Marbre gris cendré clair, avec des longues veines & quelques taches rougeâtres; du même lieu.

LATINE.

—13. Marmor nigrum maculis albis difformibus paucis interstinctum, circa *Solresaint Géri*, ibidem.
—14. Marmor album, maculis nigris minoribus variae formae distinctum, *ejusdem loci*.
—15. Marmor album maculis latis, saturate et dilute nigris, angulatis notatum, *ejusdem loci*.
No. 16. Marmor ex ceruino et saturate cinereo compositum, intercurrentibus venis albidis ex *St. Remi*, Ducatus *Luciburgici*.
Not. Lapicidina duas leucas a *Marche en Fumene* distat.
No. 17. Marmor ex diluto cinereo, albo et ceruino rufescente maculatum *ejusdem loci*.
—18. Marmor dilutius cinereum, venis longis albis et maculis paucis lateritiis varium, *ejusdem loci*.

HOLLANDSCH.	Hochteutsch.	ENGLISH.	FRANÇOIS.
No 19. Licht geele Marmer, met breede donkere en licht zwarte vlakken, van *Merlemont* in Oostenryks *Henegouwen*.	Hellstrohgelber Marmor / mit breiten / dunkel und hellschwarzen Flecken /von Merlemont im österreichischen Hennegau.	Light straw-colour Marble, with large blackish spots and others black; from Merlemont *in the* Austrian Hainault.	Marbre paille clair, avec de grandes taches noires & d'autres noirâtres; de Merlemont *dans le* Hainault Autrichien.
Not. Het word gebroken een en een half uur van *Philippeville*.	*Not.* Der Bruch liegt anderthalb Stunden von Philippeville.	*Not.* This bit has bein found at halve a league from *Philippopoli*.	*Not.* Ce Morceau a été trouvé à demi lieue de *Philippopoli*.
—20. Vuil witachtige Marmer, met aschkleurige en groote zwartachtige vlakken, van dezelfde plaats.	Schmuzigweißer Marmor / mit aschfarbenen und schwärzlichen Flecken mancherley Größe / eben daher.	Dead white Marble, with plenty of ash-colour'd and blackish spots of various sizes; from the same place.	Marbre blanc sale, abondamment parsemé de taches, gris cendré & noirâtres de différente grandeur; du même lieu.
—21. Aschgraauwe en licht roode Marmer, met licht graauwe witachtige vlakken, van *Clermont*.	Aus aschgrau und ziegelroth gemischter Marmor / mit hellgrauen und weißlichen zerrissenen Flecken / von Clermont.	Ash-colour'd and reddish mixed Marble, interrupted by ash-colour and whitish spots; from Clermont.	Marbre mêlé de gris cendre & rouge tuilé, interrompu par des taches grises & blanchâtres; de Clermont.
Not. Het word gebroken in Oostenryks *Henegouwen*, een uur van *Beaumont*.	*Not.* Der Bruch findet sich eine Stunde von Beaumont / im österreichischen Hennegau.	*Not.* This piece has bein found at halve a league from *Belmont* in the *Austrian Hainault*.	*Not.* Ce Morceau a été trouvé à une lieue de *Belmont*, dans le Hainault Autrichien.
—22. Licht graauwe en licht roodkleurige Marmer, met breede witte en fyne aderen doormengd, ook van daar.	Aus hellgrau und hell ziegelfarb gemischter Marmor / mit breiten weissen und zarten weißlichen Adern durchzogen / eben daher.	Ash-colour'd and reddish Marble with whitish great thin veins; from the same place.	Marbre mêlé de gris & de couleur de tuiles, avec des grandes & fines veines blanchâtres; du même lieu.
—23. Licht roodkleurige Marmer met graauw gemengd, ook witte en zwarte vlakken en zoortgelyke aderen, van *Cerfontaine*, drie uuren van *Beaumont*.	Aus hellziegelfarbenen und graulichen vertrieben gemischter / mit weissen / zuweilen schwarz eingefaßten Flecken und dergleichen Adern durchzogener Marmor / von Cerfontaine / drey Stunden van Beaumont.	Reddish and alternately ash-colour ungled Marble, with white spots, to which some white are intermixed as also veins alike; from Cerfontaine at three leagues of Beaumont.	Marbre mêle alternativement de couleur de tuiles & de gris confuses, avec des taches blanches aux quelles s'intrelassent des noires & des veines semblables; de Cerfontaine, à trois lieues de Beaumont.

IV.

19. 20.

21. 22.

23. 24.

64

HOLLANDSCH.	Hochteutsch.	ENGLISH.	FRANÇOIS.
N°.24. Muiskleurige Marmer, met witachtige en grauwe vlakken, van *Strée* by *Beaumont* in Oostenryks *Henegouwen*.	Graulich maußfarbener Marmor / mit weißlichen und graulichen Augenflecken besezt / von Stree bey Beaumont im österreichischen Hennegau.	*Mouse drawing upon the ash-colour'd Marble, with little dark clouds, white spots and also grayish where Eyes are seen; from* Stree, *near* Beaumont *in the* Austrian Hainault.	*Marbre gris de souris tirant sur le cendré, avec des petits nuages obscurs, des taches blanches & d'autres grisâtres où se voyent des yeux blancs; de* Stree *près de* Beaumont *dans le* Hainault Autrichien.

LATINE.

N°. 19. Marmor dilute stramineum maculis latis nigris et nigricantibus varium, circa *Merlemont Hannoniae Austriacae*.
Not. Lapicidina sesquileucam a *Philippopoli* distat.
— 20. Marmor sordide albidum, maculis cinereis et nigricantibus variae magnitudinis copiose conspersum, *ejusdem loci*.
— 21. Marmor ex cinereo et lateritio mixtum, maculis discerptis cinerascentibus et albentibus distinctum, circa *Claremontium*.
Not. Lapicidina reperitur ad unam leucam a *Bellomontio*, *Hannoniae Austriacae*.
N°.22. Marmor ex cinereo et laterito diluto mixtum, venis latis albis et albescentibus teneris notatum, *ejusdem loci*.
— 23. Marmor ex lateritio et cinerascente colore inuicem confuso mixtum, maculis albis, quibusdam nigro cinctis, venisque similibus varium, circa *Ceruifontium*, tres leucas a *Bellomontio* distans.
N°.24. Marmor ex murino cinerascens nubeculis obscurioribus, maculis albis, et aliis cinerascentibus albo oculatis distinctum, circa *Stree*, prope *Bellomontium*, Hannoniae Austriacae.

HOLLANDSCH.	HOCHTEUTSCH.	ENGLISH.	FRANÇOIS.
No. 25. Licht graauwe Marmer, met zwarte straalen, van *Strée*.	Graulichter mit schwarzen Strahlenflecken unordentlich aber dicht bestreuter Marmor / von Stree / eben daselbst.	Grayish Marble, full of unequal little black stripes; from Stree of the same place.	Marbre grisâtre plein de petites rayes noires inégales; de Streé au même lieu.
—26. Licht bruine Marmer, met kleine witte vlakken, van *Gochenet*, een uur van *Charlemont* in *Henegouwen*.	Hellkastanienbrauner Marmor / mit kleinen weißen Flecken / von Gochenet / eine Stunde von Charlemont im Hennegau.	Light chesnut-colour Marble, with little white spots; from Gochenet at one league of Charlemont in the Hainault.	Marbre chatain clair, marqué de petites taches blanches; de Gochenet, à une lieue de Charlemont en Hainault.
Not. De vlakken zyn overblyfzels van *Entrochyten*.	*Not.* Die Flecken sind Spuren von Entrochiten.	*Not.* The spots are dark and like the Entrochites.	*Not.* Les taches sont obscures & semblables aux Entrochites.
—27. Rood bruine Marmer, met breede licht bruine en witte vlakken, van *Agimont*.	Rothbrauner Marmor / mit breiten hirschbraunen und weißlichen Flecken / von Agimont.	Reddish brown Marble, interspersed with fallow colour and white spots; from Agimont.	Marbre rougebrun, parsemé de grandes taches fauve & blanc; d'Agimont.
Not. De meeste vlakken zyn overblyfzels van *Milleporen* en andere Coralen.	*Not.* Die mehresten Flecken sind Ueberbleibsel von Milleporiten und andern Korallen.	*Not.* The most part of the spots are remainders of Millepores or coral.	*Not.* La pluspart des taches sont des restes de Millepores ou de corail.
—28. Rood bruine en zwart gemengde Marmer, met witte aderen en vlakken, ook van daar.	Rothbrauner mit schwärzlich gemischter Marmor / mit weißen Adern und Flecken / eben daher.	Red brown mixed of blackish Marble with white spots and veins; from the same place.	Marbre rouge brun, mêlé de noirâtre, avec des taches & veines blanches; du même lieu.
Not. Onder de vlakken zyn eenige overblyfzels van *Conchyten* en *Milleporen*.	*Not.* Unter den Flecken sind Ueberbleibsel von Conchiten und Milleporiten.	*Not.* Between the spots are some remainders of shells en Millepores.	*Not.* Parmi les taches sont quelques restes de coquilles & de Millepores.
—29. Donker graauwe Marmer, met witte ronde aderen van *Grandrieux* in *Henegouwen*.	Dunkelgrauer Marmor / mit weißlichen runden Flecken und Adern / von Grandrieux im Hennegau.	Dark ash-colour Marble, with rond white spots and veins; from Grandieux, in the Hainault.	Marbre gris cendré foncé, avec des taches & des veines blanches arrondies; de Grandieux, dans le Hainault.
Not. Eenige vlakken schynen overblyfzels van Zeegewassen.	*Not.* Einige Flecken scheinen Ueberbleibsel von Seegeschöpfen.	*Not.* Some spots then some rests of Seebodies.	*Not.* Quelques taches font voir des restes de corps marins.

V.   65

25.   26.

27.   28.

29.   30.

HOLLANDSCH.	Hochteutsch.	ENGLISH.	FRANÇOIS.
—30. Licht roode met een weinig aschgraauw gemengde Marmer, met veele witte aderen, by *Soulme*, tusschen de *Sambre* en *Maas* 3 uuren van *Philippeville*.	Aus hellziegelfarb und wenig aschgrau gemischter Marmor / mit vielen weissen Adern / bey Soulme / zwischen der Sambre und Maas / drey Stunden von Philippeville.	Reddish and a little ash-colour mixed Marble, with many white spots; from *Soulme*, between the Sambre en the Maas, *at three leagues from* Philippopoli.	Marbre couleur de tuiles variée d'un peu de gris cendré, avec plusieurs veines blanches; de *Soulme*, entre la *Sambre & la Meuse, à trois lieues de* Philippopoli.

LATINE.

Nº. 25. Marmor cinerascens, virgis nigris inordinatim sed dense conspersum, circa *Stree, ibidem*.

—26. Marmor dilute badium, maculis albis paruis notatum, circa *Gochenet* leucam unam a *Carolomontio* distans, *Hannoniae*.

Not. Maculae sunt obscura quaedam Entrochorum simulacra.

—27. Marmor ex rufo pullum, maculis latis ceruinis et albidis conspersum, circa *Agimontium*.

Not. Maculae plereque sunt reliquiae Milleporarum, et aliorum Coralliorum.

—28. Marmor ex rufo pullum et nigrescens maculis et venis albis, *ejusdem loci*.

Not. Inter maculas quaedam sunt reliquiae Concharum et Milleporam.

—29. Marmor saturate cinereum, maculis rotundis albidis venisque similibus notatum, circa *Grandrieux Hannoniae*.

Not. Maculae quaedam reliquias corporum marinorum monstrare videntur.

—30. Marmor ex dilute lateritio et pauco cinereo varium, venis plurimis albis, circa *Soulme*, inter *Sabam* et *Mosam* amnes, distans tres horas a *Philippopoli*.

HOLLANDSCH	Hochteutsch.	ENGLISH.	FRANÇOIS.
No. 31. Aschgraauwe en licht rood gemengde Marmer, met weinige witte aderen van *Soulme*.	Aschgrauer mit hellziegelfarben gemischter Marmor / mit wenigen weißen Adern / von Soulme, wie voher.	Ash-colour Marble, with ligt reddish spots and white veins; from Soulne, in the same place.	Marbre gris cendré, avec des taches couleur de tuiles claire, & quelques veines blanches; de Soulne, au même lieu.
—32. Aschgraauwe met rood gemengde Marmer, en donker roode en witte vlakken en streepen, *Griotte d'Agimont* genaamd, een uur van *Charlemont*.	Aus aschgrau und hellziegelfarben gemischter Marmor / mit dunkel ziegelfarbenen auch weißen Flecken und Streifen durchzogen / Griotte d'Agimont genennt / eine Stunde van Charlemont.	Ash-colour and light reddish mixed Marble, much spread with spots and reddish and white little stripes, called Griotte d'Agimont. 'T is found at one league from Charlemont.	Marbre mêlé de gris cendré & de couleur de tuiles claire, & varié de taches & de pointes couleur de tuile & blanc, appellé Griotte d'Agimont, & qui se trouve à une lieue de Charlemont.
—33. Licht bruine, en donker graauw gemengde Marmer, met ronde lichte en donkere bruine vlakken en witte aderen, *Marble Royal* genaamd, van *Franchimont*, 1 uur van *Philippeville* eerste soort.	Aus hellhirschbraun / hell und dunklergrau gemischter Marmor / mit runden / schwarz eingefaßten hirschbraunen Flecken und weißlichen Adern / Marbre Royal genennt / von Franchimont / eine Stunde von Philippeville. Erste Abänderung.	Light fallow-colour and light and dark ash-colour mixed Marble, with round fallow-colour spots, interspersed with black; as also white veins, called Royal Marble; from Franchemont, at one league from Philippopoli. First Variety.	Marbre fauve clair, mêlé de gris clair & foncé, avec des taches rondes fauve, entremeslé de noir & de veines blanches, appellé Marbre Royal; de Franchimont, à une lieue de Philippopoli. Rremier Variété.
—34. Zeer licht graauwe Marmer, met donker grauwe, groote en kleine witte vlakken, tweede soort.	Sehr hellgrauer Marmor / mit dunkelgrauen / großen und kleinen weißen Flecken / eben daher. Zwote Abänderung.	Light ash colour Marble, with darker great spots and little white ones, from the same place. Second Variety.	Marbre gris cendré très clair, avec des grandes taches gris foncé & des petites blanches éparses; du même lieu. Seconde Variété.
—35. Licht bruine Marmer, met donker en lichte vlakken, derde soort.	Hellhirschbrauner Marmor / mit dunklen und sehr hellen dergleichen / und wenigen weißen Flecken / von daher. Dritte Abänderung.	Light fallow-colour Marble, whith darker and ligt spots, as also some white; from the same place. Third Variety.	Marbre fauve clair avec des taches foncés & claires & quelques blanches; du même lieu. Troisieme Variété.

VI.

31. 32.

33. 34.

35. 36.

HOLLANDSCH.	Hochteutsch.	ENGLISH.	FRANÇOIS.
—36. Licht en donker gemengde Marmer, met breede aderen, *Breche* genaamd, van *Waufart* in Henegouwen.	Aus hell und dunkelhirschfarben gemischter Marmor/ mit häufigen und breiten Adern durchzogen/ Breche genennt/ von Waufart im Hennegau.	Light and dark fallow-colour mixed Marble, with large white veins, much variegated, called Breche de Waufart, *in the* Hainault.	Marbre mêlé de fauve clair & obscur, avec des grandes veines blanches, appellé Breche de Waufart, *dans le* Hainault.

LATINE.

Nº.31. Marmor cinereum, ex dilute lateritio maculatum, venis albis raris perfusum, circa *Soulme*, *ibidem*.

—32. Marmor ex diluto lateritio et cinereo mixtum, maculis virgisque lateritiis albisque copiose variegatum, *Griotte d'Agimont* vocatum, ad unam horam a *Carolomontio* occurrens.

—33. Marmor ex ceruino diluto, cinerascente et cinereo mixtum, maculis circinatis ceruinis, nigro cinctis, et venis albidis notatum, *Marmor Regium* vocatum, circa *Francimontium*, unam leucam a *Philippopoli* distans. Prima varietas.

Nº. 34. Marmor dilutissime cinereum, maculis saturate cinereis magnis, et albis paruis, discerptis notatum, *ejusdem loci*. Secunda varietas.

Nº.35. Marmor dilute ceruinum, maculis saturatis et dilutis similibus, paucisque albis distinctum, *ejusdem loci*. Tertia varietas.

—36. Marmor ex diluto et saturate ceruino mixtum, venis latis albis copiose variegatum, *Breche* vocatum, de *Waufart* in *Hannonia*.

VII. 67

37. 38.

39. 40.

41. 42.

HOLLANDSCH.	HOCHTEUTSCH.	ENGLISH.	FRANÇOIS.
N. 37. Melkwitte Marmer, met lichtbruine, roodachtige en aschgraauwe Vlakken en Wolken, van *Mahy*.	Milchweißer Marmor, mit hirschbraunen, ziegelfarbenen und aschgrauen Flecken, auch graulichten Wolken, von Mahy.	Milk white Marble, with fallow, ashcolour and reddish, as also with gray clouds; from *Mahy*.	Marbre blanc delaict, avec des taches fauve, rongeâtre & cendré, comme aussi des nuages gris; de *Mahy*.
—38 Blaauwachtige en aschgraauwe Marmer, met donkere en witachtige Vlakken en dergelyke Aderen, *Marbre de Tarquin* genoemd, van *Senzeille* in *Henegouwen*, eerste soort.	Bläulich aschgrauer Marmor, mit dunklen und weißlichen Flecken und dergleichen Adern, Marbre de Tarquin genennt, von Senzeille im Henegau. Erste Abänderung.	Bluish gray Marble, with dark and whitish spots and veins, call'd Tarquin-Marble; from *Senzeille* in the *Hainault*. First Variety.	Marbre gris cendré bleuâtre, marqué de taches & veines foncées & blauchâtres, appellé Marbre de Tarquin; de *Senzeille en Hainault*. Premiere Variété.
—39 Marmer, lichter als de voorgaande, met veele witte Aderen, van *dezelfde Plaats*, tweede soort.	Nochheller aschgrauer Marmor, mit vielen weißlichen Adern durchzogen, eben daher. Zwote Abänderung.	Other gray Marble, lighter colour than the foregoing, and strewd with many white veins; from the same plase. Second Variety.	Autre Marbre gris plus clair que le précédent, parsemé de plusieurs veines blanches; du même lieu. Seconde Variété.
—40. Licht leeverkleurige Marmer, met rood- en witachtige Vlakken, van *Grofraine* in *Henegouwen*.	Helleberfarbener Marmor, mit ziegelfarbenen und weißlichen Flecken, von Grofraine im Hennegau.	Light lever colour Marble, spotted reddish and white; from *Grofraine* in the *Hainault*.	Marbre couleur de soye claire, marqué de taches rougeatres & blanches, de *Grofraine en Hainault*.
—41. Geelachtig rood met leeverkleur gemengde Marmer, met zwarte Vlakken en witte Aderen, van *Fontaine l'Eveque*.	Aus hellgelbroth und leberfarben gemischter Marmor, mit schwarzen Flecken und weißlichen Adern, von Fontaine l'Eveque.	Fallow and lever-colour mixed marble with black spots and white veins; from *Fontaine l'Eveque*.	Marbre mêlé de fauve & de couleur de soye, à taches noires & veines blanches; de *Fontaine l'Eveque*

M

HOLLANDSCH.	Hochteütsch.	ENGLISH.	FRANÇOIS.
N. 42. Leeverkleur met licht geel gemengde Marmer, met Safraangeele en weinig witachtige Vlakken, van *Lillo* in *Flaanderen*.	Aus dem leberfarbenen hellgelber Marmor, mit safrangelben und wenigen weißlichen Flecken, von Lille in Flandern.	*Marble drawin on the whitish lever colour, with saffron spots and some white ones; from* Lille in Flanders.	*Marbre tirant sur la couleur de soye blanchâtre, avec des taches saffran & quelques blanches; de* Lille en Flandres.

LATINE.

Nº. 37. Marmor lactei coloris, maculis ceruinis et lateritiis cinereisque, ac nubibus gryseis notatum, circa *Mahy*.

— 38. Marmor amoene cinereum, maculis saturatioribus et albidis venisque similibus distinctum *Marbre de Tarquin* vocatum, circa *Senzeille Hannoniæ*. Prima varietas.

Nº. 39. Marmor cinereum dilutius priori, venis plurimis albidis perfusum, *eiusdem loci*. Secunda varietas.

— 40. Marmor hepatici diluti coloris, maculis lateritiis albidisque notatum, circa *Grofrainę Hannoniæ*.

Nº. 41. Marmor ex dilute fuluo et hepatico mixtum, maculis nigris venisque albidis, circa *Fontem Episcopi*.

— 42. Marmor ex hepatico flauescens, maculis croceis paucisque albidis conspersum, circa *Insulam, Flandriæ*.

VIII.

43. 44.

45. 46.

47. 48.

68

HOLLANDSCH.	Hochteütsch.	ENGLISH.	FRANÇOIS.
N. 43. Zwartachtig bruine Marmer, met geele witte Vlakken, van *Ranlie* in *Henegouwen*.	Schwärzlich brauner Marmor/ mit vielen weißen Flecken von mancherley Gestalt/ von Ranlie im Hennegau.	Blackish brown Marble, with great many white spots of a various form; *from* Ranlie *in the* Hainault.	Marbre brun noirâtre, rempli de taches blanches de differente forme; de Ranlie dans le Hainault.
Not. De witte Vlakken zyn overblyfzels van Coraliten en Tubuliten waarom dezelve *Marbre de Polipier* genoemd word.	*Not.* Die weißen Flecken sind Ueberbleibsel von Coralliten und Tubuliten/ daher man ihn den Namen Marbre de Polipier giebt.	*Not.* The white spots are Remainders of Caralliter & Tubulites; for which reason it is called the *Polypus-Tree*.	*Not.* Les taches blanches sont des restes de Coralites & de Tubulites; pour quelle raison on l'appelle *Marbre de Polypier*.
—44. Roodachtig bruine Marmer, met witachtige Aderen en streepen, *ook van daar*.	Röthlich brauner Marmor/ mit weißlichen Adern und Streifen/ eben daher.	Reddish brown Marble, with many veins and little stripes; from the same place.	Marbre brun rougeâtre, avec beaucoup de veines & rayures blanches; du même lieu.
Not. De Aderen zyn Takken van de *Millapora Damicornis*, of eenige anderen.	*Not.* Die Adern sind schön erhaltene Aeste von der Millapora damicornis/ oder einiger andern.	*Not.* The spots and veins are the remainder of milleporus Damicornis, or other, elegantly spread.	*Not.* Les taches & les veins des millepores Damicornis ou autres degamment répandus.
—45. Licht strookleurige en aschgrauwe Marmer, van *Bachant* by *Aimeries*, tusschen *Maubeuge* en *Landrecis*.	Hellstrohfarbner und hellaschgrauer getheilter Marmor/ von Bachant bey Aimeries/ zwischen Maubeuge und Landrecis.	Divided straw and light ash-colour Marble; from Bachart, near Aimeries, between Maubeuge & Landreus.	Marbre divizé en paille & gris cendré clair; de Bachart proche Aimeries, entre Maubeuge & Landreus.
—46. Strookleurige Marmer met bruine Aderen, *ook van daar*.	Hellstrohfarbener Marmor/ mit braunen dünnen Adern/ eben daher.	Light straw colour Marble, with little brown veins; from the same place.	Marbre paille clair, avec des petites veines brunes; du même lieu.
—47. Dergelyke Marmer met zwarte, graauwe en bruine Vlakken, *ook van daar*.	Eben dergleichen Marmor/ mit schwarzen/ grauen und braunen Flecken/ eben daher.	Marble of the same colour, with little black, gray and brown spots; from the same place.	Marbre de même couleur, avec des petites taches noires grises & brunes; du même lieu.
Not. Deze, beneevens de twee voorgaande soorten van Marmer, zyn niet meer te bekomen, dewyl de Breuk onder Water geloopen is. De Landsdouw behoord aan den *Marquis de Gages*.	*Not.* Dieser/ nebst den zwo vorhergehenden Marmorsorten/ sind nicht mehr zu haben/ da der Bruch ersoffen/ und nicht ohne große Kosten abzuräumen ist. Die Gegend gehört dem Marquis de Gages.	*Not.* This sort, as well as the two foregoing, is not drawn copiously, the Quatry being under water, it caut be obtained without great expenses; the place is in the Lands of the *Marquise of Gages*.	*Not.* Cette sorte, de même que les deux precedentes ne se tirent pas abondamment, parce que la Carriere étant submergeé, on ne peut les obtenir qu'avec des grandes dépenses. Le lieu est dans les possessions du *Marquis de Gages*.

HOLLANDSCH.	Hochteütsch.	ENGLISH.	FRANÇOIS.
N 48 Donker leever en aschkleurige Marmer, met zwarte en witte Vlakken, van *Neuſtad* in *Oostenreik*.	Dunkel leber- und aſch-farbener Marmor / mit ſchwarzen und weißen Flecken / von Neuſtadt im Oeſtereich.	Lever and ash-colour Marble; with black and white ſpots, from Neuſtadt Auſtrian.	Marbre couleur de foye foncé & gris cendré, varié de taches noires & blanches, de Neuſtadt Autrichien.
Not. Deze ſoort is om den plaats op deze Tab. te vervullen hier by-gedaan.	Not. Dieſe Sorte iſt / um den Plaz der Tafel zu füllen / hinzugethan worden.		

LATINE.

No. 43. Marmor ex badio nigricans, maculis variæ formæ albis copioſe notatum, cirka *Ranlie Hannoniæ*.

Not. Maculæ albæ Gorallolithorum et Tubilitarum reliquias offerat; ideo *Marbre de Polypier* ibi vocatur.

— 44. Marmor pulli ex rufo coloris, venis virgisque albidis frequentibus perfuſum, *eiusdem loci*.

Not. Maculæ et venæ ſunt reliquiæ eleganter ramoſæ *Milleporæ damicornis* vel alius.

No. 45. Marmor ex ſtramineo et cinereo diluto partitum, circa *Bachant*, prope *Aimeries*, inter *Malobodium* et *Landrecium*.

— 46. Marmor pallide ſtramineum venis tenuibus fuſcis perfuſum, *eiusdem loci*.

— 47. Marmor ſimilis coloris, maculis parvis nigris, cinereis et fuſcis notatum, *eiusdem loci*.

Not. Hæc varietas cum duabus præcedentibus non amplius fodiuntur, quia Lapicidina, aquis merſa, non niſi magnis ſumtibus liberari proterit. Locus pertinet inter poſſeſſiones *Marchionis de Gages*.

No. 48. Marmor ex hepatico ſaturato et cinereo varium maculis nigris et albis, circa *Neoſtadium Auſtriæ*.

Not. Hic numerus ad complendum ſpatium additus eſt.

MARMER
UIT SAXEN.

𝔐𝔞𝔯𝔪𝔬𝔯
𝔄𝔲𝔰 𝔖𝔞𝔵𝔢𝔫.

MARBLE
OF SAXEN.

MARBRES
DU SAXEN.

MORMORA
SAXONICA.

HOLLANDSCH.	Hochteütsch.	ENGLISH.	FRANÇOIS.
N. 1. Donker roode Marmer, met licht blaauwe Wolken en witte Aderen; van *Plauen* in *Voigtland*.	Dunkelrother Marmor/ mit wasserblauen Wolken und geraden weißen Adern/ von Plauen im Voigtlande.	Dark red Marble, with light bleu clouds and right white veins; from Plauen in Voigtland.	Marbre rouge foncé, avec des nuages bleu clair & des veines droites blanches; d'auprès de Plauen dans le Voigtland.
— 2. Donker roode Marmer, met witte en safraan geele, insgelyks eenige groene en graauwachtige Aderen, *van dezelfde Plaats*.	Dunkelrother Marmor/ mit weißen und safrangelben Adern/ und dergleichen kleinen durchkreuzenden grünen und graulichten durchzogen/ eben daher.	Dark red Marble, with white and saffron-colour veins, as also with some green and ash-colour; from the same place.	Marbre rouge foncé, avec des veines blanches & couleur de safran, comme aussi des vertes & gris cendré; du même lieu.
— 3. Witte en heen en weder glanzige Marmer, met groenachtige Spatten, van *Crottendorf* by *Scheubenberg*.	Weißer hin und wieder weiß glänzender Marmor mit grünlichten Sprüzeln/ von Crottendorf bey Scheubenberg.	White Marble, here and there shiring and with greenish spots; from Crottendorf, near Scheubenberg.	Marbre blanc, parsemé par-ci par-là de brillants & de taches verdâtres; de Crottendorf, près de Scheubenberg.
Not. Deze soort Marmer wort Zout Marmer genoemt.	*Not.* Diese Arten Marmor werden Salzmarmor genennt.	*Not.* This sort of Marble is called salt-marble.	*Not.* Cette sorte de Marbre se nomme Marbre de sel.
— 4. Blaauwachtige en lichtgraauwe Marmer, met witachtige Aderen, *van dezelfde Plaats*.	Aus den blaulichen hellgrauer Marmor/ mit weißlichen Adern/ eben daher.	Bluish and light ash-colour Marble, with whitish veins; from the same place.	Marbre bleuâtre & gris clair avec des veines blanchâtres; du même lieu.
— 5. Lichtbruine Marmer, met lange geele en witgemengde vlakken, van *Grunau* by *Wildenfels*.	Hellhirschbrauner Marmor/ mit langen safrangelben weißgemischten Flecken/ von Grunau bey Wildenfels.	Light brown Marble, with long yellow spots and mixed with white; from Grunau near Wildenfels.	Marbre brun clair, avec des taches jaune, longues & mêlées de blanc; de Grunau près de Wildenfels.
Not. De bruinachtige vlakken, gelyken naar Rogensteen.	*Not.* Die bräunlichen Flecken sehen einem Rogenstein ähnlich.	*Not.* The brownish spots are like one Rie-stone.	*Not.* Les taches brunâtres ressemblent une pierre de seigle.

I.

69

1. 2.

3. 4.

5. 6.

A. L. Wirsing exc. Nor.

HOLLANDSCH.	Hochteütsch.	ENGLISH.	FRANÇOIS.
N. 6. Marmer welke bloedrood naar het bruine trekkende is, met aschgraauwe Wolken, en eenige geele vlakken, ook van daar.	Aus dem blutrothen in braun fallender Marmor, mit aschfarbenen Wolken und einigen gelben Flecken, eben daher.	*Dark blood red Marble, with ash-colour clouds & some yellow spots; from the same place.*	*Marbre d'un rouge de sang foncé, avec des nuages gris cendré & quelques taches jaune; du même lieu.*

LATINE.

Nº. 1. Marmor saturate rufum, nubeculis aquei coloris et venis rectis albis distinctum, circa *Plauiam Variscorum*.

— 2. Marmor saturate rufum, venis albis et croceis, venulisque viridibus et cinerascentibus vagis notatum, *eiusdum loci*.

— 3. Marmor album et passim miculis candidis et virescentibus perfusum, circa *Crottendorf* prope *Scheubenberg*.

Not. Eiusmodi Marmora, Salina, vocara mos est.

Nº. 4. Marmor ex caerulescente, grysei coloris diluti, venis albidioribus perfusum, *eiusdem loci*.

— 5. Marmor coloris ceruini diluti, maculis croceis, in longum ductis, alboque mixtis notatum, pro- *Grünau* circa *Wildenfels*.

Not. Portiones cervini coloris, Oolithi simulecrum exhibere videntur.

Nº. 6. Marmor ex sanguineo-fuscum, nebulis cinerascentibus et maculis flavis raris conspersum, *eiusdem loci*.

HOLLANDSCH.	Hochteütsch.	ENGLISH.	FRANÇOIS.
N. 7. Donker zwarte Marmer, met witte Aderen en Stippen, van *Kalchgrun* by *Wildenfels*.	Dunkelschwarzer Marmor, mit weißen geraden Adern und weißlichen Punkten, von Kalchgrün bey Wildenfels.	Blackish Marble with litle strypd white veins and whitish points; from Kalchgrun near Wildenfels.	Marbre noirâtre marqué de petites rayes blanches & des points blanchâtres; de Kalchgrun près de Wildenfels.
Not. De Stippen schynen kleine gedeeltens van Zoophyten geweest te zyn.	*Not.* Die Punkten scheinen kleine Theile von Zoophyten gewesen zu seyn.	*Not.* The points appear to be litle parts of Zoophites.	*Not.* Les points paroissent être des petites parties de Zoophites.
— 8. Zwarte met donker muiskleur gemengde Marmer, en witte verstrooide Aderen, *ook van daar*.	Schwarz und dunkelmausfarb gemischter Marmor, mit weißlichen außgestreuten Adern, eben daher.	Black and dark mouse-colour mixed Marble, interspers'd with white veins; of the same place.	Marbre mêlé de noir & gris de souris foncé, parsemé de veines blanches; du même lieu.
— 9 Geele Marmer met bloedroode en aschgraauwe vlakken, *van dezelfde Plaats*.	Gelblich ziegelfarbener Marmor, mit blutrothen und aschgrauen Flecken, eben daher.	Brick-colour Marble with red and ash-colour spots; from the same place.	Marbre jaune de briques, avec des taches rouge de sang & gris cendré; du même lieu.
Not. De aschgraauwe vlakken, schynen van een graauwe Key herkomstig te zyn.	*Not.* Die aschgrauen Flecken scheinen von einem grauen Kieß herzurühren.	*Not.* Tht ash colour spots seem produced from flint-stones.	*Not.* Les taches grises semblent être produites par des cailloux.
— 10 Marmer welke licht leeverkleur, bruin, aschgraauw, bloedrood en geelachtig is, *insgelyks van daar*.	Fleckenweis aus hellleberfarben, braun, aschfarbenen, blutrothen und gelblichen gemischter Marmor, eben daher.	Dark and light brown, ash-colour red and yelloish; also of the same place.	Marbre mêlé de brun clair & obscur gris cendré rouge de sang & j'aunâtre; aussi du même lieu.
— 11. Leeverkleurige Marmer, met donker en licht, roode, ook aschgraauwe Vlakken en witte Aderen, *van dezelfde Plaats*.	Leberfarbener Marmor, mit ziegelroth insgelbe fallenden zinnoberrothen, aschgrauen und weißlichen Flecken, auch durchsezenden weißlichen Adern, eben daher.	Liver-colour Marble, variegated with dark and light red, ash-colour and white veins; from the same place.	Marbre couleur de foye varié de taches rouge clair & foncé, avec des marques grises & des veines blanches; du même lieu.

II.

7.

8.

9.

10.

11.

12.

70

HOLLANDSCH.	Hochteütsch.	ENGLISH.	FRANÇOIS.
N. 12. Zwartachtige en bruine Marmer, wit en breed geband, en met veele kleine witachtige Streepen, *ook van daar.*	Aus schwärzlichen und hirschbraunen getheilter Marmor/mit einer weißen breiten Bande und vielen kleinen weißlichen Strichen durchflossen / eben daher.	Blackish and fallow-colour Marble, with à large tripe white and intermix'd with whitish lines; *from the same place.*	Marbre divisé de noiratre & fauve, avec une large bande blanche parsemé de petites lignes blanchâtres; *du même lieu.*

LATINE.

Nº. 7. Marmor nigerimi coloris, neis albis rectis et stigmatibus diluti coloris notatum, circa *Kalchgrün* prope *Wildenfels*.
   Not. Stigmata portiones minutæ Zoophytorum esse videntur.

— 8. Marmor ex nigro et murino saturato mixtum, venis albidis vagis perfusum, *eiusdem loci.*

— 9. Marmor ex flauo lateritium, maculis sanguineis et cinereis distinctum, *eiusdem loci.*
   Not. Maculæ cinereæ metallici quid prodere videntur.

Nº. 10. Marmor ex hepatico diluto, subfusco, sanguineo et subflauo, per particulas venis obscurioribus distinctas, variegatum, *eiusdem loci.*

Nº. 11. Marmor hepatici coloris, maculis lateritiis et flauescentibus, phoeniceis, cinereis albidisque varium, vena alba traiectum, *eiusdem loci.*

— 12. Marmor ex nigricante et ceruino colore partitum, taenia alba, lineolisque copiosis albidis perfusum, *eiusdem loci.*

HOLLANDSCH.	Hochteütsch.	ENGLISH.	FRANÇOIS.
N. 13. Donker aschgraauwe Marmer, met eenige witachtige Aderen en stippen, van *Kalchgrun* by *Wildenfels*.	Dunkelaschgrauer m't mausfarben gemischter Marmor / mit weißlichen wenigen Adern und Punkten/ von Kalchgrün bey Wildenfels.	Derk ash-colour Marble mixed with mouse colour; with white spots and points; from Kalchgrun near Wildenfels.	Marbre dun gris cendré-foncé meslé de gris de souris, avec des taches & des points blancs; de Kalchgrun, prés de Wildenfels.
Not. De Stippen zyn van versteende Zoophyten.	Not. Die Punkten rühren von versteinerten Zoophyten her.	Not. The points are de rest of Zoophites.	Not. Les points sont des restes de Zoophites.
—14. Leeverkleurige Marmer, met lichte naar 't geele trekkende, en witte Vlakken, *van dezelfde Plaats*.	Leberfarbener Marmor / mit helleren auch ins gelbliche ziehenden / ingleichen weißlichen Flecken / von daher.	Liver colour Marble, with spots lighter & others drawing upon the yellow & whitish; from the same place	Marbre couleur de foye avec des taches plus claires, d'autres tirant sur le jaune et blanchâtres; de la meme place.
—15. Marmer welke lchtleeverkleurig is, met verstrooide witachtige graauwe en roodachtige Vlakken, van *Grunau* by *Wildenfels*.	Hellleberfarbener Marmor / mit zerstreuten weißlichen und ziegelfarbigen / mit leberfarb / grau oder weiß eingefaßten Flecken / von Grünau bey Wildenfels.	Lightliver colour Marble, with whitish, reddish, ash colour and white spots; from Grunau, near Wildenfels.	Marbre couleur du foye clair, avec des taches dispersées blanchâtres rousses grises & blanches; de Grunau prés de Wildenfels.
—16. Roodachtige en met witte Wolken, vercierde Marmer, met naar 't witte trekkende Aderen, *van dezelfde Plaats*.	Röthlichleberfarbener Marmor / mit ziegelrothen und weißlichen Wolken / auch weißen und ins weiße fallenden Adern / eben daher.	Reddish Marble, with brick-colour & whitish spots, variegated with white veins and others drawing upon the white; from the same place.	Marbre rougeâtre, avec des nuages couleur de tailes & blanchâtres, varié de veines blanches & dautres tirant sur le blanc; du meme lieu.
—17. Lichtbruine Marmer, met noch bruinder Aderen, *ook van daar*.	Hellhirschfarbener / mit zarten unordentlich streichenden braunen Adern durchzogener Marmor / eben daher.	Fallow-colour Marble, interspers'd with litle darke veins; from the same place.	Marbre fauve clair parsemé de veines delicates plus foncées; du meme lieu.

III.   71

13.   14.

15.   16.

17.   18.

HOLLANDSCH.	Hochteütsch.	ENGLISH.	FRANÇOIS.
N.18. Marmer, bestaande uit donkerbru'n, geel leeverkleur, witachtige en bloedroode door elkander lopende Vlakken, *ook van daar.*	Aus dunkelbraun, gelblich leberfarbenen, weißlichen und blutrothen, durch ein' ander abwechselnden Flecken, gemischter Marmor, eben daher.	Marble variegated with brown yellow reddish and white, intermixed with red spots; from the same place.	Marbre varié de brun, roux jaunâtre & de blanc, entremêlé detaches rouge de sang, du même lieu.

LATINE.

N.º 13. Marmor ex cinereo saturato, intercurrente murino, mixtum, venis stigmatibusque albidis raris notatum, circa *Kalchgrün* prope *Wildenfels*

Not. Puncta, reliquiae Zoophytorum sunt.

— 14. Marmor hepatici coloris, maculis dilutioribus, et in flauescens vergentibus, albescentibusque distinctum, *eiusdem loci.*

N.º 15. Marmor dilute hepaticum, maculis discerptis albidis vel lateritiis, hepatico, vel cinero, vel albo anulatis instructum, circa *Grunau* prope *Wildenfels*.

— 16. Marmor ex hepatico colore rufescens, nubeculis lateritiis, et albidis, venisque albis ac albescentibus notatum, *eiusdem loci.*

N.º 17. Marmor ceruini coloris diluti, venis teneris vagis fuscis perfusum, *eiusdem loci.*

— 18. Marmor ex fusco, flauescente hepatico, albidoque variegatum, intercurrentibus maculis sanguineis, *eiusdem loci.*

HOLLANDSCH.	Hochteütsch.	ENGLISH.	FRANÇOIS.
N. 19 Zwarte met witte stippen en vlakken doorstrooide Marmer, van *Wildenfels*.	Schwarzer mit weißen Puncten und Flecken häufig bestreuter Marmor / von Wildenfels.	*Black Marble copiously seeded with white spots and points; from Wildenfels.*	*Marbre noir abondamment parsemé de taches & de points blancs; da près, de Wildenfels.*
Not. De vlakken en stippen zyn overblyfzels van Trochyten en gedeeltens van Enkriniten.	*Not.* Die Flecken und Puncten sind Überbleibsel von Trochiten und Gliedern der Krone des Enkriniten.	*Not. The spots and points are the rest of Trochites & Encrinites.*	*Not. Les taches & les points sont des vestiges de Trochites & Encrinites.*
—20. Bruine Marmer, met donkere en tusschen beide lopende loodkleurige aderen, *van dezelfde Plaats*.	Hirschbrauner Marmor / mit dunklen Adern und zwischenfallenden zerstreuten bleyfarbenen Adern / eben daher.	*Fallow-colour Marble with brown spots, intermixd with gray veins; from the same place.*	*Marbre fauve avec des taches brunes entremêlé de veines grises; du même lieu.*
—21. Donker muiskleurige Marmer, met bleeke verstrooide aderen, *ook van daar*.	Dunkelmaußfarbener Marmor mit blassen zerstreuten Adern / von daher.	*Dark mouse colour Marble, with spread veins light gray; from the same place.*	*Marbre gris de souris foncé, avec des veines éparses claires; du même lieu.*
—22. Lichtmuiskleurige Marmer, met lichte Wolken, en witte en geele aderen, *van dezelfde Plaats*.	Hellmaußfarbener Marmor mit noch hellern Wolken / auch weißen und gelblichen Adern / eben daher.	*Licht mouse-colour Marble, with lighter clouds also white & yellowish veins; from the same place.*	*Marbre gris de souris clair avec des nuages plus clairs & des veines blanches & jaunâtres du même lieu.*
—23. Muiskleurige Marmer, met lichte Wolken en bleekgraauwe Vlakken, *ook van daar*.	Mausfarbener Marmor mit helleren Wolken / auch blaßgrauen Flecken und sich kreuzenden Adern / eben daher.	*Mouse-colour Marble with lighter clouds, as also light gray spots and cross veins; from the same place.*	*Marbre gris de souris avec des nuages plus clairs, comme aussi des taches & veines transversales gris clair; du même endroit.*

IV. 72

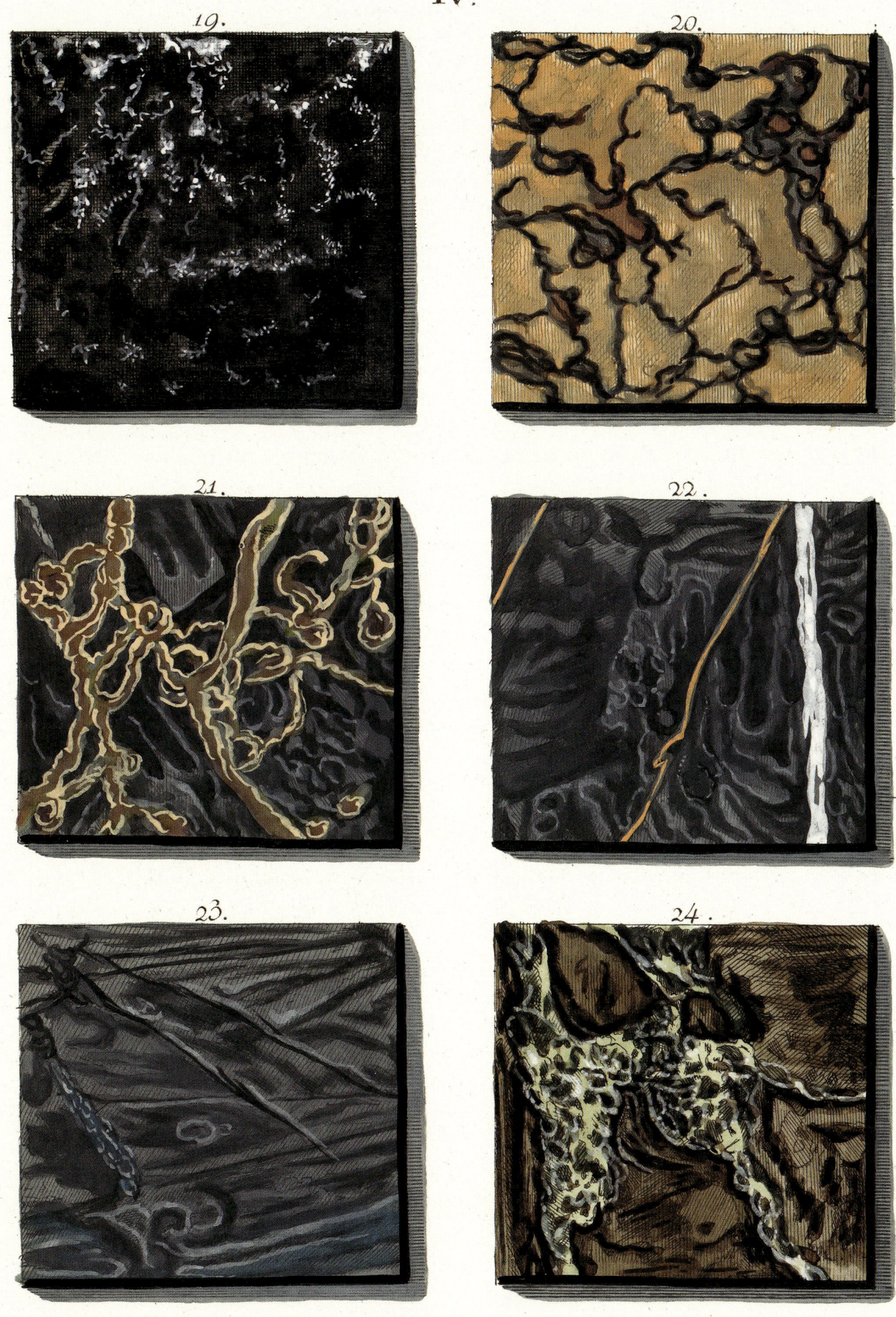

19. 20.

21. 22.

23. 24.

HOLLANDSCH.	Hochteütsch.	ENGLISH.	FRANÇOIS.
N. 24. Roodbruine Marmer, met lichte Wolken en groote gescheurde in aderen eindigende graauwe en groene Vlakken, *van dezelfde Plaats.*	Rothbrauner Marmor mit helleren Wolken, und grossen zerrissenen, in Adern ausgehenden graugrünlichen Flecken, eben daher.	Dark reddish Marble, with lighter clouds and great spots spreading themselves in great veins graygreenish; *from te same place.*	Marbre roux foncé avec des nuages plus clairs & des grandes taches s'étendant en veines gris de plomb verdâtre; *du même lieu.*

LATINE.

N°. 19. Marmor nigrum, maculis et stigmatibus albis copiose conspersum, circa *Wildenfels.*
Not. Maculæ et puncta, reliquiæ Trochitarum aliarumque vertebratum Encrini exsistunt.

— 20. Marmor ceruini coloris, venis fuscis distinctum, intercurrentibus venis laceris plumbei coloris, *eiusdem loci.*

— 21. Marmor coloris murini saturati, venis pallidis vagis notatum, *eiusdem loci.*

— 22. Marmor coloris murini diluti, nebulis adhuc dilutioribus, et venis albis flauescentibusque præditum, *eiusdem loci.*

— 23. Marmor murini coloris, intercurrentibus nebulis dilutioribus, maculis venisque se decussantibus cinereis notatum, *eiusdem loci.*

— 24. Marmor ex rufo fuscum nebulis dilutioribus, et maculis magnis laceris in venas exeuntibus, ex plumbeo virescentibus præditum, *eiusdem loci.*

HOLLANDSCH.	Hochteutsch.	ENGLISH.	FRANÇOIS.
N. 25. Zwarte Marmer met witte Banden van verschillende breedtens en dergelyke aderen en ftippen, van *Wildenfels*.	Schwarzer mit weißen geraden Banden/ mancherley Brette/ und dergleichen Adern und Puncten durchzogener Marmor/ von Wildenfels.	Black Marble with white bands of various sizes, also veins and points; of Wildenfels.	Marbre noir avec des bandes blanches de differentes grandeurs, des veines & points de la meme couleur; d'auprès de Wildenfels.
Not. De witte ftippen zyn van Trochiten.	Not. Die weißen Puncten sind Ueberbleibsel von Trochiten.	Not. The white points are the rest of Trochites or other like bodies.	Not. Les points blanc font des restes de Throchites ou d'autres corps semblables.
— 26. Marmer roodbruin en leeverkleurig met blaauwachtig graauwe aderen, *ook van daar*.	Aus rothbraun in das leberfarbene getheilt übergehender Marmor/ mit bläulichgrauen Adern/ eben daher.	Reddish and lever-colour Marble with bluish gray veins; from the same place.	Marbre roux & coleur de foye avec des veines grises bleuatres; aussi du meme lieu.
— 27. Roodbruine Marmer met lichte Vlakken en witachtige Wolken, *van dezelfde Plaats*.	Rothbrauner Marmor/ mit helleren Flecken und weißlichen Wolken von daher.	Dark reddish Marble with light spots and whitish clouds; from the same place.	Marbre roux foncé avec des taches claires & des nuages blanchatres du dit lieu.
— 28. Witachtige eenigzints weerschyn hebbende Marmer, met zwartachtige, graauwe en geelgroene Vlakken beftrooid, van *Wiefenthal*.	Weißlicher etwas schillerender Marmor/ mit schwärzlichen/ grauen und gelbgrünlichen Flecken bestreut/ von Wiesenthal.	White shining Marble, interspersd with blakish, gray and yellow grunish spots; from Wiesenthal.	Marbre blanc brillant parsemé de taches noiratres grises & dun jaune verdatre; de Wiesenthal.
— 29. Dergelyke Marmer met blaauw en groenachtige Plaatzen, *ook van daar*.	Weißer etwas schillerender Marmor/ mit graublaulichen auf einer Seite grünlich eingefaßten Stellen/ eben daher.	White shining Marble interspers'd with gray blue and greenish places; from the same place.	Marbre blanc brillant avec des marques gris bleus verdatre; du meme lieu.

V.   73

25.   26.

27.   28.

29.   30.

HOLLANDSCH.	Hochteütsch.	English.	François.
N. 30. Vuil witte doch eenen sterken weerschyn hebbende Marmer, met aschgraauwe en geelgroene stippen bestrooit, *ook van daar.*	Unreinweißer stark schillernder Marmor, mit aschgrauen und ins gelbgrüne fallenden Puncten bestreut, *eben daher.*	Dirty white Marble. but very shining, interspers'd with gray and yellow green spots ; *from the same place.*	Marble blanc sale maistres brillant, parsemé detaches & points gris & jaune verdatre ; *du même lieu.*
Not. De drie laatste No. komen door de glanzige plaatzen, met de boven beschreevene No. overëen.	*Not.* Die drey letzten Numern kommen durch die glänzenden Stellen mit dem obengemeldeten N. 3. überein.	*Not.* The three last No. are, by their shining like the No. 3. described above.	*Not.* Les trois derniers No. sont, par leurs brillants, assez semblables au No. 3, ci dessus.

Latine.

Nº. 25. Marmor nigrum, tæniis rectis variæ mensuræ albis, venulis, punctisque similis coloris interstinctum, circa *Wildenfels.*
Not. Stigmata sunt reliquiæ Trochitarum et similium corporum.

— 26. Marmor ex rufo in fuscum et hepaticum partitim deflectens, venulis ex gryseo cærulescentibus notatum, *eiusdem loci.*

— 27. Marmor ex fusco rufum, maculis dilutoribus nebulisque albidis notatum, *eiusdem loci.*

— 28. Marmor albidum, micans, maculis nigricantibus, cinereis et virescentibus conspersum, circa *Wiesenthal.*

— 29. Marmor album, micans, insulis ex gryseo diluto cærulescentibus, ad unum latus virescente marginatis, varium *eiusdem loci.*

— 30. Marmor sordide albidum, valde micans, maculis punctisque cinereis et ex flauo virentibus perfusum, *eiusdem loci.*
Not. Tres nouissimi numeri miculis candidis, coincidunt cum No. 3. supra notato.

MARMERS
ITALIAANSCHE EN OUDE.

𝔐𝔞𝔯𝔪𝔬𝔯
Italiänische und antike.

MARBLE
ITALIAN AND OLDEN.

MARBRES
D'ITALIEN ET ANCIEN.

MARMORA
ITALICA ET ANTIQUA.

HOLLANDSCH.	HOCHTEÜTSCH.	ENGLISH.	FRANCOIS.
N. 1. Zogenaamde ruinen Marmer, dewelke op een grauwe grond, de ruinen van een verwoest Kasteel verbeeld.	Sogenannter Ruinen-Marmor, welcher auf grauem Grunde die Ruinen eines zerstörten Schlosses, mit schwärzlichen dendritischen Flecken gezeichnet, darstellt.	Such pretended ruinous Marble, resembles the ruins of a destroyed Castle, on an asch-coloured ground.	Marbre que l'on nomme à ruines parceque sur un fond gris il présente la figure d'un Chateau ruiné.
— 2. Marmer, dewelke geel-bruine smalle, met donker-bruine streepen op een licht-grauwe grond heeft.	Marmor, der gelbbraune schmale, mit dunkelbraunen Strichen, abgesonderte Streifen auf hellgrauem Grunde darstellt.	Marble, wich has small light brown, with dark brown strips, on a light asch-colour ground.	Marbre d'un brun Jaunâire avec des raies d'un brun roux sur un fond gris clair.
— 3. Roodachtig Marmer met geele bloemen of stergelykende vlakken.	Röthlicher Marmor, mit gelben blumen- oder sternförmige Flecken.	Reddisch Marble with yellow flowers, or spots Resembling to stars.	Marbre rougeâtre avec des fleurs jaunes, ou des tacher qui ressemblent à une étoile.
— 4. Marmer, dewelke uit groote en kleine zwarte met grauwe en witte onder elkander gemengde vlakken bestaat.	Marmor, der aus größern und kleinern schwarzen, mit grau- und weissen Adern untereinander verbundenen Flecken bestehet.	Marble, wich consistes of great and smal black, with gray and white spots, mixed under one an other.	Marbre peint de grandes ou de petites taches noires mêlées avec du noir ou du gris.
— 5. Dergelijke Marmer met grooter vlakken en zeer weinig aderen.	Dergleichen Marmor von größern Flecken, mit sehr wenigen Adern.	Such sorts of Marble, with greater spots and very few veins.	Marbre avec de plus grandes taches, et très peu de veines.
— 6. Dergelijke Marmer, met onduidelijke vlakken en ten deele donker bruine aderen.	Dergleichen Marmor von undeutlichen Flecken und theils dunkelbräunlichen, theils dunkelgrauen Adern.	Such sorts of Marble, with indistinct spots, and in some of the parts with dark brown veins.	Marbre qui á des taches non destinctes, et la plupart, des veines d'un brun roux.
Not. De Marmers, No. 4., 5. en 6. in 't bijzonder 4. en 5. behooren tot de zogenaamde *Ludus Helmontii*.	*Not.* Diese Marmor 4—6, besonders 4 und 5, gehören zu den sogenannten Ludis Helmontii; die nicht immer Tophe sind, wie Wallerius meint. Die Flecken sind Bruchstücke, die Adern spatartiger, jene untereinander verbindender Kalkstein.	*Not.* The Marble, No. 4. 5. 6. and particular. 4. and 5. that belongs to the pretended, Ludus Helmontii.	*Not.* Les Marbres, 4. 5. & 6. et particuliérement sont de ceux que l'on nomme Ludies Helmontii.

LATINE.

N.1. Marmor in fundo cinereo rudera arcis dirutae, brunnea, maculis dendriticis nigricantibus insignita sistens. *Paesino di Firenze.*

--2. Marmor taeniolas lutescentes, striis fuscis distinctas in fundo cinerascente exhibeas. *Paesino di Napoli.*

--3. Marmor rufescens, maculis flavis florum formas vel stellas radiis obtusis imitantibus. *Stellaria.*

--4. Marmor maculis nigris angulosis majoribus minoribusque, venulis crebris cinereo-albis interjectis. *Bianco e nero antico.*

--5. Marmor simile, maculus majoribus, venis paucissimis. *Dito.*

--6. Marmor simile, maculis venisque (partim suscescentibus, partim cinercis) obscurioribus. *Bianco e nero di Francia.*

Not. Haec Marmora 4—6, inprimis 4 et 5, ad Ludos Helmontii pertinent; qui non semper Tophi sunt, ut opinatur *Wallerius* in *syst. min 2. p. 395.* Maculae totidem fragmenta sunt; venae calcarius spatosus ea conglutinans.

Florentinische Marmor.
I.

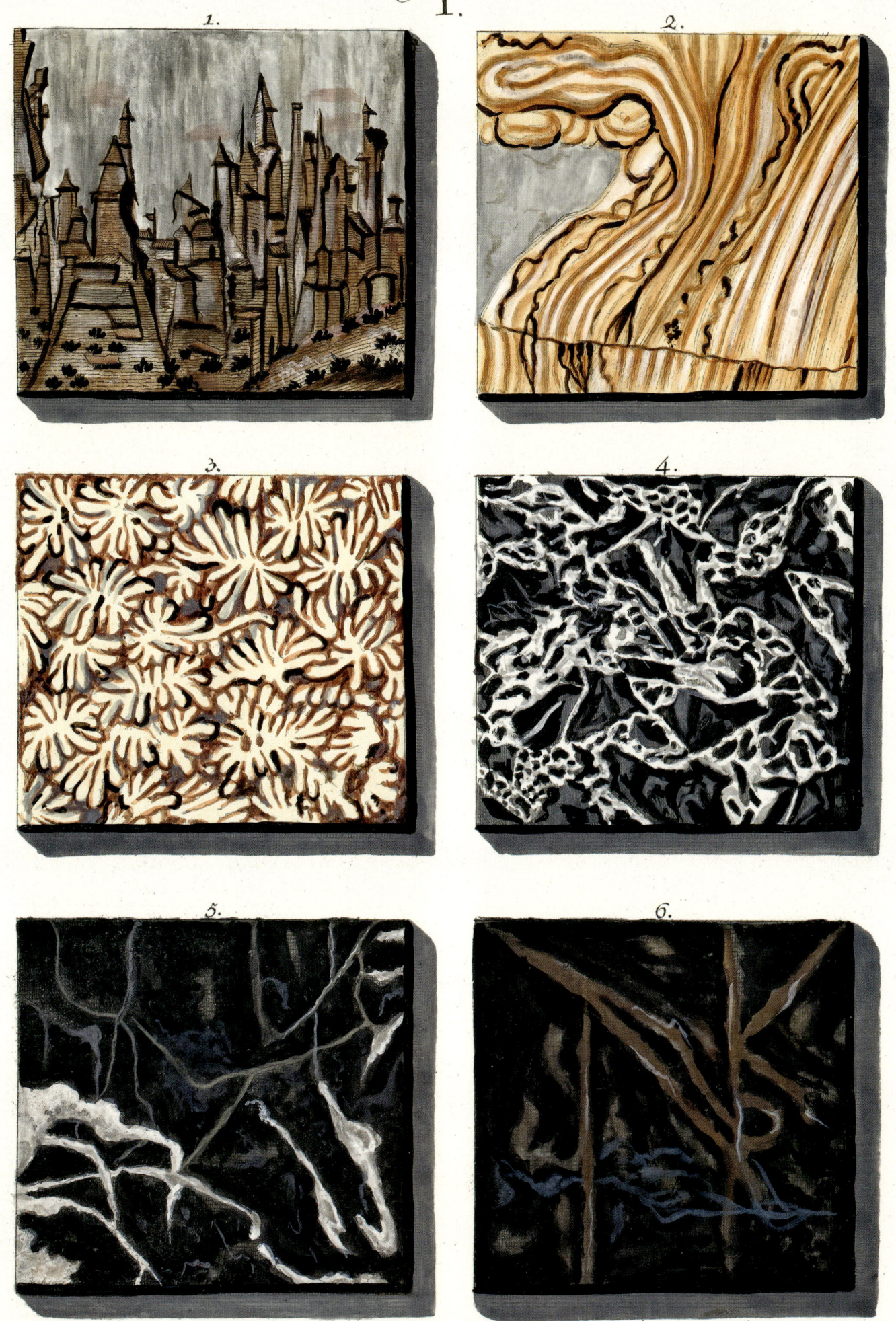

74

1. 2. 3. 4. 5. 6.

A.L.Wirsing exc. Nor.

HOLLANDSCH.	HOCHTEÜTSCH.	ENGLISH.	FRANCOIS.
N. 7. Roodachtige donker gevlakte Marmer, met witte vlakken.	Röthlicher, dunkler betupfter Marmor, mit weissen Flecken.	Reddish dark spotted Marble, with white spots.	Marbre rouge foncé, tacheté des tache blanches.
— 8 en 9. Dergelijke, zonder witte aderen.	Dergleichen ohne weiße Adern.	Such a one, without white veins.	Pareil Marbre, sans des veines blanches.
—10. Zwarte Marmer, met witte en geele aderen.	Schwarzer Marmor mit weissen und gelben Adern.	Black Marble, with white and yellow veins.	Marbre noir, avec des veines blanches et rouges.
—11. Dezelfde soort.	Dergleichen.	The same sort.	La même sorte.
—12. Zwarte Marmer met witte aderen.	Schwarzer Marmor mit weissen Adern.	Black Marble, with white veins.	Marbre noir avec des taches blanches.

LATINE.

N. 7. Marmor rubescens, obscuribus guttatum, cum maculis albis. *Rosso e bianco antico.*

— 8. 9. Idem sine maculus albis. *Rosso antico.*

—10. Marmor nigrum, venis albis flavisque. *Giallo e negro di Carrara.*

—11. Idem. *Dito di Porto Venere.*

—12. Marmor nigrum, venis albis. *Negro di Carrara.*

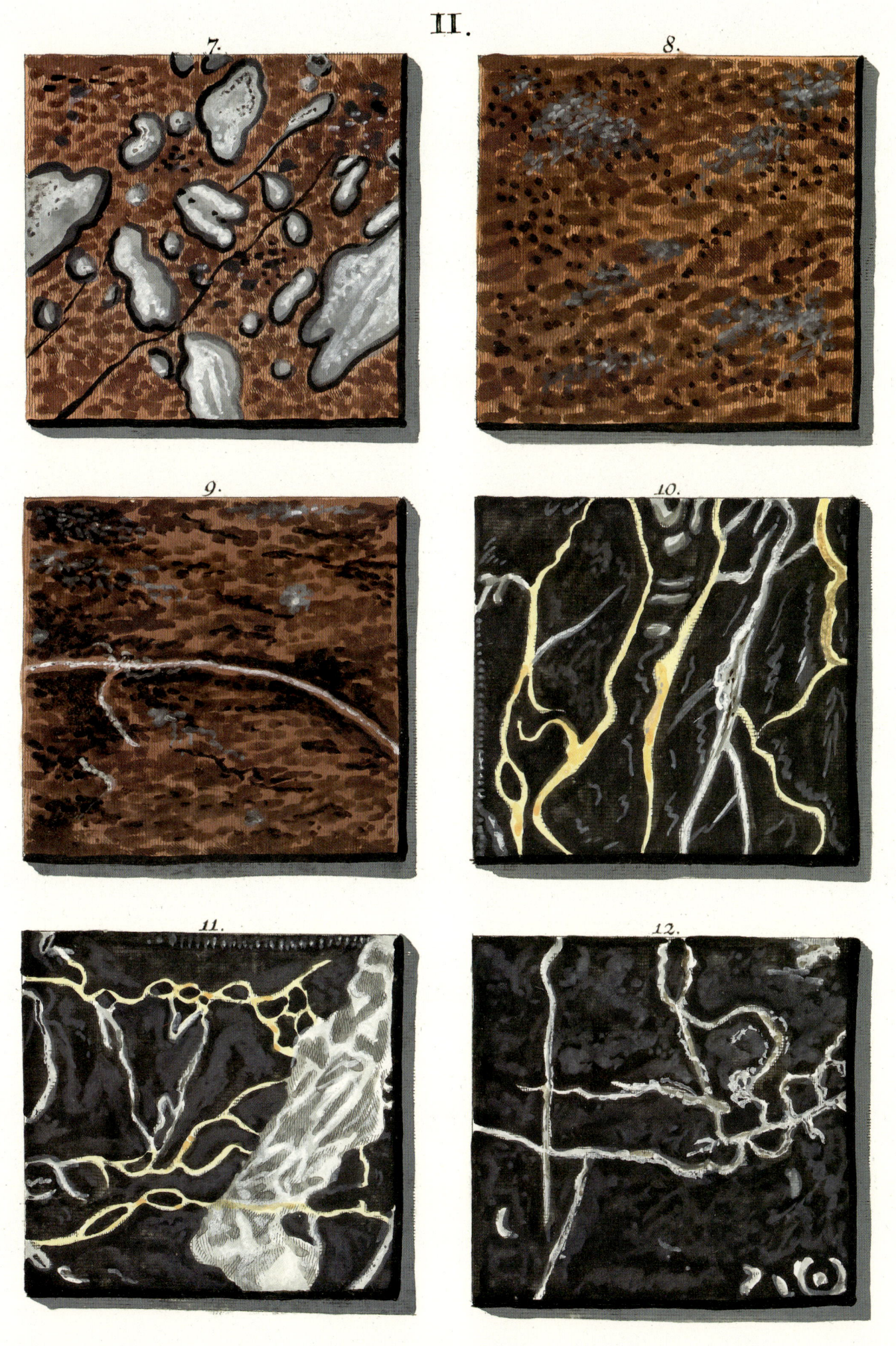

II.

7. 8.

9. 10.

11. 12.

75

HOLLANDSCH.	HOCHTEÜTSCH.	ENGLISH.	FRANCOIS.
N. 13. Witachtige Marmer met grauwe vlakken.	Weißlicher Marmor mit grauen Flecken.	Whitish Marble, with gray spots.	Marbre blanchâtre avec des taches grises.
— 14. Roodachtige onduidelijk gebandeerde Marmer, met witte gebrokene character gelijkende banden.	Röthlicher, undeutlich bandirter Marmor, mit weissen, unterbrochenen, ästigen charakterförmigen Bändern.	Reddish not distinct banded Marble, with white imperfect characters, like bands.	Marbre rougeâtre non distinct, tachété avec des caractères rompus ressemblent à des liens.
— 15. Vleesch-kleurige Marmer, met bruin-roode aderen en streepen.	Fleischfarbiger Marmor mit braunrothen Adern und Strichen.	Skin-coloured Marble, with dark red veins and strips.	Marbre couleur de la chair, avec des veines et des lignes d'un roux foncé.
— 16. Bruin-rood gestipte Marmer, met groote en kleine onregelmatige geele vlakken.	Röthlicher, braunroth punktirter Marmor, mit grössern und kleinern unregelmäßigen gelben Flecken.	Dark red speckled Marble, with great and small irregular yellow spots.	Marbre d'un roux foncé à points, avec de grandes et de petites taches jaunes irrégulières.
— 17. Geele Marmer, met oker kleurige stippen en vlakken.	Gelber Marmor mit ockerfarbigen Punkten und Flecken.	Yellow Marble, with oker-coloured points and spots.	Marbre jaune, avec des taches et des points couleur d'ocre.
— 18. Graauw-achtige Marmer, met zwartachtige Caracters.	Weißgrauer Marmor mit schwärzlichen Charakteren.	Grayish Marble, with blackish Characters.	Marbre grisâtre, avec de Caractères Noirâtres.

LATINE

Nr. 13. Marmor albicans, maculis cinereis. *Palombino antico*

— 14. Marmor rubescens subzonatum, taeniis albis interruptis ramosisque characteriformibus.

— 15. Marmor carneum, venis liturisque fusco rufis. *Giallo di carnazione chiaro antico.*

— 16. Marmor rubescens, punctis fusco rufis, maculis majoribus minoribusque irregularibus luteis. *Brocatellone.*

— 17. Marmor luteum punctis maculisque ochraceis. *Lumacchella di Sicilia.*

— 18. Marmor canum, characteribus nigricantibus. *Cipollio fiorito antico.*

III.

13. 14.

15. 16.

17. 18.

76

HOLLANDSCH.	HOCHTEÜTSCH.	ENGLISH.	FRANCOIS.
N. 19. Witachtige marmer met blaauw en Zwartachtige banden.	Weißlicher Marmor, mit bläulich- und schwärzlichen Binden.	Whitish Marble, with bleu and blakish bands.	Marbre blanchâtre avec des bandes bleues et Noirâtres.
—20. Groenachtige band Marmer, met graauwachtige streepen.	Grünlicher Band-Marmor mit graulichen Strichen.	Greenish band Marble with greyish stripes.	Marbre verdâtre à bandes, avec des lignes grisâtres.
Not. De lijnen bestaan uit straalsteen.	Not. Die Linien bestehen aus Strahlstein.	Not. The lines consistes of beam-stone.	Not. Les raies sont de l'actinote.
—21. Geelachtig graauwe Marmer, met graauwe bruine en Zwartachtige characters.	Gelblichgrauer Marmor, mit grauen braunen und schwärzlichen Charakteren.	Yellowish gray Marble, with gray-brown and blackish character.	Marbre gris jaunâtre avec du gris-brun et des caracteres noirâtres.
—22. Graauw en groenachtige Marmer, met dichte groote langwerpige witachtige vlakken.	Graulich grünlicher Marmor, mit dichten, grossen, länglichen, weißlichen, grau eingefaßten Flecken.	Gray and greenish Marble, with a thick great pointed whitish spots.	Marbre gris et verdâtre, avec des taches blanchâtres et oblongues.
Not. Eene Marmer breuk, waarvan de grond groenachtige Leij is.	Not. Eine Marmorbrecele, der Grund grünlicher Thonschiefer.	Not. a Marble split, whereof the bottom of it, is greenish.	Not. d'Une carrière de Marbre, dont le fond est une d'ardoise verte.
—23. Bloedroode gestipte Marmer, met witte aderen.	Blutrother, getüpfelter Marmor mit weißen Adern.	Blood-red speckled Marble, with white veins.	Marbre à points d'un rouge de sang foncé, avec des veines blanches.
—24. Goudgeele Marmer, met zwartachtige vlakken en characters.	Goldgelber Marmor, mit schwärzlichen Flecken und Charakteren.	Gold-gilt Marble, with blackish spots and characters.	Marbre jaune d'or, avec des taches et des caracteres noirâtres
Not De vlakken en characters der Marmers, No. 18. 21. en 24. zijn overblijfzels van doorgesnede conchijliën.	Not Die Flecken und Charaktere der Marmor 18. 21. 24. sind Fragmente von verschiedentlich durchgeschnittenen Conchylien, und also diese Stücke wahre Muschelmarmor.	Not. The spots and characters, of Marbles, No. 18. 21. and 24. are the remainders of the conchylien, that is sawed through.	Not. Les taches et les caracteres des Marbres No. 18. 21. et 24. sont les restes de coquilles coupées.

LATINE.

Nr. 19. Marmor albicans, fasciis undatis caeruleo-nigricantibus. *Cipollino fiorito antico.*

—20. Marmor zonatum virescens, lineis cinerascentibus, *Cipollino fiorito antico.*

Not. Lineae constant Talco radiato.

—21. Marmor testaceum, characteribus cinereis et fusco-nigricantibus, *Lumacchella d'Abruzzo.*

—22. Marmor cinereo virescens, maculis crebris majoribus albidis, cinereomarginatis. *Cipollino fiorito antico.*

Not. Est Breccia marmorea, fundo schistoso argillaceo virescente.

—23. Marmor sanguineum punctatum venis albis. *Fior di cersino capo antico.*

—24. Marmor fulvum, maculis characteribusque nigricantibus.

Not. Maculae et characteres N. 18. 21. 24. sunt fragmenta conchyliorum varie dissecta.

IV.

19. 20.
21. 22.
23. 24.

HOLLANDSCH.	HOCHTEÜTSCH.	ENGLISH.	FRANCOIS.
N. 25. Witachtige Marmer, met paarsche en geele verdeelde vlakken en streepen.	Weißlicher Marmor, mit violetten und gelblichen aberweise vertheilten Flecken und Strichen.	Whitish Marble with violets and yellow devided spots and lines.	Marbre blanchâtre, avec des taches et des raies violettes et jaunes divisées.
— 26. Lichtbruine Marmer, met hoekige witachtigen deele purperkleurige gestreepte vlakken.	Hellbrauner Marmor, mit eckigten, weißlichen, zum Theil purpurfarbig gestrichelten Flecken.	Light-brown Marble with cornered whitish, and some parts purple stripes with spots.	Marbre d'un brun clair, avec des coins blanchâtres, et rayé de taches d'un pourpre violet.
— 27. Bruine Marmer, met hoekige witachtige en roodgestreepte vlakken.	Brauner Marmor, mit eckigten, weißlichen, roth gestrichelten Flecken.	Fallow-colour Marble, with cornered whitish and red striped spots.	Marbre brun, avec des coins blanchâtres et rayé de taches rouges.
— 28. Donker-bruine Marmer, met hoekige witachtige vlakken.	Dunkelbrauner Marmor mit eckigen weißlichen Flecken.	Dark-brown Marble, with cornered whitish spots.	Marbre de brun roux, avec des coins et taches blanchâtres.
— 29. Roodbruine Marmer, met graauwe lichtgeel en groenachtige gestreepte vlakken.	Rothbrauner Marmor, mit graulich weißgelben grünlich gestrichelten Flecken.	Dark-red Marble, with a gray light-yellow and greenish striped spots.	Marbre roux foncé, des bandes et des taches jaunes et verdâtres.
— 30. Bruinroode Marmer, met bleek geele aderen.	Braunrother Marmor mit zerstückelter weißgelber Ader.	Dark-red Marble, with pale-yellow veins.	Marbre roux foncé, avec des veines d'un jaune pâle.

LATINE.

Nr. 25. Marmor albidum, maculis lineisque violaceis et lutescentibus in venas digestis.

— 26. Marmor ferrugineum, maculis angulatis albidis cum lituris purpurascentibus. *Diaspro di Sicilia giallo.*

— 27. Marmor fuscum, maculis angulatis albidis cum lituris rubris. *Diaspro di Sicilia fiorito.*

— 28. Marmor fuscum, maculis angulatis albidis. *Diaspro di Sardegno.*

— 29. Marmor fusco-rufum, maculis cinereo-testaceis cum lineis virescentibus. *Diaspro di Sicilia verde.*

— 30. Marmor fusco-rufum, vena diffracta testacea. *Diaspro di Sicilia rosso.*

78

V.

25. 26.

27. 28.

29. 30.

HOLLANDSCH.	HOCHTEÜTSCH.	ENGLISH.	FRANCOIS.
N. 31. Graauwe Marmer, met purperroode heen en weder gebogene aderen, en groote wit-achtige graauw gewolkte vlakken.	Grauer Marmor mit purpurrothen hin und her gebogenen Adern und großen weißlichen grau gewölkten Flecken.	Gray Marble, with purple-red, intermixed with bended veins and great whitish gray coloured spots.	Marbre roux foncé, avec des veines d'un jaune pâle.
— 32. Geele Marmer, met gebogene bruine streep en witachtige aderen.	Gelber Marmor und gebogenen braunen Strichen und weißlichen hin und her gebogenen Adern.	Yellow Marble, with bent-brown stripes and whitish veins.	Marbre gris, avec des veines courbér d'un pourpre violet, et des grandes taches, comme des mages.
— 33. Goudgeele Marmer, met gebogene roode en bruine streepen en witachtige aderen.	Goldgelber Marmor mit gebognen rothen und braunen Strichen und abgesetzten gebogenen weißlichen Adern.	Gold-gilt Marble, with bent-red and brown strips and whitish veins.	Marbre jaune, avec des raies brunes courbées, et des veines blanchâtres.
— 34. 35. en 36. Ligt groene Marmer, met onregelmatige donker groene vlakken.	Weißgrünlicher Marmor mit unregelmäßigen dunkelgrünen Flecken.	Are light-green Marble, with irregular dark-green stripes.	Marble jaune d'or, avec des raies rouges et brunes courbees, et des veines blanchâtres. Marbre d'un gris clair, avec des taches vertes obscures irrégulieres.
Not. De vlakken zyn gedeeltens van serpentijn steen, behorende alzo deze tot de ophiten van cronsted.	Not. Die Flecken sind Bruchstücke von Serpentinstein; und es gehören also diese Steine zum Ophit des Cronstedt.	Not. The stripes are parts of serpentine stones, these belonging to the ophiten of Cronsted.	Not. Les taches sont des parties de serpentient ce Marbre appartient dous à le ophiten de cronsted.

LATINE.

Nr. 31. Marmor cinereum, lineolis purpureis tortuosis, maculis magnis albikantibus cinereo-nebulosis. *Occhio di pavone amarante.*

— 32. Marmor luteum lineis reticulatis fuscis revulisque albidis.

— 33. Marmor fulvum, lineis flexuosis rubris fuscisque, rivulus albidis interruptis. *Occhio di pavone rosso.*

— 34. 35. 36. Marmor albovirescens, maculis irregularibus saturate viridibus. *Verde antico.*

Not. Maculae sunt fragmenta serpentini lapidis, adeoque hi lapidis ad Ophiten Cronst.

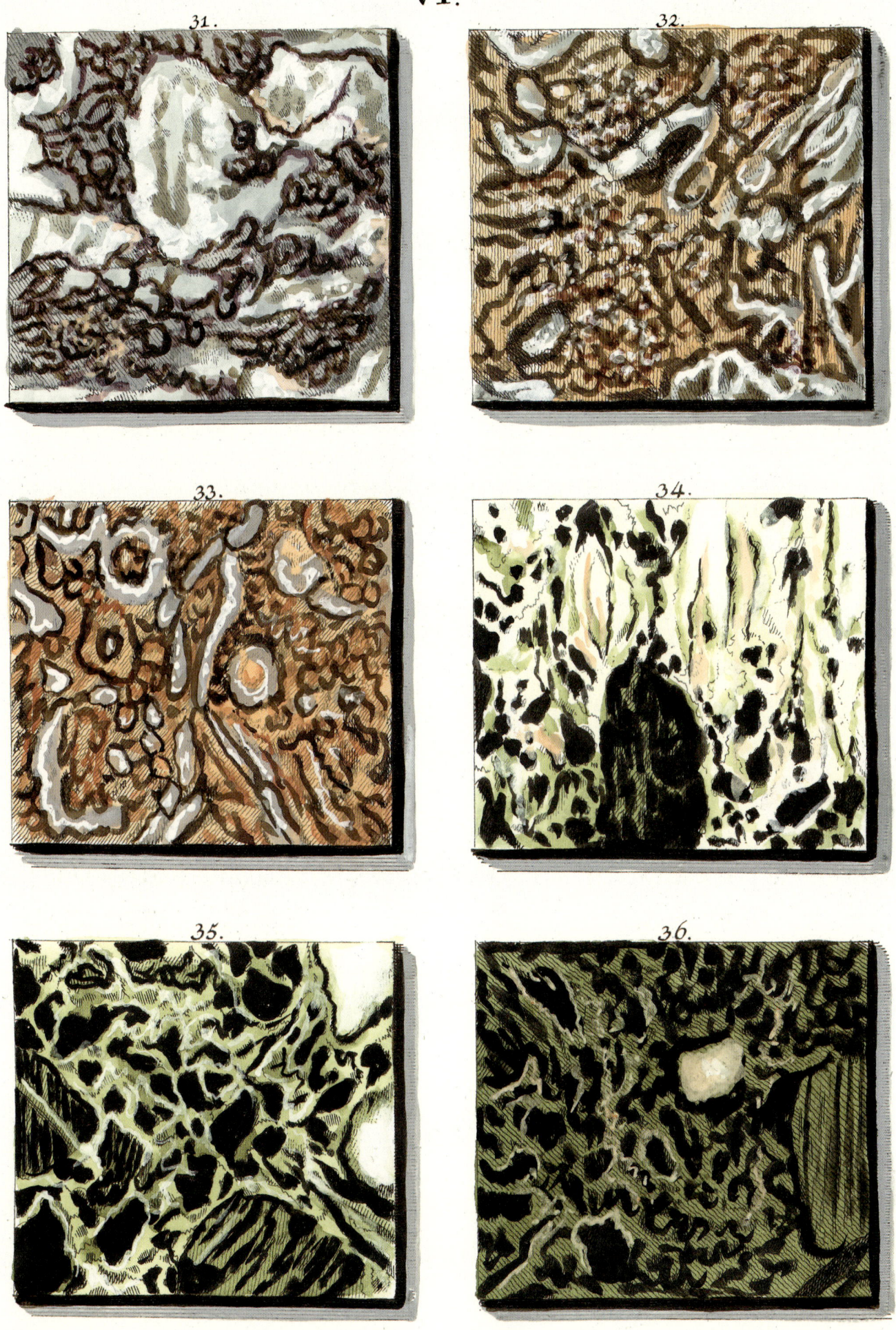

VI.

31. 32.

33. 34.

35. 36.

79

HOLLANDSCH.	HOCHTEÜTSCH.	ENGLISH.	FRANCOIS.
N. 37. Zwart - achtige Marmer, met groote en kleine graauwe en roodachtig witte vlakken.	Schwärzlicher Marmor mit grössern und kleinern grau und röthlich-weißlichen Flecken.	Blackish Marble, with great and little gray and reddish whithe spots.	Marbre noirâtre, avec de grandes et de petites taches grises blanches et rougeâtres.
— 38. Groen - achtige Marmer, met rosse vlakken.	Grünlicher Marmor mit röthlichen Flecken.	Greenish Marble, with reddish spots.	Marbre verdâtre, avec des taches rousses.
— 39. Marmer met hoog roode en donker graauwe afwisselende vlakken.	Marmor mit hochrothen und dunkelgrauen abwechselnden Flecken.	Marble, with a crimson, and dark gray changing spots.	Marbre rouge foncé, avec des taches d'un gris obscur changeans.
— 40. en 41. Marmer als No. 37. maar met meer in 't roode vallende vlakken.	Marmor wie Nr 37. aber mit mehr ins röthliche fallenden grauen — dann blutrothen Flecken.	Marble, like No. 37. but approching more to red spots.	Marbre comme No. 37. mais, avec des taches plus rouges.
— 42. Donker looggroene Marmer.	Dunkel lauchgrüner Marmor.	Dark ash-coloured Marble.	Marbre d'un vert sale obscur.

LATINE.

Nr. 37. Marmor nigricans, maculis majoribus minoribusque ex cinereo et rubello albidis.

— 38. Marmor virescens maculis rubellis. *Verde di piombino.*

— 39. Marmor maculis sanguineis et obscure cinereis commixtis. *Africano capo.*

— 40. 41. Marmor simile 37. sed maculis cinereis saturatiori rubedine tinctis, simulque sanguineis. *Africano corallino.*

— 42. Marmor saturate porraceum. *Verde di prato.*

P

VII.   80

37   38

39   40

41   42

HOLLANDSCH.	HOCHTEÜTSCH.	ENGLISH.	FRANCOIS.
N. 43. en 44. Wit en blaauwachtig gemengde Marmer.	Weiß und graublaulich gemengter Marmor in doppelter Richtung.	White and blewish mixed Marble.	Marbre blanc mêlé de bleuâtre.
Not. Het is een korrelachtige Marmer.	Not. Er ist ein körniger Marmor.	Not. It is a bublish Marble.	Not. Marbre qui est raboteux.
— 45. Graauw blaauwachtig Marmer, met donker bruiner vlakken waartusschen roode streepen.	Graublaulicher Marmor, mit dunkelbraunen Flecken und rothen Strichen dazwischen.	Gray blewish Marble, with dark-brown spots, where in runs a red stripe throuh it.	Marbre gris bleuâtre, avec des taches d'un brun foncé, ou il y a des raies rouges entre mêlées.
— 46. en 47. Blaauwachtige Marmer, met hier en daar eenig zichtbaar rood.	Graublaulicher Marmor mit hier und da hervorstechendem Roth.	Blewish Marble, with here and there some visible red.	Marbre bleuâtre par-ci par-là, avec quelques taches rouges.
— 48. Groen- achtige Marmer, met bruin - groene vlekken, het zelfde met No. 34, 35, 36 en 42.	Grünlicher Marmor mit bräunlich grünen Flecken. Einerley Nr. 34. 35. 36. 42.	Greenish Marble, with dark-green spots, the same as. No. 34. 35. 36. and 42.	Marbre verdâtre, avec des taches d'un brun verd; le même que No. 34. 45. 36 et 42.

LATINE.

Nr. 43. 44. Marmor albo et cinereo caerulescente mixtum, duplici directione dissectum. *Greco venato.*

Not. Est marmor micans.

— 45. Marmor cinereo caerulescens, maculis fuscis cum interjectis lineolis rubris. *Africano brecciato.*

— 46. 47. Marmor cinereo caerulescens passim rubedine tinctum.

— 48. Marmor virescens, maculis fusco viridibus. *Verde antico.*

VIII.

43 44

45 46

47 48

81

HOLLANDSCH.	HOCHTEÜTSCH.	ENGLISH.	FRANCOIS.
N. 49. Marmer, van melk-witte kleur.	Marmor von milchweißer Farbe.	Marble, of a milk white colour.	Marbre Couleur de lait.
— 50. Dergelyke, met graauwe en roodachtige Wolken en vlekken.	Dergleichen mit grau und röthlich wolkigen Flecken.	Such one's, whit gray and reddish clouds and spots.	Du même, avec des nuages et des taches grises et rougeâtres.
— 51. Bruinachtig graauw Marmer, hier en daar met witachtige vlakken.	Bräunlichgraulicher Marmor mit grossen weißlichen hier und da ins grauliche fallenden Flecken.	Brownish gray Marble, here and there with whitish spots.	Marbre brunâtre gris, par-ci et par-la, avec des taches blanchâtres.
— 52. Geele Marmer, met onduidelyke streepen.	Gelber Marmor mit undeutlichen Streifen.	Yellow Marble, with undistinct stripes.	Marbre jaune, avec des raies non distinctes.
— 53. Roodachtige Marmer, met blaauw-graauwe aderen en vlakken.	Röthlicher Marmor mit blaulichgrauen Adern und Flecken.	Reddish Marble, with bleu gray veins and spots.	Marbre rougeâtre, avec des veines et des taches d'un bleugris.
— 54. Donker purperroode Marmer, met groote en zeer kleine vlekken en aderen, van eene graauwachtige kleur.	Dunkelpurpurrother Marmor, mit grossen und sehr kleinen Flecken, und Adern von graulich weißer Farbe.	Dark purple red Marble, with great and very littel spots and veins, of a grayish colour.	Marbre pourpre foncé, avec de grandes et de petites taches et des veines de couleur grisâtre.

LATINE

Nr. 46. Marmor lacteum.

— 50. Marmor simile, venis nebulosis cinereo rubescentibus.

— 51. Marmor e brunneo cinerascens, maculis magnis albidis cinerascentibus.

— 52. Marmor luteum, obscure zonatum. Giallo dorato antico.

— 53. Marmor rubescens, venis maculisque e caerulescente cinereis.

— 54. Marmor purpureum, venis maculisque magnis et minimis e cinerascente albis.

IX.

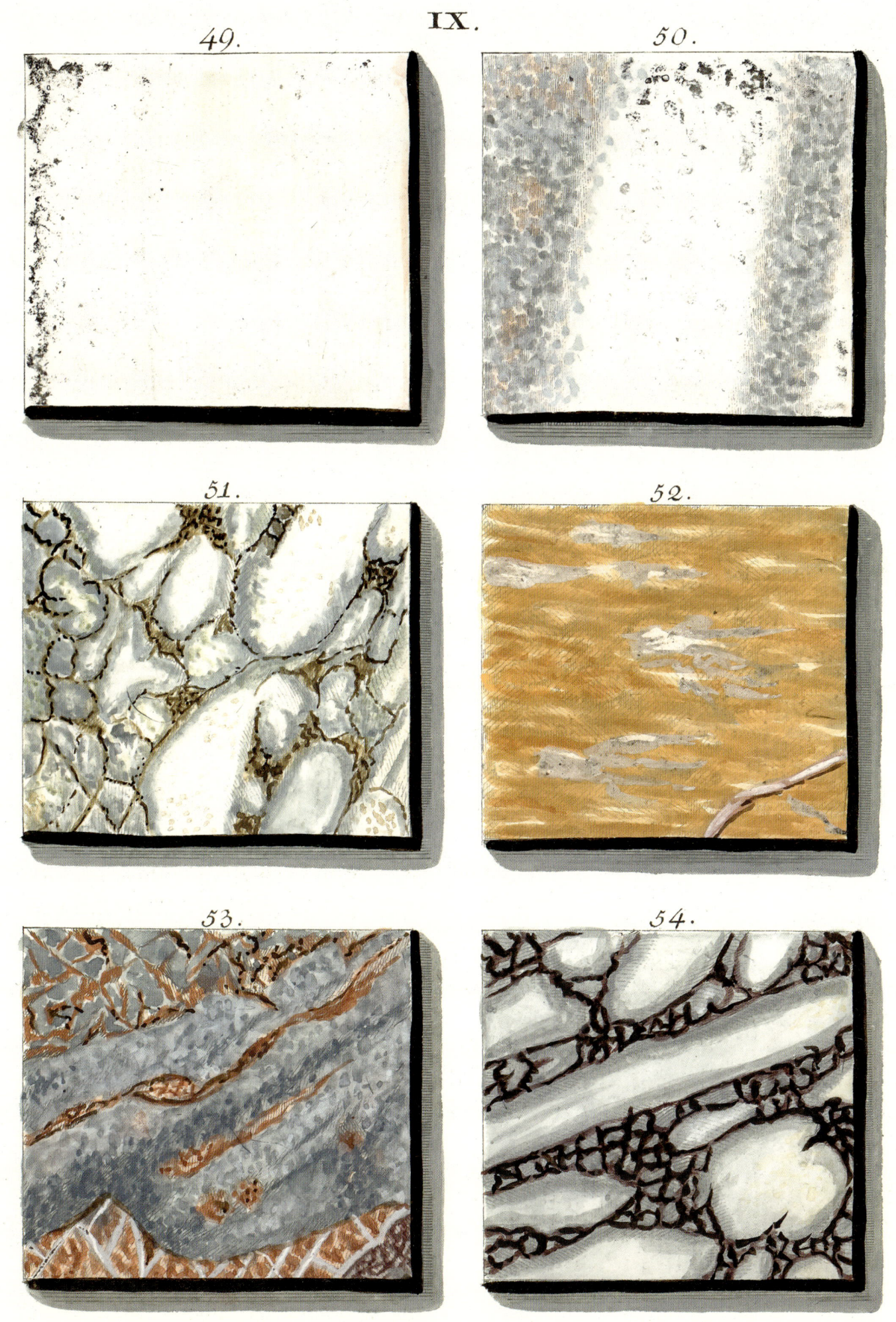

49. 50.

51. 52.

53. 54.

82

HOLLANDSCH.	HOCHTEÜTSCH.	ENGLISH.	FRANCOIS.
N.55. Melkwitte Marmer, met graauw blaauwachtige aderen en blaauwe stippen, hetzelfde als N. 50.	Milchweißer Marmor mit graublaulichen Adern und blauen Punkten. Einerley mit Nr. 50.	Milk-whit Marble, with gray blewish veins and blew spots, the same as No. 50.	Marbre couleur de lait, avec des veines et des points bleus et gris bleuâtres.
—56. Hetzelfde als N. 53.	Einerley mit Nr. 53.	The same as No. 53.	Le même que No. 53.
—57. Hetzelfde als N. 54.	Einerley mit Nr. 54.	The same as No. 54.	Le même que No. 54.
—58. Geele Marmer, met donkerder smalle en zwartachtige streepen.	Gelber Marmor mit dunklern schmalen, vertriebenen Streifen und schwärzlichen Strichen.	Yellow Marble, with dark small and blackish stripes.	Marbre jaune, avec des raies etroites plus foncées et noirâtres.
—59 en 60. Roodbruine Marmer, met bruin, geel en graauw vermengd.	Rothbrauner Marmor mit braungelb und grau gemischt.	Dark-red Marble, with brown-yellow, and mixed wit gray.	Marbre rouge d'un brun foncé et mêlé, avec de brun jaune et gris.

LATINE.

Nr.55. Marmor lacteum, venulis cinereo caerulescentibus, stigmatibusque caeruleis. *Bordiglia.*

— 56. Marmor idem quod 53.

— 57. Marmor idem quod 54.

— 58. Marmor luteum zonulatum, lituris nigricantibus. *Giallo di Siena.*

— 59. 60. Marmor refum, fusco flavo cinereoque mixtum

X.

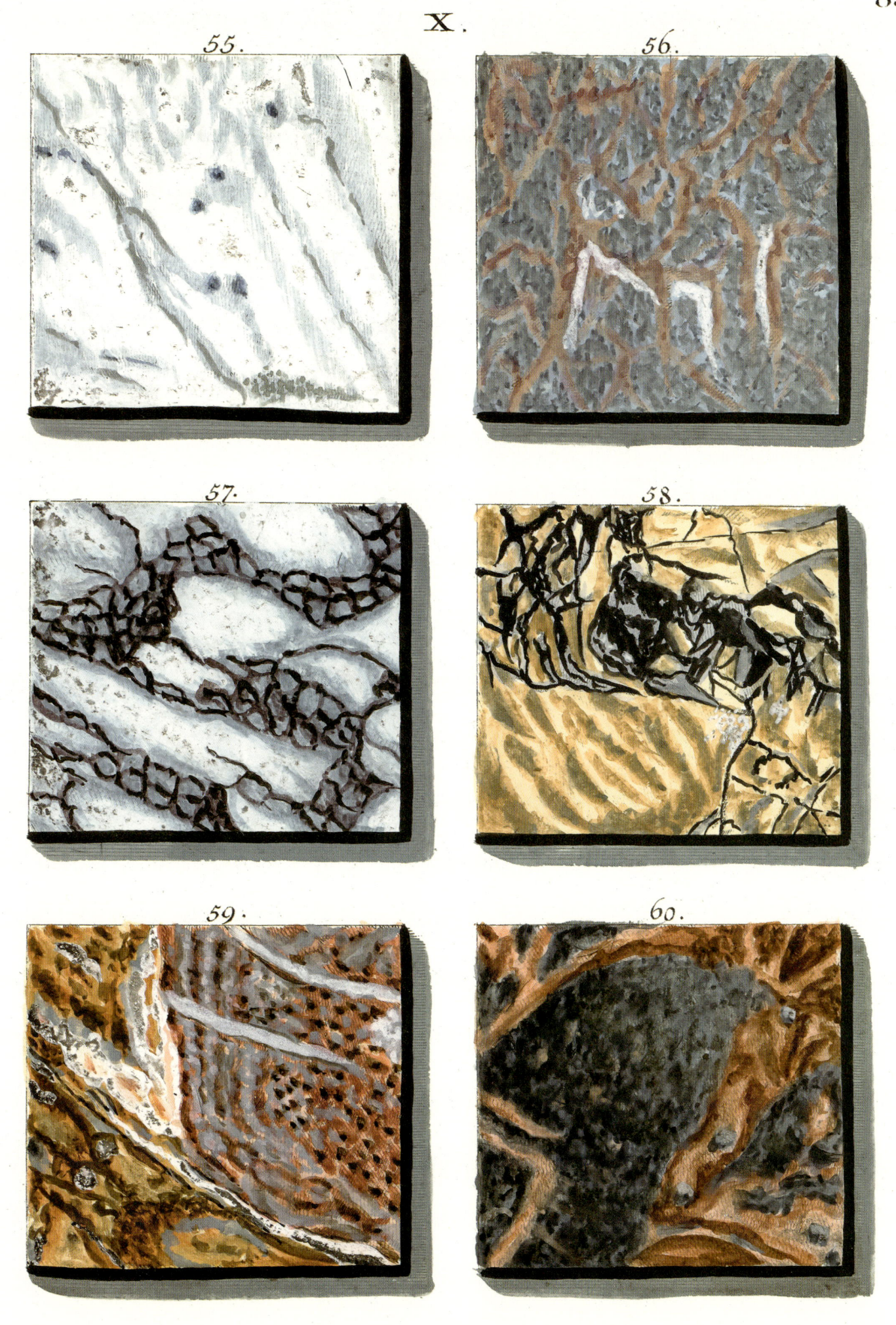

55. 56.

57. 58.

59. 60.

HOLLANDSCH.	HOCHTEÜTSCH.	ENGLISH.	FRANÇOIS.
N. 61. Netachtige bruine Marmer, met groote geelgraauwe en kleine geele vlakken.	Netzförmig brauner Marmor, mit großen gelbgrauen und kleinen gelben Flecken.	Brown-net Marble, wiht great Yellow gray and small Yellow spots.	Marbre en reseau brun, avec des taches grandes d'un jaune gris et petites taches jaunes.
—62. Geelachtige en roest-kleurige Marmer, met graauwe aderen.	Gelblicher und roſtbrauner Marmor mit grauem Geäder.	Yellowish and deep Yellow Marble, with gray veins.	Marbre jaundtre couleur de cendre, avec des veines grises.
—63. Netachtige purper kleurige Marmer, met graauwe droppels en groote goudgeele vlakken.	Netzförmig purpurfarbiger grau betropfter Marmor, mit großen goldgelben Flecken.	Neat-purple coloured Marble, with gray drops, and large goldgilt spots.	Marbre couleur de pourpre, avec des gouttes grises et de grandes taches d'or.
—64. Even zulken purper- kleurige graauw en goudgeel bedroppelde Marmer, met groote vlakken.	Netzförmig purpurfarbiger, grau und goldgelb betropfter Marmor, mit großen Flecken.	Such like purple coloured gray and goldgilt droppelled Marble, with great spots.	Marbre de la même couleur, pourpre grise, et d'or en gouttes, avec des grandes taches.
—65. Purper-kleurige Marmer, met langachtige graauwe en geelachtige vlakken.	Purpurfarbiger Marmor mit länglichen grauen und gelblichen Flecken.	Purple coloured Marble, with longish gray and Yellowish spots.	Marbre couleur de pourpre, avec des taches oblongues grises et jaundtres.
—66. Net gelykende paarsche Marmer met groote v'eesch-kleurige en graauwe vlakken.	Netzförmig violetter Marmor mit großen fleischrothen und grauen Flecken.	The Parrel Marble, with purple and great skin-coloured and gray spots.	Marbre en reseau violet, avec de grandes taches, couleur de chair et grise.

LATINE.

Nr. 61. Marmor brunneo reticulatum, maculis magnis e luteo cinerascentibus, minimisque luteis. *Giallo antico brecciato.*

—62. Marmor lutescens et furrugineum, venulis cinereis.

—63. Marmor purpureo reticulatum cinereo guttatum, maculis magnis fulvis.

—64. Marmor purpureo reticulatum, guttis cinereis fulvisque, maculis cinereis.

—65. Marmor purpureo reticulatum, maculis oblongis cinereis luteisque.

—66. Marmor violaceo reticulatum, maculis magnis carneis cinereisque.

XI.

84

HOLLANDSCH.	HOCHTEÜTSCH.	ENGLISH.	FRANCOIS.
N. 67. Geelbruine Marmer, met donkerbruine ftreepen.	Gelbbräunlicher Marmor mit dunkelbraunen Strichen.	Yellow brown Marble, with dark brown ftripe.	Marbre brun jaune, avec des raies d'un brun foncé.
— 68. Purper-kleurige Marmer, met kleine roodachtige en grootere geele en vleefchkleurige vlakken.	Purpurfarbiger Marmor mit kleinern röthlichen und gröſſern gelblichen und fleiſchfarbigen Flecken.	Purple coloured Marble, with little reddish and larger yellow and fkin coloured fpots.	Marbre couleur de pourpre, avec de petites taches rougâtres, et de grandes taches jaunes et couleur de chair.
— 69. Geele graauw vlakkige Marmer.	Gelber, grau fleckigter Marmor.	Yellow gray fpotted Marble.	Marbre, avec des taches jaunes et grises.
— 70. Netgelijkende purperkleurige Marmer, met groote en geheel kleine geele vlakken.	Netzförmig purpurfarbiger Marmor mit großen und ganz kleinen gelben Flecken.	The parrel purple coloured Marble, with great and quite fmall yellow fpots.	Marbre en reseau violet, avec de grandes et de petites taches jaunes.
— 71. Net-gelijkende rood bruine Marmer, met groote graauwe geele en kleine vlakken.	Netzförmig rothbrauner Marmor, mit großen grau gelblichen und ganz kleinen gelben Flecken.	The parrel dark-reddih Marble, with great gray yellow and fmall fpots.	Marbre en reseau rouge foncé, avec de grandes et de petites taches grises et jaunes.
— 72. Net-gelijkende paarfche Marmer met groote licht graauwe vleefchkleurige en kleine graauwe vlakken.	Netzförmig violetter Marmor mit großen hellgraulich fleifchfarbigen und kleinen grauen Flecken.	The parrel purple Marble, with great light gray fkin-coloured and fmall grey fpots.	Marbre en reseau violet, avec de grandes taches d'un gris chair, et des taches couleur de chair et grises.

LATINE.

Nr. 67. Marmor luteo-furrugineum, lituris fulcis. *Giallo di Siena.*

— 68. Marmor purpurafcens, maculis minoribus rubentibus, majoribus e lutefcente carneis. *Breccia dorata.*

— 69. Marmor luteum cinereo macularum. *Breccia Travagnina.*

— 70. Marmor purpureo reticularum, maculis magnis et minimis luteis. *Breccia du fette bafe.*

— 71. Marmor ferrugineo reticulatum, maculis magnis cinereo lutefcentibus, minimique luteis. *deto.*

— 72. Marmor violaceo reticulatum, maculis magnis subcinereo carneis, minimis que cinereis. *Breccia di Saravezza.*

XII.

67. 68.
69. 70.
71. 72.

HOLLANDSCH.	HOCHTEÜTSCH.	ENGLISH.	FRANCOIS.
N. 73. Netachtige paarsche Marmer, met kleine geele en graauwe vlakken.	Netzförmig violetter Marmor mit kleinern gelben und eingemengten grauen Flecken.	Neat purple Marble, with small yellow and gray spots.	Marbre en reseau violet, avec de petites taches jaunes et grises.
— 74. Dezelve met 72. de grootere vlakken geelachtig met graauwe schaduwe en bleekroode streepen.	Einerlei mit 72, die grössern Flecken gelblich, mit grauen Schatten und blassrothlichen Strichen.	The same as 72. the greater spots, yellowish, with gray shades and pale red stripes.	Le même que 72. les plus grandes taches jaunâtres ombres de gris, avec des raies d'un rouge pâle.
— 75. Roodachtige Marmer, graauwe aderen en donker bruine streepen.	Röthlicher Marmor mit grauem Geäder und dunkelbraunen Strichen.	Reddish Marble, with gray veins and dark-brown stripes.	Marbre rougeâtres, avec des veines grises et des raies d'un brun foncé.
— 76. Bloedroode Marmer, met aderen en streepen als de voorgaande.	Blutrother Marmor mit grauem Geäder und dunkelbraunen Strichen.	Bloed-red Marble, with veins and stripes as the proceeding.	Marbre d'un rouge de sang foncé, avec des veines et des raies comme le précédent.
— 77. Net - gelijkende bloedroode Marmer, met vleeschkleurige vlakken, graauw geschaduwd.	Netzförmig blutrother Marmor mit fleischrothen Flecken und grauem Schatten darauf.	The resembling blood-red Marble, with skin-coloured spots, gray shaded.	Marbre en reseau, d'un rouge de sang foncé, avec des taches couleur de chair, ombrées de gris.
— 78. Ader - achtige vleesch - kleurige Marmer, met graauwe schaduw en donkerbruine streepen.	Adriger fleischfarbiger Marmor mit grauer Schattirung und dunkelbraunen Strichen.	Veinny skin-coloured Marble, with gray shades, and dark-brown stripes.	Marbre couleur de chair veineux, avec de l'ombre grise et des raies d'un brun foncé.

LATINE.

Nr. 73 Marmor violaceo reticulatum, maculis minoribus luteis cum immixtis cinereis. *Breccia a occhio di pavone.*

— 74 Marmor idem quod 72. maculis flavescentibus cinereo inumbratis cum lituris pallide rufis. *Breccia pavonazzata antica.*

— 75. Marmor rufum venis cinereis et lituris fuscis.

— 76. Marmor sanguineum, venulis cinereis et lituris fuscis. *Breccia di Francia.*

— 77. Marmor sanguineo reticulatum, maculis carneis cinereo inumbratis. *Breccia corallina antica.*

— 78. Marmor venosum carneum cinereo inumbratum, lituris fuscis. *Breccia del Toro.*

XIII. 86

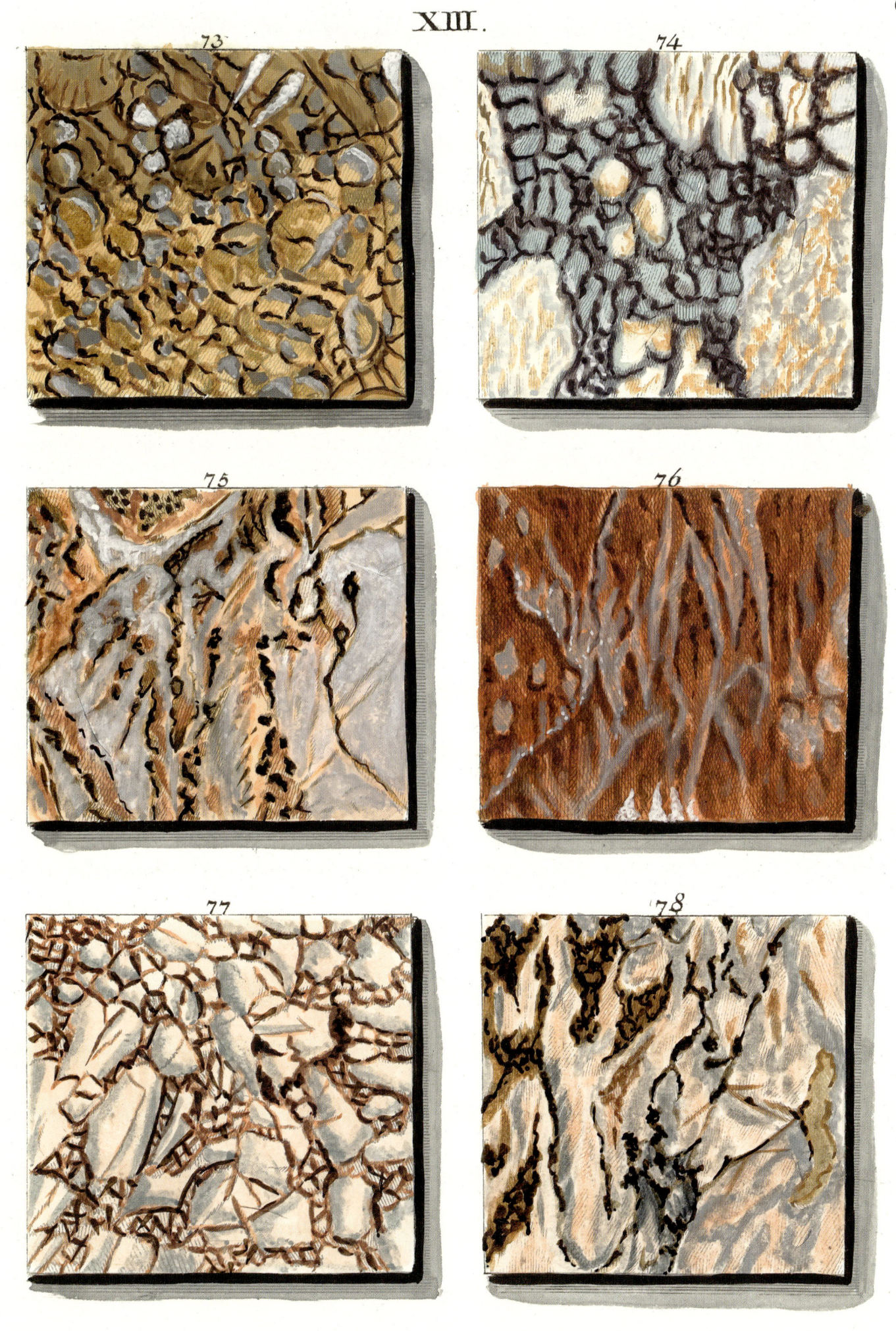

HOLLANDSCH.	HOCHTEÜTSCH.	ENGLISH.	FRANCOIS.
—79. en 81. Netachtige bruine Marmer met roodachtige en graauwe kleine vlakken.	Nezförmig brauner Marmor mit röthlichen und grauen kleinen und gröſſern Flecken.	Brow-net Marble, with reddish and little gray ſpots.	Marbre brun en reseau, avec des taches gris et rougeâtres.
—82. en 84. Netachtige paarſche Marmer met roode graauwe en geele vlakken.	Nezförmig violetter Marmor mit röthlichen, grauen und gelblichen Flecken.	Purple-net Marble, with red gray and yellow ſpots.	Marbre en reseau violet, avec des taches rouges, grises et jaunes.

LATINE.

Nr. 79—81. Marmor fuſco reticulatum, maculis rubentibus et cinereis, minoribus majoribusque. *Breccia di Malta, di Sicilia.*

—82—84. Marmor violaceo reticulatum, maculis rubentibus cinereis et flavicantibus. *Breccia a mandola.*

XIV.

79　80

81　82

83　84

87

HOLLANDSCH.	HOCHTEÜTSCH.	ENGLISH.	FRANCOIS.
N. 85. Dezelfde als 77. met roode streepen en groenachtige vlakken.	Einerley mit 77. mit rothen Strichen und grünlichen Flecken.	The same as 77. with red stripes and greenish spots.	Le même que 77. avec des raies rouges et des taches verdâtres.
— 86. Hetzelfde met 82. — 84.	Einerlei mit 82 — 84.	The same as 82. and 84.	Le même que 82. — 84.
— 87. Paarsche Marmer, met bleeke aderen.	Violetter Marmor mit blässern Adern.	Purple Marble, with pale veins.	Marbre pourpre, avec des veines pale.
— 88. Geelachtige Marmer, met groote blaauw-achtige grauwe en graauwachtig geele vlakken.	Gelblicher Marmor mit grossen bläulich grauen und graugelblichen Flecken.	Yellowish Marble, with great blewish grey and grayish yellow spots.	Marbre jaundâtres, avec des grandes taches bleuâtres grises et grisâtres jaunes.
Not. De Marmers, 61. — 81. als ook eenige van de voorgaanden, zijn kalkachtige breuken.	Not. Die Marmor 61 — 81., gleichwie auch einige der vorhergehenden, sind talchartige Breccien.	Not. The Marbles, 61. — 81. likewise some of the proceeding too, are chalky splits.	Not. Les Marbres, 61. — 81. ainsi que quelques uns des précédents, sont d'un carriere de chaux.
— 89. Marmer, uit geel bruin, witachtig graauwe evenwijde streepen bestaande.	Aus gelben, braunen, weisslichen und grauen parallelen Streifen zusammengesezter Marmor.	Marble out of yellow-brown, whitish, and gray consisting of the same stripes in breadth.	Marbre d'un jaune brun, & blanchâtres, avec des taches grises paralleles.
— 90. Bruine Marmer, met geele en graauwe schaduwe. Is 89. naar de langte doorgesneden.	Brauner Marmor mit gelben und grauen Schatten. Ist 89. der Länge nach durchgeschnitten.	Brown Marble, with yellow and gray shade is 89. cut through according to the length.	Marbre brun, avec de l'ombre jaune et grise c'est 89. tailler dans sa longueur.

LATINE.

Nr. 85. Marmor idem quod 77. cum lituris maculisque virescentibus. *Breccia antica a vena.*

— 86. Idem quod 82—84.

— 87. Marmor violaceum, venis pallidioribus *Breccia pavonazzata.*

— 88. Marmor lutescens, maculis magnis caeruleo cinerascentibus et cinereo flavis. *Breccia antica diversa.*

Not. Haec Marmora 61 — 81. quem admedum et antecedentium quaedam, sunt Breccinae marmoreae. *Cronst.* et *Wall.*

— 89. Marmor e fasciis parallelis luteis ferrugineis albidis et cinereis compositum.

Nr. 90. Marmor ferrugineum, luteo et cinereo inumbratum. Est 89. contraria directione dissectum.

XV. 88

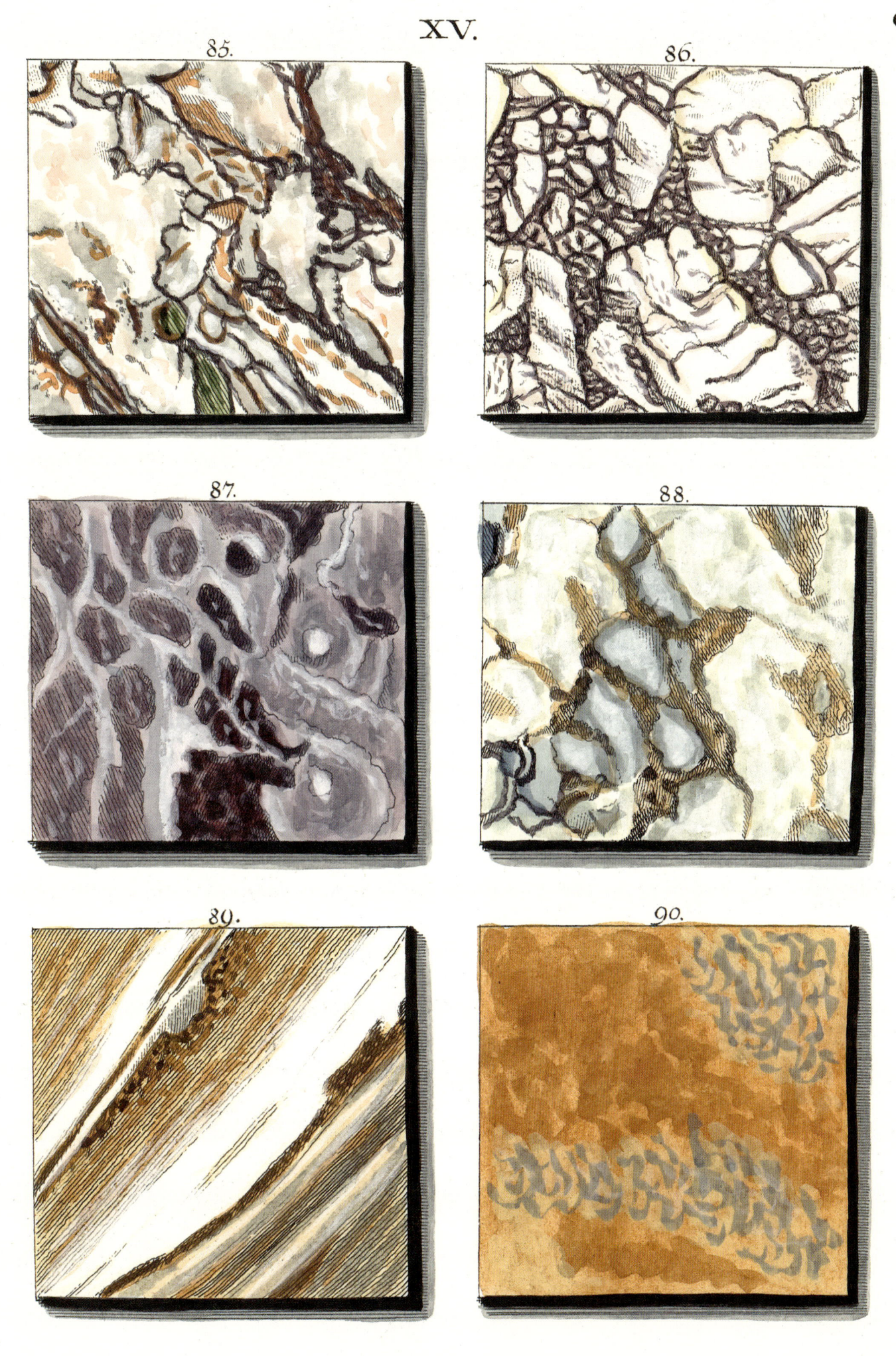

85. 86.
87. 88.
89. 90.

HOLLANDSCH.	HOCHTEÜTSCH.	ENGLISH.	FRANCOIS.
-- 91. Vleesch- kleurige Marmer, met bloedroode verstrooijde versteeningen.	Fleischfarbiger Marmor, mit blutrothen zerstreuten Versteinerungen.	Skin - coloured Marble, with blood-red dispersed petrification.	Marbre couleur de chair, avec des pétrifications rouges.
-- 92. Geele Marmer, met bij naar evenwijdige lichte streepen en licht donkerbruine stippen.	Gelber Marmor mit fast parallelen hellern Streifen. und hell - auch dunkelbraunen Punkten.	Yellow Marble, with light stripes almost of the same breadth, and light dark - brown spots.	Marbre jaune, avec des raies à peu près de la même largeur, et des points clairs et bruns foncés.
-- 93. Geele Marmer, met donkerbruine aderen.	Gelber Marmor mit fast parallelen dunkelbraunen Adern.	Yellow Marble, with dark-brown veins.	Marbre jaune avec des veines d'un brun foncé.
-- 94. Geele marmer, met banden en onregel - matige vlakken paarsch en rood van kleur.	Gelblicher Marmor mit Bändern und unregelmäßigen Flecken von fast violetter und rothbrauner Farbe.	Yellow Marble, with stripe and irregular spots, purple and red coloured.	Marbre jaune, avec des bandes et des taches irrégulieres violettes et rouges.
-- 95. Geelachtig roode Marmer, met slangswijs gekromde smalle bruine aderen.	Gelbröthlicher Marmor mit schlangenförmig gebogenen schmalen braunen Adern.	Yellowish red Marble, with a serpentine and crookend, with small brown veins.	Marbre jaunâtres rouge, avec des veines brunes etroites, et courbées comme un serpent.
-- 96. Bloedroode en graauw gestipte Marmer.	Rother, blutroth und grau punktirter Marmor.	Blood-red and gray spotted Marble.	Marbre de sang foncé, avec des points gris.

LATINE.

-- 91. Marmor carneum, petrificatis sanguineis sparsis.

-- 92. Marmor luteum, fasciis subparallelis, pallidioribus, ferrugineo fuscoque punctatum.

-- 93. Marmor luteum venulis subparallelis fuscis.

-- 94. Marmor lutescens, fasciis maculisque irregularibus subviolaceis rubroque fuscis.

-- 95. Marmor luteo-rubescens, venulis flexuosis fuscis.

-- 96. Marmor rubrum sanguineo cinereoque guttatum.

XVI.

91. 92.

93. 94.

95. 96.

HOLLANDSCH.	HOCHTEÜTSCH.	ENGLISH.	FRANÇOIS.
N. 97. Geele Marmer, met dichte bruine stippen.	Gelber Marmor mit dichten starken braunen Punkten.	Yellow Marble, with thick brown spots.	Marbre jaune, avec des points bruns serrés.
— 98. Dezelve met gekromde licht en donker-bruine smalle aderen.	Derselbe mit anstossenden gebogenen hel- und dunkelbraunen schmalen Adern.	The same, with crooked light and dark-brown with small veins.	Du même, avec des veines étroites et courbées, claires et d'un brun foncé.
— 99. Marmer, uit rood en graauw, en rood met zwart gestipte banden te zaamen gesteld.	Marmor aus parallelen röthlichen und rothen, grau, roth und schwarz betupften und punktirten Bändern zusammengesetzt.	Marble, composed together out of red and gray, and red with black spotted tripes.	Marbre composé de rouge, et de gris, et rouge avec des bandes marquetées de noir.
— 100. Geel, rood, en wit gebandeerde Marmer, geel bespat.	Gelb-roth- und weißbandirter Marmor, gelb betupft.	Yellow, red, en white triped Marble, with yellow spots.	Marbre jaune, rouge et blanc, tacheté de jaune.
— 101. Geele Marmer, met onregelmatige donkerbruine en witte aderen.	Gelber Marmor mit unregelmäßigen dunkelbraunen und weißen Adern.	Yellow Marble, with irregular dark-brown and white veins.	Marbre jaune, avec des veines d'un brun foncé et d'un blanc irrégulier.
— 102. Geel bruin en zwartbespatte gebandeerde Marmer.	Gelber braun und schwarz betupftbandirter Marmor.	Yellow-brown and black spotted triped Marble.	Marbre d'un brun jaune et des taches noires.

LATINE.

N. 97. Marmor luteum confertium fusco guttatum.

— 98. Marmor idem cum adjectis venulis brunneis fuscisque alternis flexuosis.

— 99. Marmor fasciis paralleliis rubentibus rubrisque, cinereo rubro nigroque guttatis et punctatis.

— 100. Marmor flavo-rubro-alboque fasciatum luteo gittatum.

— 101. Marmor luteum, venis irregularibus rufo fuscis albisque.

— 102. Marmor luteum, brunneo nigroque guttato fasciatum.

XVII.   90

97. 98.

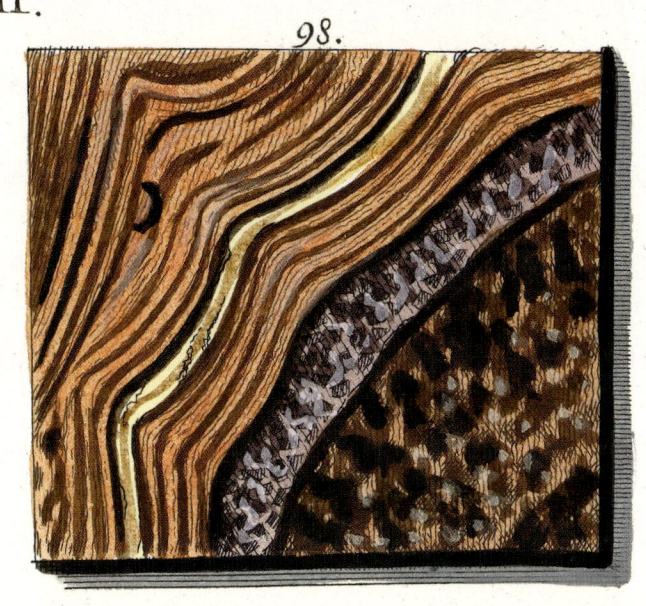

99. 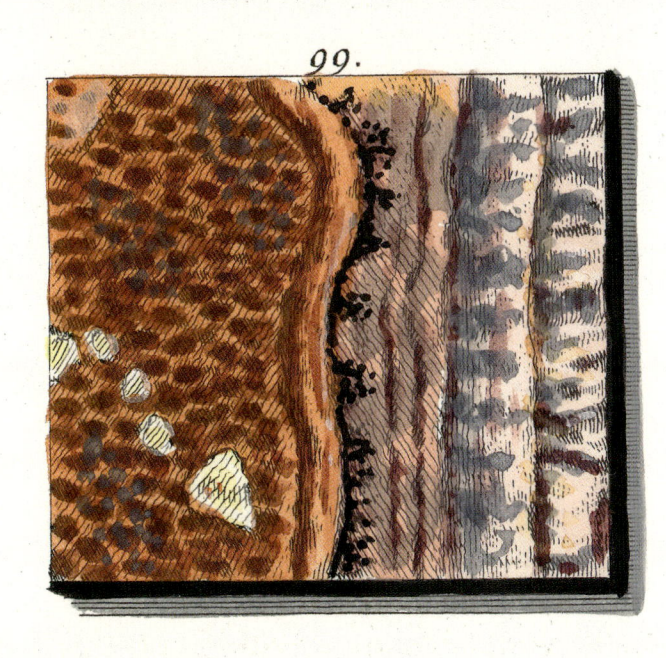 100.

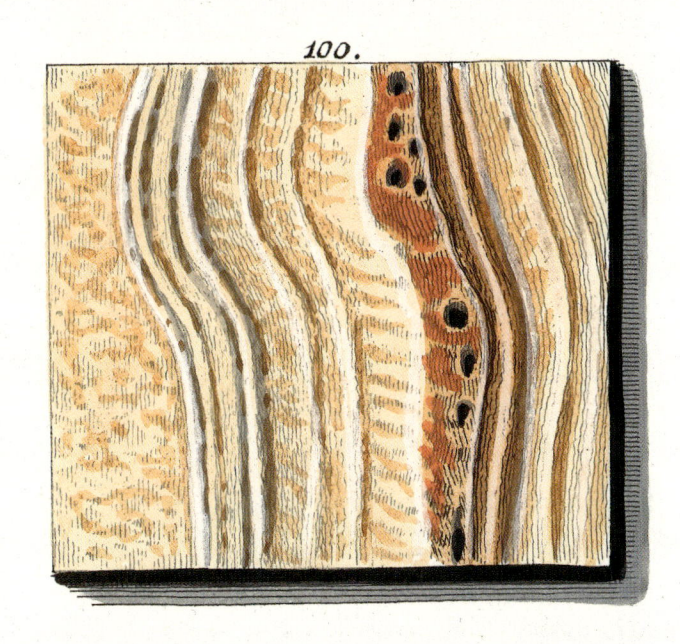

101. 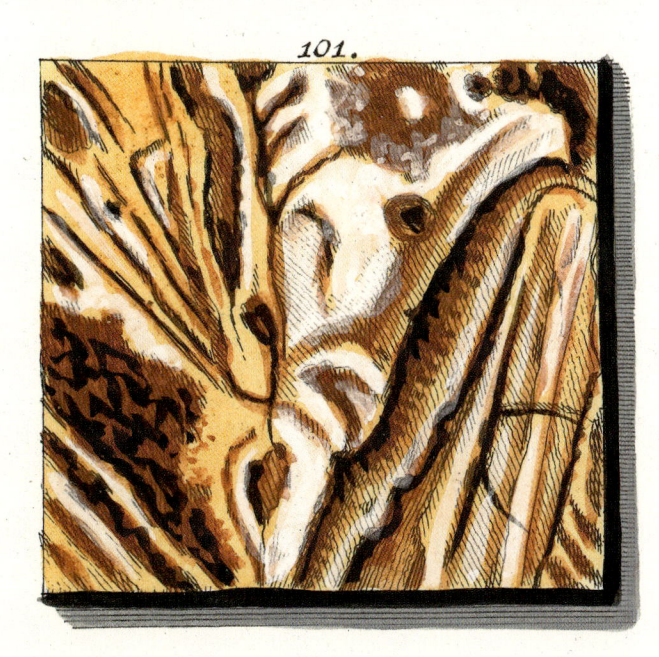 102.

HOLLANDSCH.	HOCHTEÜTSCH.	ENGLISH.	FRANCOIS.
N. 103. Geele graauwe en donkerbruine gestipte aderachtige Marmer.	Gelber, grau- und dunkelbraun punktirt-adriger Marmor.	Yellow gray and dark-brown spotted veinous Marble.	Marbre d'un jaune gris, avec des taches brunes foncées et veineuses.
—104. Geele graauw en bruin smal gebandeerde Marmer.	Gelber, grau und braun schmal bandirter Marmor.	Yellow gray and small brown triped Marble.	Marbre jaune gris avec des bandes brunes étroites.
—105. Vleesch kleurige rood en bruin gestipte Marmer.	Fleischfarbiger und röthlicher, roth und braun betupfter Marmor.	Skin-coloured red and brown spotted Marble.	Marbre couleur de chair, avec des taches rouges et brunes.
—106. Marmer, uit breede en smalle graauw, witte, roode, en geelachtig gespatte banden, tezamengesteld.	Marmor aus breiten und schmalen grauen, weißen rothen und graulichen gelblich betupften Binden zusammengesetzt.	Marble, composed of broad and small gray, white, red and yellowish spotted tripes.	Marbre composé de petits bandes & des taches d'un gris blanc, de rouge et de jaunâtres.
—107. Als met adren gevlakte Marmer, van vleeschrood, roodbruin en groen-achtige kleur.	Adrig-gefleckter Marmor von fleischrother, rothbrauner und grünlicher Farbe.	Likewise with veinous spotted Marble, of pale red, dark-red and greenish colour.	Marbre qui à des veines tachetées, d'une couleur rouges de chair, de brun foncé et verdâtres.
—108. Smal vleeschrood, roodbruin, graauw en groenachtig gebandeerde Marmer, No. 107. is overdwars doorgezaagd.	Schmal fleischroth, rothbraun, grau und grünlich bandirter Marmor. Nr. 107. über die Quere durchgeschnitten.	Small pale-red, dark-red gray and greenish triped Marble, No. 107. is sawed right cross through.	Marbre qui à des bandes étroites, rouges de chair, brunes et verdâtres No. 107. est scié à travers.

LATINE.

Nr. 103 Marmor luteum, fuscoque cinero punctato venosum.

—105. Marmer carneo rubescens rubro fuscoque guttatum.

—107. Marmor maculis venosis carneis rufis et virescentibus.

—104 Marmor flavum, cinereo-brunneoque fasciatum.

—106. Marmor zonis latioribus et angustioribus cinereis, albis, rufiis et cinerascentibus flavescente guttatis.

—108. Marmor fasciis angustis carneis, rufis, cinereis et virentibus compositum. Idem cum praecedente, transversę dissectum.

XVIII.

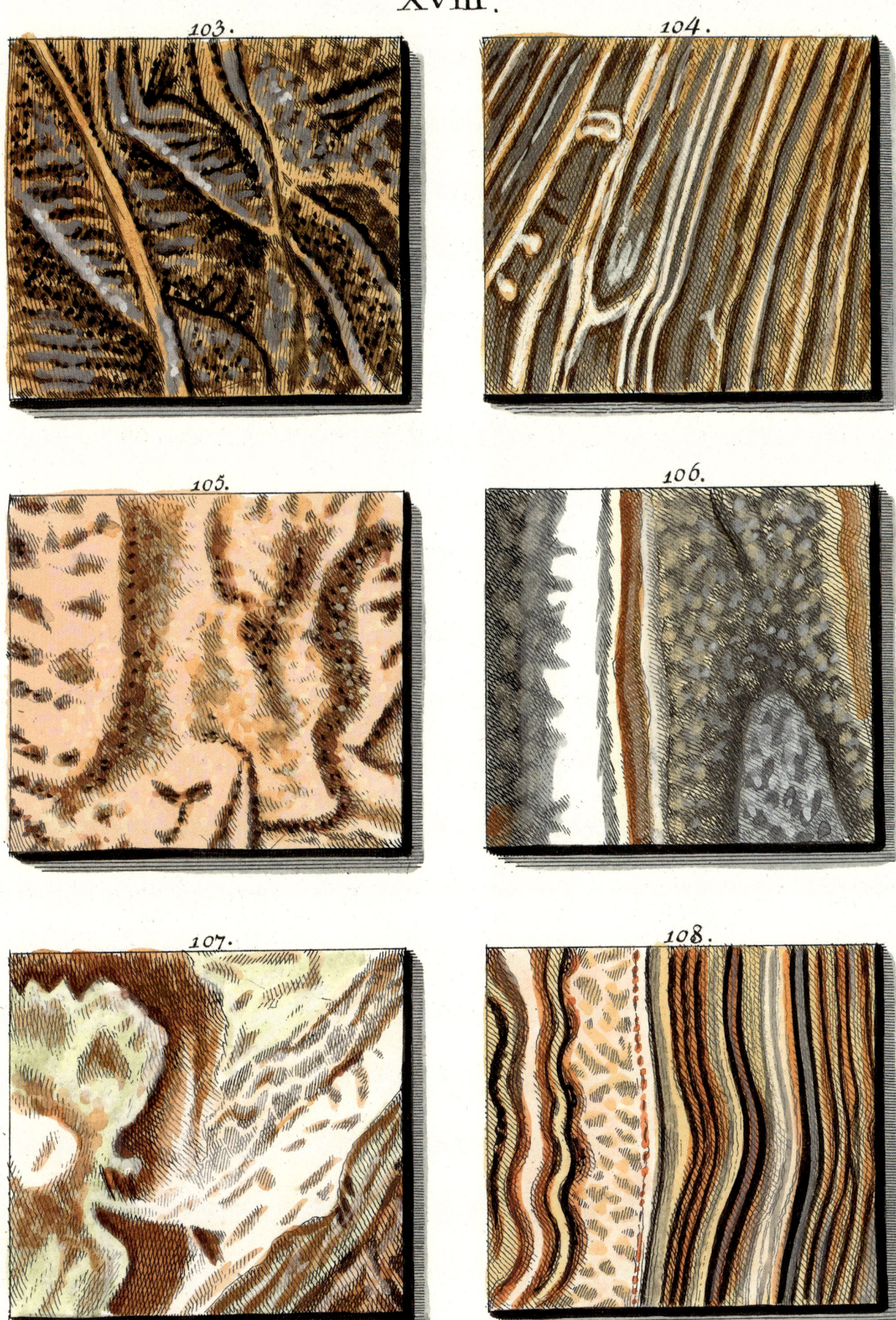

103. 104.

105. 106.

107. 108.

HOLLANDSCH.	HOCHTEÜTSCH.	ENGLISH.	FRANCOIS.
N. 109. en 110. Smal geel, roon, wit en graauw gebandeerde Marmer, op twee-ërlij wijz doore-gezaagd.	Smal gelb, roth, weiß und grau bandirter Marmor. Nach zweyerley Richtung durchgeschnitten.	Small yellow, red, white and gray triped Marble, sawed through on two manners.	Marbre qui à des bandes étroites, jaunes rouges, blanches et grises; il est scié de deux manieres.
-- 111. en 112. Geel en bruingebandeerde Marmer, insgelijks op twee-ërlij wijzen doorgezaagd.	Gelb und braun bandirter Marmor. In zweyerley Richtung durchgeschnitten.	Yellow and brown triped Marble, likewise sawed trough on two manners.	Marbre qui à des bandes jaunes et brunes, du même scié de deux manieres.
-- 113. Smal en breed gebandeerde Marmer, van een geele, bruine vleeschroode en graauwe kleur.	Schmal und breitbandirter Marmor von gelber, brauner, fleischrother und grauer Farbe.	Small and broad triped Marble, of a yellow, brown, pale-red and gray colour.	Marbre qui à des bandes étroites et larges; d'une couleur jaune brune de chair et grise.
-- 114. Gebandeerde Marmer, geel en purper rood van kleur, met bruinachtig roode vlakken.	Bandirter Marmor von gelber und purpurröthlicher Farbe, mit bräunlich rothen Flecken.	Triped Marble, yellow, and purple-red colour, with red brownish spots.	Marbre à bandes, d'une couleur jaune et pourpre rouge, avec des taches jaunâtres et rouges.

LATINE.

Nr. 109. 110. Marmor fasciis angustis parallelis flavis rufis albis cinereisque. Duplici directione dissectum.

— 111. 112. Marmor luteo brunneoque fasciatum Duplici directione dissectum.

— 113. Marmor fasciis latioribus et angustioribus luteo - brunneis carneis cinereisque.

-- 114 Marmor fasciis luteo-purpurascentibus, rufo punctatis.

XIX.

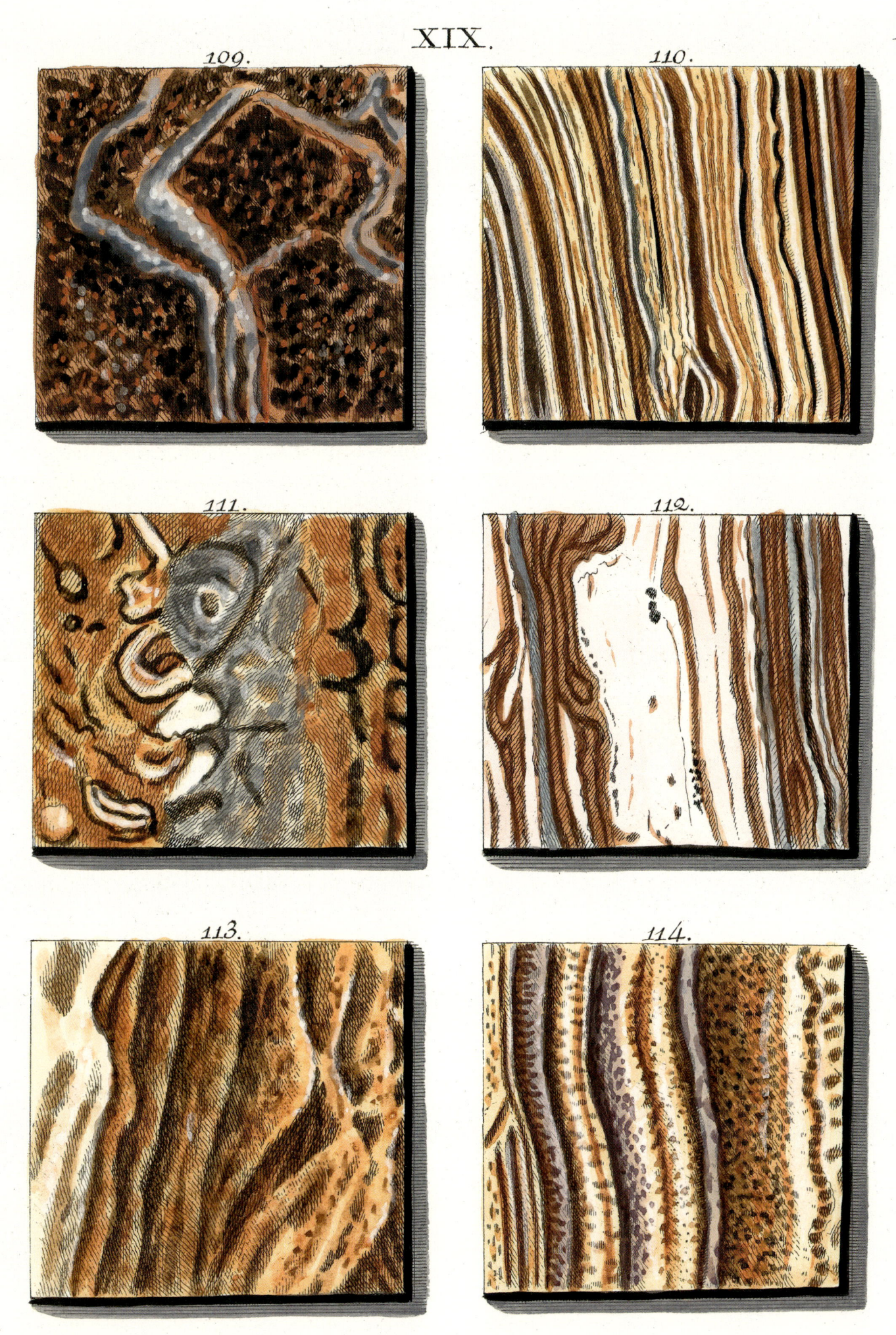

109. 110.

111. 112.

113. 114.

HOLLANDSCH.	HOCHTEÜTSCH.	ENGLISH.	FRANÇOIS.
N. 115. en 116. Marmer, van gebogene geele, roodachtige en bruine hier en daar graauwe en witte streepen.	Marmor von gebogenen gelben, röthlichen und braunen, hier und da grauen und weißen Streifen.	Marble, of crooked yellow, Reddish and brown, with gray and white stripes, here and there.	Marbre à raies courbées jaunes rougâtres et brunes par ci par-la, avec des taches gris et blanches.
— 117. en 118. Geel, hier en daar bandsgewijs rood en bruin geschaduwet en gesprenkeld.	Gelber, hier und da bindenweise roth, braun und grau schattir und getupft.	Yellow, here and there in a triped manner, spotted and shaded with red and brown.	Jaune, par-ci et par-la en bande, tacheté et ombré de rouge et de brun.
— 119. Geelgraauw en bruin gebandeerde gesprenkelde Marmer.	Gelbgrau und braun bandirter und getupfter Marmor.	Light gray and brown triped spotted Marble.	Marbre à jaune gris et à bandes brunes tachetées.
— 120. Geele en graauw gebandeerde, ook bruin en zwart, gesprenkelde Marmer.	Gelb und grau bandirter und braun und schwärzlich betupfter Marmor.	Yellow and gray triped, likewise brown and black spotted Marble.	Marbre jaune et gris, avec des bandes, tacheté de brun et de noir.

LATINE.

Nr. 115. 116. Marmor fasciis flexuosis luteis, rufescentibus, brunneisque passim cinereis et albis.

— 117. 118. Marmor luteum, passim fasciatim rufo, fulco cinereoque inumbratum et guttatum.

— 119. Marmor fasciis luteis cinerascentibus et brunneis guttatis.

— 120. Marmor fascys luteis cinereisque brunneo et nigricante guttatis.

XX.

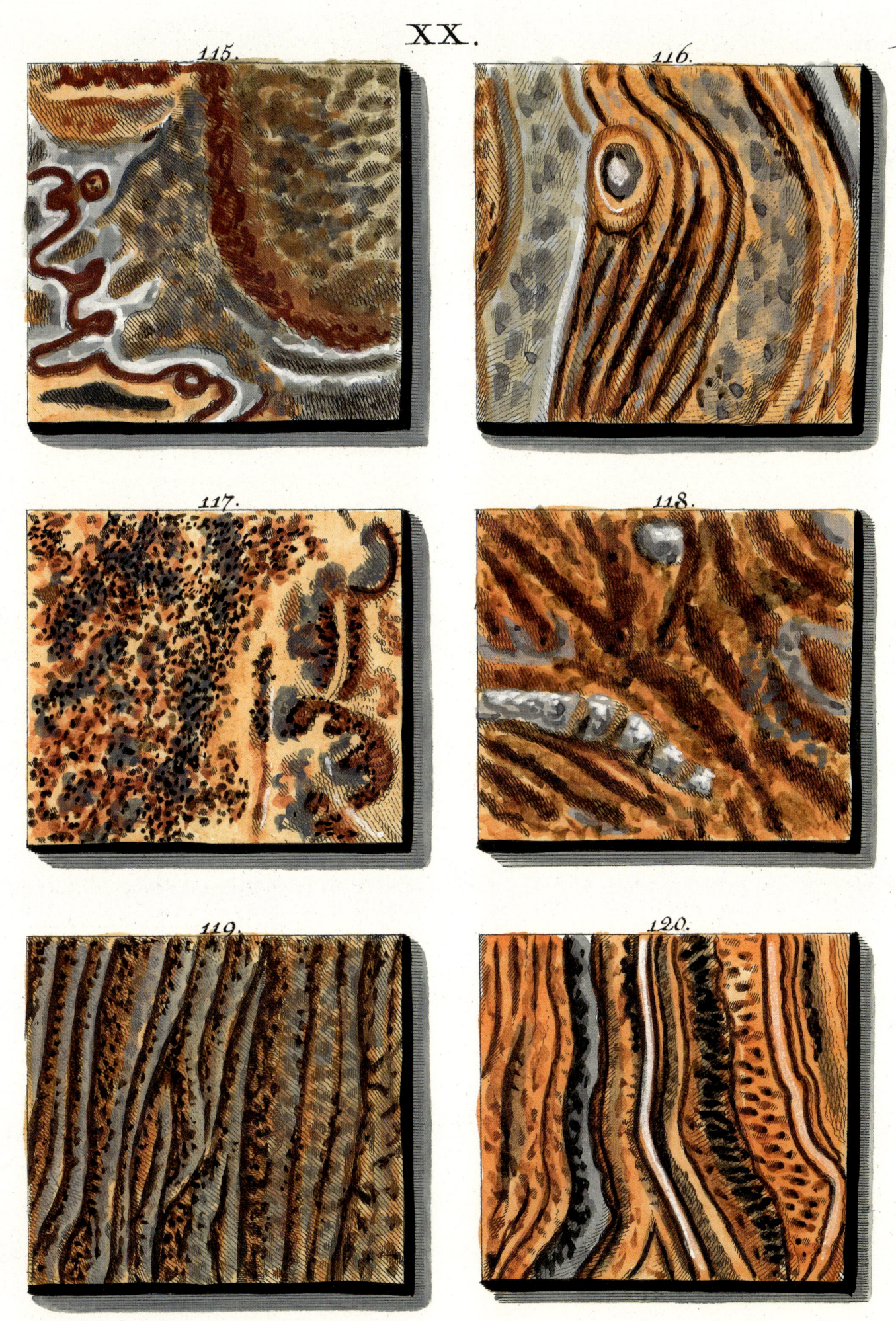

115. 116.

117. 118.

119. 120.

HOLLANDSCH.	HOCHTEÜTSCH.	ENGLISH.	FRANCOIS.
N. 121. 122. en 123. Geel-graauwe, bleek en donkerbruin onregelmatig gebandeerde Marmer.	Gelbgrau, blaß und dunkelbraun unregelmäßig bandirter Marmor.	Yellow, gray, pale and dark brown irregular triped Marble.	Marbre à jaune gris, pâle et brun foncé, avec des bandes irrégulieres.
—124. Bruine en blaauwachtige Marmer, met gebogene bleeke en hooggeele Aderen.	Brauner und blaulicher Marmor mit gebogenen, blaß- und hochgelben Adern.	Brown and blewish Marble, with crooked pale and deep yellow veins.	Marbre brun et bleuâtre, avec des veines pâles courbées et d'un jaune foncé.
——125 Blaauwachtig, wit en geelachtig, onduidelijk gebandeerde, door dwars streepen verdeelde aderen.	Blaulich, weißlich und gelblich undeutlich bandirter, durch Querrisse zertheilter Marmor.	Blewish white and yellowish, influctly triped and separated by cross triped veins.	Marbre bleuâtres blanc et jaunâtre à bandes obscure et à veines raies traversées de raies.
Not. 89. —125. Werden in vroegeren tijd genoemd Albaster of bonte dichte Kalksinter.	Not. Nr 89 —125. sind bey den Alten sogenannte Alabaster, oder bunte dichte Kalksintern Widenm. Handb. 508.	Not. 89. —125. Was called in former times, Atabaster of bonte dichte Kalksinter.	Not. 89. —125. On la nomma't auterfois Alabâtre Stalactite compacts bigarée.
——126. Marmer, uit kleine blaauwachtig witte, geele en roode vlakken te zamen gesteld.	Marmor aus kleinen blaulichen, weißen, gelben und rothen Flecken zusammengesetzt.	Marble, composed of little blewish, white, yellow and red spots.	Marbre composé de petites taches bleuâtres, blanches jaunes et rouges.

LATINE.

121. 122. 123. Marmor flavo-cine-rascente pallido et fusco fasciatum irregulariter.

—124. Marmor brunneum, et caerulescens, rivulis flavis luteisque.

125. Marmor coerulescenti albido flavoque obscure fasciatum, fisfuris transversis divisum.

Not. Nr. 89—125 sunt Albastra ab dicta, seu Stalactita calcarei variegati. Conf. *Welterü Syst. minneral. I. q.* 156

—126. Marmor maculis caerulescentibus albis flavis rubrisque parvis compositum. *Seme santo.*

XXI.

121. 122.
123. 124.
125. 126.

Supplément.

HOLLANDSCH.	HOCHTEÜTSCH.	ENGLISH.	FRANÇOIS.
N. 1. Groenachtige porphijr.	Grünlicher Porphyr.	Greenish porphire.	Porphire jaunâtre.
-- 2. Rood bruine porphijr.	Rothbrauner Porphyr.	Red brown porphire.	Porphire d'un brun rouges.
-- 3. Donkergroene porphijr met licht groene veldspath.	Dunkelgrüner Porphyr mit hellgrünen Feldspatflecken.	Dark green porphire, with light green fieldspaths.	De porphire d'un brun vert foncé, avec du feldspath d'un vert clair.
-- 4. Zwartachtige porphijr. met witte veld spath vlakken.	Schwärzlicher Porphyr mit weißen Feldspatflecken.	Blackish porphire, with whit fieldspahs spots.	De porphire noirâtre, avec des taches de feldspath blanc.

LATINE.

Nr. 1. Porphyrius virescens. *Porfido verde.*

— 2. Porphyrius saturate rufescens. *Porfido rosso.*

— 3. Porphyrius saturate viridis maculis spatosis viridibus. *Serpentino verde antico.*

— 4. Porphyrius nigricans maculis spatosis albidis. *Porfido nero.*

95.

I.

1. 2.

3. 4.

A L Wirsing exc. Nor.

HOLLANDSCH.	HOCHTEÜTSCH.	ENGLISH.	FRANCOIS.
N. 5. Leverbruine en witachtige granit.	Leberbraun - und weißlicher Granit.	Dark liver colour and whitish grenade.	Grenat brun et blanchâtre.
— 6. Roode witachtige en zwarte granit.	Roth- weißlich- und schwarzer Granit.	Red whitish and black Grenade.	Grenat rouge blanchâtre et noir.
— 7 Zwarte en witte sijenit.	Schwarz- und weisser Syenit.	Black and white syenite.	Syenite blancke et noir.
— 8. Dergelijke van kleindere korrel, en echtegranitell.	Dergleichen von kleinerem Korn. Unächter Granitell.	Such an other of a smaller grain, bastard granitite.	La même sorte dont le grain est plus petit, pseudo-grainte.

LATINE.

Nr. 5. Granites hepatico-albus aegyptiacus.

— 6. Granites maculis (spatosis) rubentibus, (quarzosis) albidis et micaceis nigricantibus. *Granito dell' obelischi a' Egitto.*

— 7. Syenites nigricans et albidus. *Bianco e nero d'Egitto.*

— 8. Idem particulis minoribus. *Granitello Bastardo.*

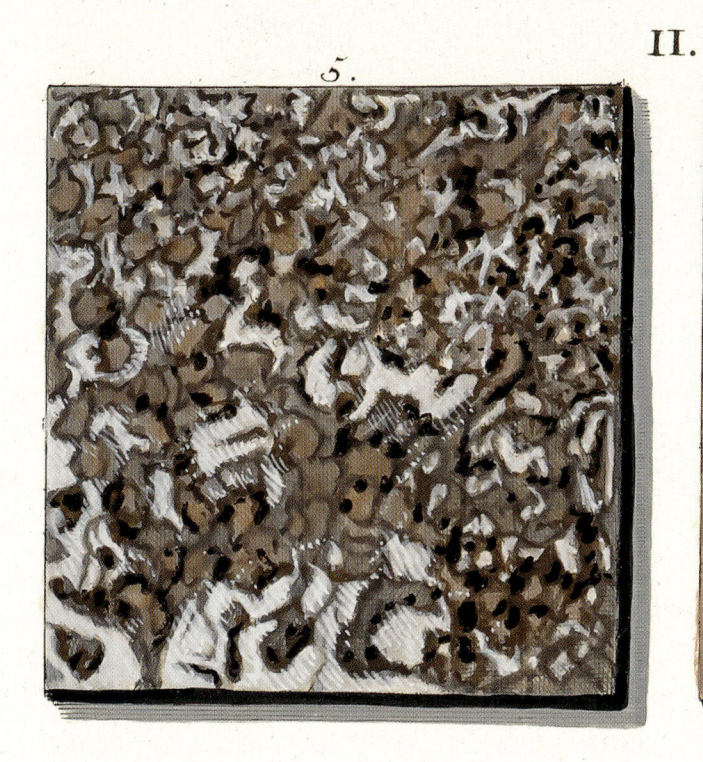

II.

96.

HOLLANDSCH.	HOCHTEÜTSCH.	ENGLISH.	FRANCOIS.
N. 9. Groene graauwe en bruine gevlakte jaspis.	Grüner grau und braun geflekter Jaspis.	Green, gray and brown spotted jaspis.	De jaspe vert gris, avec des taches brunes.
— 10. Wit en zwartachtige granitell.	Weißlich- und schwärzlicher Granitell.	White and blackish granitile.	Du granite blanc et noirâtre.
— 11. Lazuur steen.	Lasurstein.	Lazure stone.	Pierre de lazure.
— 12. Smaragde matrijs.	Smaragdmutter. Prime d'Emeraude.	Smaragde matrys.	Émeraude matrys.

LATINE.

Nr. 9. Jaspis viridis, maculis cinereis fuscisque. *Verde di Corsica.*

— 10. Granitellus albo-nigrescens. *Granitello dell' Isola d' Elba.*

— 11. Lapis lazuli.

— 12. *Ploima di Smeralda.*

III.

9. 10. 11. 12.

97.

HOLLANDSCH.	HOCHTEÜTSCH.	ENGLISH.	FRANCOIS.
N. 13. Basalt.	Basalt.	Basalt.	Besalte.
-- 14. Geele en graauw aderige jaspis.	Gelber- und grauadriger Jaspis.	Yellow and gray veinous jaspis.	De jaspe veineux jaune et gris.
-- 15. Groenachtig bonte Lava uit de Vesuvius.	Grünliche bunte Lava aus dem Vesuv.	Greenish scobal, lava from the vesuvius.	Lava Bigarré verdâtre lava de vesuve
-- 16. Oost-Indische amethist.	Orientalischer Amethist.	East-India amethist.	Améthyste des Indes orientales.

LATINE.

Nr. 13. Basaltes. *Basalte.*

-- 14. Jaspis luteus venis cinereis *Diaspro gialla negrato.*

-- 15. Lava solida virescens variegata. *Lava di Vesuvio.*

-- 16. Amethystus orientalis. *Ametista orientale.*

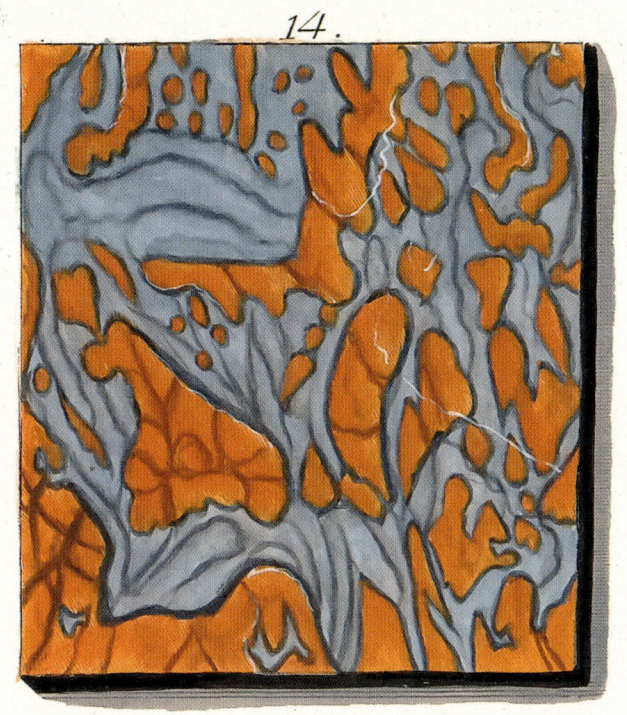

IV.

13.

14.

15.

16.

98

HOLLANDSCH.	HOCHTEÜTSCH.	ENGLISH.	FRANCOIS.
N. 17. Zweeds graauwachtige Marmer, waarin de overblijfselen van een Orthoceratiet.	Schwediſcher gräulicher Marmor, einen Orthoceralit enthaltend.	Swedian greyiſh Marble, containing an orthoceratite.	Marbre grisâtre de ſuede, renfermant un orthoceratite.
— 18. Geel wit-achtig Marmer, met Dentriten, uit Spanje.	Gelber weißlicher Marmor mit Dentriten, aus Spanien.	Yellow whitiſh dendritical Marble from Spain.	Marbre jaune blanchâtre dendritique de l'Espagne.
— 19. Rood bruinachtige Marmer, met lichte vlammen.	Roth brauner Marmor mit helleren Flammen.	Red brownish Marble with pale veins.	Marbre rouge brunâtre, avec des veines pâles.
— 20. Antieke Italiaanſche Marmer, die de Spaanſche zeer nabij komt, alleen maar dat hij zoo veel geel niet heeft.	Antiker italianiſcher Marmor, der dem ſpaniſchen ähnlich iſt, allein ſo viele gelbe Zeichnungen nicht hat.	Antiek Italian Marble reſembling the ſpaniſh one bud leſſ veined with yellow.	Marbre antique de l'Italie, ſe rapprochant de celui de l'Espagne, mais mains vainé de blanc.
— 21. Bijzondere kaneelkleurige gewolkte Marmer van Pfaffenhoven in de Paltz.	Sonderbarer zimmet farbiger gewolkter Marmor von Pfaffenhoven in der Pfalz.	Particular canel coloured Marbre with dark zones from Pfaffenhoven in the Palatinate.	Marbre particulier de couleur de canelle, & ondulé, de Pfaffenhofen dans le Palatinat.

LATINE.

Nr. 17. Marmor cum orthoceratite incluſo e Suecia.

— 18. Marmor e flavo albescens, figuris arborescentibus pictum e Hispania.

— 19. Marmor e rubro fuscum, venis pallidioribus.

— 20. Marmor antiquum, ex Italia, Hispanico ſimile ſed minus flavum.

— 21. Marmor coloris cinnamomei, undulatum, e Palatinatu.

V.17

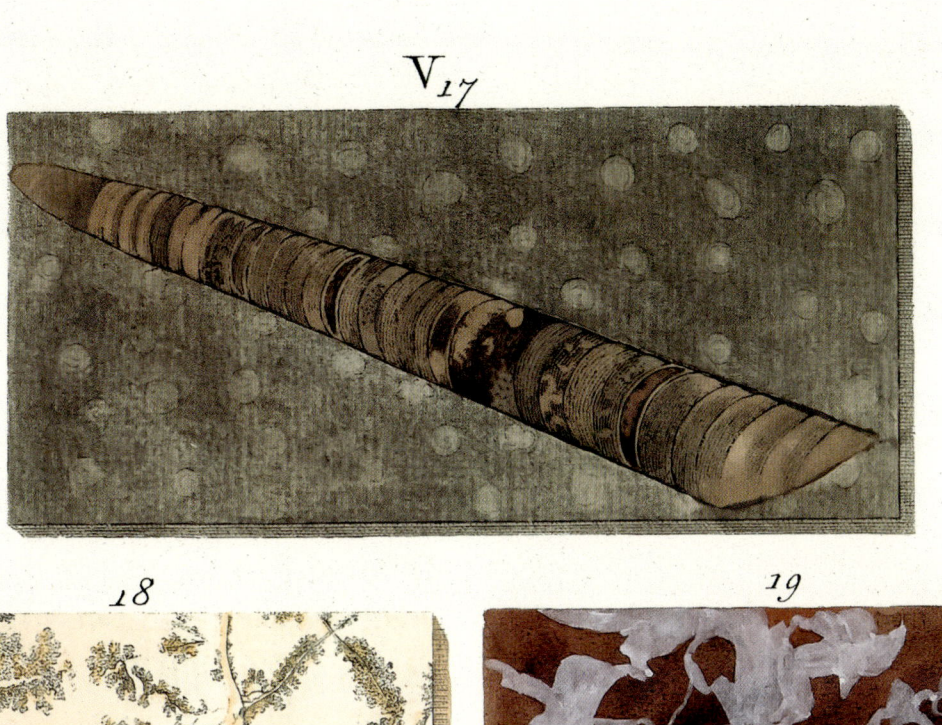

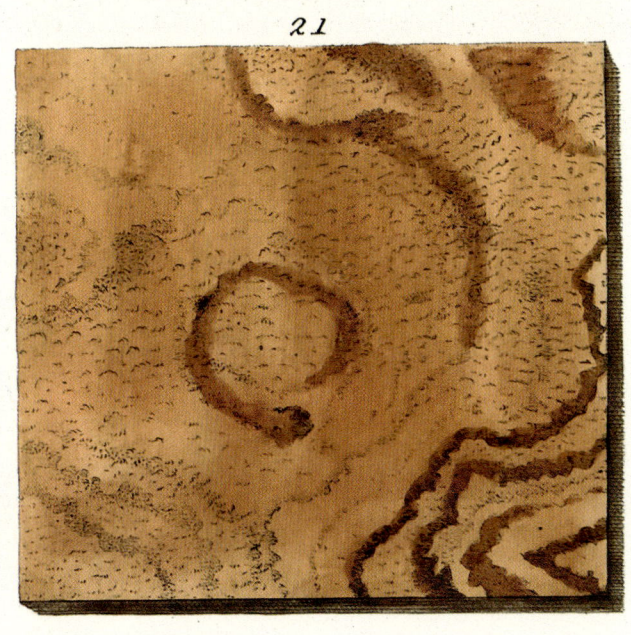

18   19

20   21

99

HOLLANDSCH.	HOCHTEÜTSCH.	ENGDISCH.	FRANCOIS.
N.22. Vaal Breccia Marmer, uit lichte en donkere stukjes bestaande.	Falber Breccien-Marmor, aus hellen und dunkeln Stücken zusammengesetzt.	Marble of a fallow colour, being a breccia composed from pieces of differend, pale and dusky colour.	Marbre brèche fauve composé de morceaux de couleur foncée et plus pâle.
—23. Licht-roodachtig Marmer, waarin twee Ammoniten.	Hell-röthlicher Marmor mit zwey Ammoniten.	Marble of a pale red colour, including two Ammonites.	Marbre d'un rouge pâle, renfermant deux Ammonites.
—24. Geel-Bruinachtig Marmer, met wit doormengd.	Gelb-bräunlicher Marmor, mit Weiss vermischt.	Marble of a yellowish brown colour, mixed with white.	Marbre brun jaunâtre, mêlé de blanc.
—25. Verschoven gestreept Marmer, met vlammen van gele, bruine en andere kleuren.	Verschoben-gestreifter Marmor mit Flammen von gelber, brauner und anderen Farben.	Marble with interrupted and removed veins, spotted with brown, yellow and other colours.	Marbre à rayes interrompues et déplacées, varié de brun, de jaune et d'autres couleurs.
—26. Marmer, met Trochiten uit Massel in Silezien.	Marmor mit Trochiten; von Massell in Schlesien.	Marble of a greyish colour, including trochites; from Massel in Silesia.	Marbre contenant des Trochites, de Massel en Silésie.
—27. Grijs Marmer, met de overblijfsels van een Zee-Gewas.	Grauer Marmor mit einem versteinerten zoophyten.	Marble of a greyish colour, including the petrification of a Zoophyte.	Marbre grisâtre, renfermant la pétrification, d'un zoöphyte.

LATINE

Nr.22. Marmor S. Breccia fulvo-griseum, frustis pallidis & obscurioribus compositum.

—23. Marmor pallide rufum, Ammonitas duas includens.

—24. Marmor e flavo fuscum, albo mixtum.

—25. Marmor strigosum, strigis abruptis transpositis, coloribus fusco, flavo, aliisque.

—26. Marmor trochitas continens, e Massel in Silesia.

—27. Marmor griseum, Zoophyton petrificatum continens.

VI.   100

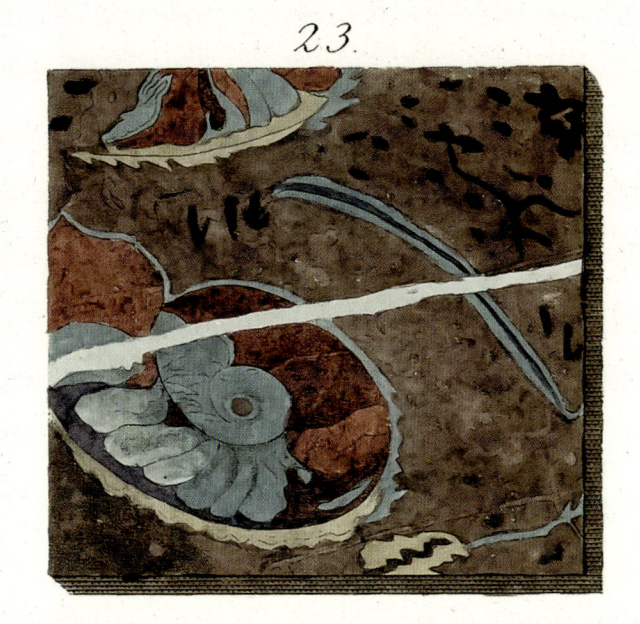

22.   23.

24.   25.

26.   27.

Geert-Jan Koot

Jan Christiaan Sepp

THE BOOK OF MARBLE

*A Representation of Marble Types
1776*

The copies used for printing belong to the
SÄCHSISCHE LANDESBIBLIOTHEK –
STAATS- UND UNIVERSITÄTSBIBLIOTHEK DRESDEN
GETTY RESEARCH INSTITUTE, LOS ANGELES

Directed and produced by Benedikt Taschen

TASCHEN

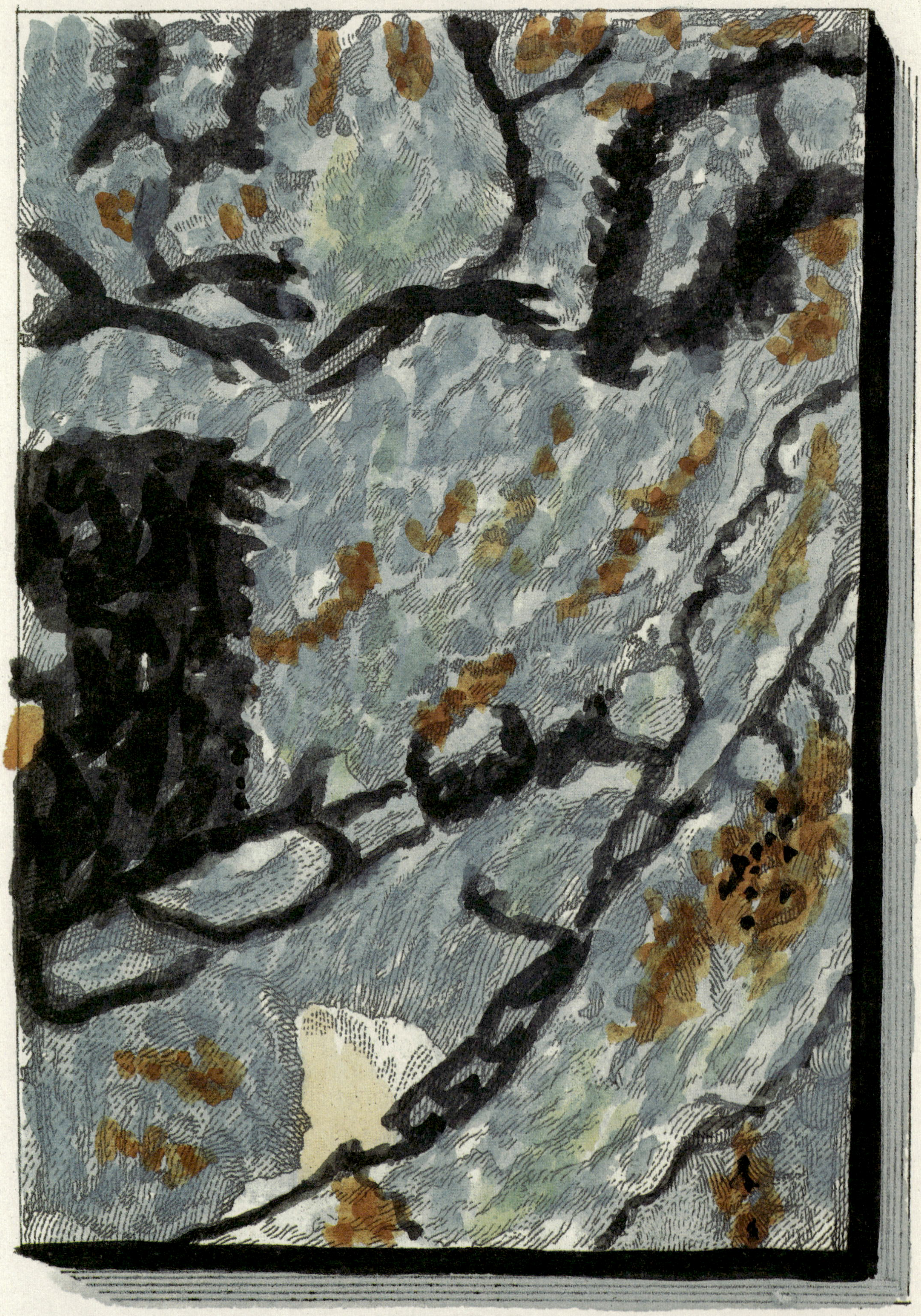

The Marble Compendium of Jan Christiaan Sepp

Scientific Books and the Passion for Collection in the 18th Century

In 1776, the Amsterdam publisher Jan Christiaan Sepp (1739–1811) compiled *Afbeelding der Marmor Soorten* (*Marmora*, or *A Representation of Marble Types*), an extensive compendium of marble, depicting 570 samples across 100 colour plates, and with each sample accompanied by texts in five languages. Fifteen years later, he published a second colour-plate book of similar design: *Houtkunde* (*The Science of Wood*), which showed illustrations of 865 wood types across 106 plates. Exhaustive in scope, ornately designed and hand-coloured with meticulous attention to detail, these publications are among the finest visual expressions of the Enlightenment pursuit of encyclopedic knowledge.

Since the sixteenth century, a culture of collecting had been developing with increasing momentum throughout Europe. Stimulated by the search for scientific understanding, societies were founded in which members would come together to share their expertise about nature. Studies from nature and the collection of valuable objects were the preserve of predominantly royal collectors in most of Europe. In the Netherlands, however, the community of collectors consisted primarily of well-to-do, middle-class citizens – doctors, clergymen, merchants and regents – who built up large collections in their cabinets of curiosities, from shells to paintings, from stuffed birds to precious porcelain. Wealthy aristocrats and members of the upper classes also set up private *Prunkkabinette*: cabinets containing rare and magnificent exotic objects (ills. 2, 12, 26). With their exclusive and often extraordinary collections, they demonstrated both their wealth and their good taste, and gained prestige in doing so.

In the Netherlands, such collections were greatly assisted and enhanced by overseas trade. For 200 years, the Vereenigde Oost-Indische Compagnie (United Netherlands East Indies Company) – a private trading company known in the Netherlands under the acronym VOC and in England as the Dutch East India Company – held the monopoly for overseas trade between the Republic of the Seven United Provinces (also known as the Republic of the United Netherlands) and Asia. The dominance of the Netherlands in overseas trade therefore guaranteed a continuous import of luxury goods from China and the Orient.

The Enlightenment Zeal for Collection and Classification

The end of the seventeenth century saw a significant increase in travel reports, with a view to expanding the sum of knowledge and understanding about the world. Under the influence of the Enlightenment, this scientific interest grew throughout the eighteenth century. Also known as the Age of Reason, the Enlightenment was an intellectual movement in Europe which developed as a reaction to dogmatic thought and unquestioning belief in the authority of the Church. Scholars strove for a comprehensive overview of the knowledge that was available at the time, with the most important example of this being the *Encyclopédie ou Dictionnaire raisonné des sciences, des arts et des métiers* (Encyclopedia, or a Systematic Dictionary of the Sciences, Arts and Crafts, ills. 19–23), which was published between 1750 and 1776 in France under the direction of Denis Diderot (1713–1784) and Jean Le Rond d'Alembert (1717–1783).

This passion for collecting led to the discovery of countless new species of plants, animals and rocks, which had to be arranged and classified in an orderly fashion. The Swedish physician and natural scientist Carolus Linnaeus (1707–1778, ill. 4) suggested a division of plants, animals and minerals according to a scheme of classification (ills. 3, 5). His *Systema Naturae* was published for the first time in Leiden in 1735, and has been regularly updated ever since. The emergence of the publications *Marmor Soorten* and *Houtkunde* can also be explained by the increasing interest in, and significance of, the natural sciences, and by the necessity to organise this new knowledge in a systematic manner. The two volumes list as many types of wood and marble as possible, classifying them according to their origins and type, and reproducing them in rich colour.

During the eighteenth century, the cabinets of curiosities, which had hitherto covered a wide thematic spectrum, developed into more rigorously specialised collections. Their popularity can be shown by their impressive number, with at least 340 private natural history cabinets of considerable size in the Netherlands alone. These collections were then slowed, however, by the Anglo-Dutch Wars from 1780:

Page 2
Adam Ludwig Wirsing
Light ash-colour marble, with distinct spots and veins, blood-red drops and points
Heller, aschfarbener Marmor, mit deutlichen Flecken und Adern, roten Tropfen und Punkten
Marbre clair, couleur cendre, avec des taches, des veinures, des gouttes et des points rouges bien visibles
From: Jan Christiaan Sepp, *Afbeelding der Marmor Soorten* (Amsterdam, 1776), detail of pl. 46

Ill. 1
Albertus Seba
Precious corals
Edelkorallen
Coraux précieux
From: *The Cabinet of Natural Curiosities* (Amsterdam, 1734–1765), vol. 3
The Hague, Koninklijke Bibliotheek

Ill. 2
Levinus Vincent
Cabinet of the Levin Museum
Kabinett in Levins Wunderkammer
Cabinet du musée Levin
From: *Wondertooneel der Nature* (Amsterdam, 1706), pl. III
Göttingen, Niedersächsische Staats- und Universitätsbibliothek

trading posts were repeatedly captured and ships seized, making the acquisition of unknown plant, animal and rock species increasingly difficult. The occupation of the United Netherlands by the French in 1795, combined with the loss of the ideals of the Enlightenment, also contributed to the decline of natural history collections at the end of the century.

The Enlightenment impulse to disseminate knowledge and education had already, however, led to the extensive use of printed material for the propagation of new discoveries and ways of thinking. The first books with hand-coloured copper engravings appeared on the market at the beginning of the eighteenth century. These works were unaffordable for most aficionados because of their features, format, paper and illustrations; as a consequence, naturalist societies started to spring up, in which more knowledge could be shared. Both scientists and scientifically interested laypersons met at these societies in order to exchange ideas, and to visit the library, which took up a significant role in their existence. We can assume that the stocks of books owned by these societies was purchased mainly for the use of their members.

Books and letters were key to the sharing of knowledge by those interested in science. The wealthy possessed their own libraries, while books formed an essential part of every cabinet of curiosities, primarily as an aid to the identification and classification of the collections within. Missing objects were filled in, to some extent, by the illustrations in these publications – in some cases, drawings were even stuck in as substitutes. But books with coloured copper engravings were less expensive to produce, and were therefore accessible to a larger circle of interested readers. These books increased the prestige of people's natural history collections, with some collectors commissioning the production of beautiful illustrated versions. Between 1734 and 1765, the apothecary and collector Albertus Seba (1665–1736), a resident of Amsterdam, had a series of lavishly illustrated books about his collections compiled and published under the title *Locupletissimi rerum naturalium thesauri* (The Cabinet of Natural Curiosities, ill. 1).

With growing demand for knowledge, an increasingly limited range of new objects available and a reduction in the production costs of printed materials, there was an expansion in the market for books about objects of natural history. Like the objects in the collections, the illustrations in these books were highly regarded, both for their beauty and their value as a source of scientific knowledge. The volumes *Marmor Soorten* and *Houtkunde* are good examples of such special collections realised on paper. They reached beyond the scope of pure collectors and the scientifically interested to appeal to a much larger readership. The explanations in several languages, too, made these works interesting for readers abroad. Indeed, the numerous illustrations not only served as a reference for collectors of wood and marble types; they were also used by carpenters and interior decorators, who could find the right materials with the help of these publications.

The Production of Illustrated Books

As early as the sixteenth century, illustrated books were published in order to identify plants and describe their characteristics. *De historia stirpium commentarii insignes* (Notable Commentaries on the History of Plants, 1542) by Leonhart Fuchs (1501–1566) was just one example. The first botanical works were soon followed by illustrated books about animals and anatomy, and during the seventeenth century there was a further specialisation in works covering specific topics, such as entomology or ornithology. Originally written in Latin, the books were later published in multilingual versions, and editions in several languages were also produced. A famous example is the three-volume *Metamorphosis Naturalis* by Jan Goedaert (1617–1668), published from 1660 in several modern languages (ills. 8, 9). At the same time, the method of illustration also changed. With increasing frequency, objects were depicted alongside other objects and within a broader context, rather than as a stand-alone image. Maria Sibylla Merian (1647–1717), for example, portrayed the insects in her *Metamorphosis insectorum Surinamensium* (Insects of Surinam) from 1705 in an artistically discerning manner in their natural environment (ill. 7).

Pinac. 3.
TAB. III.

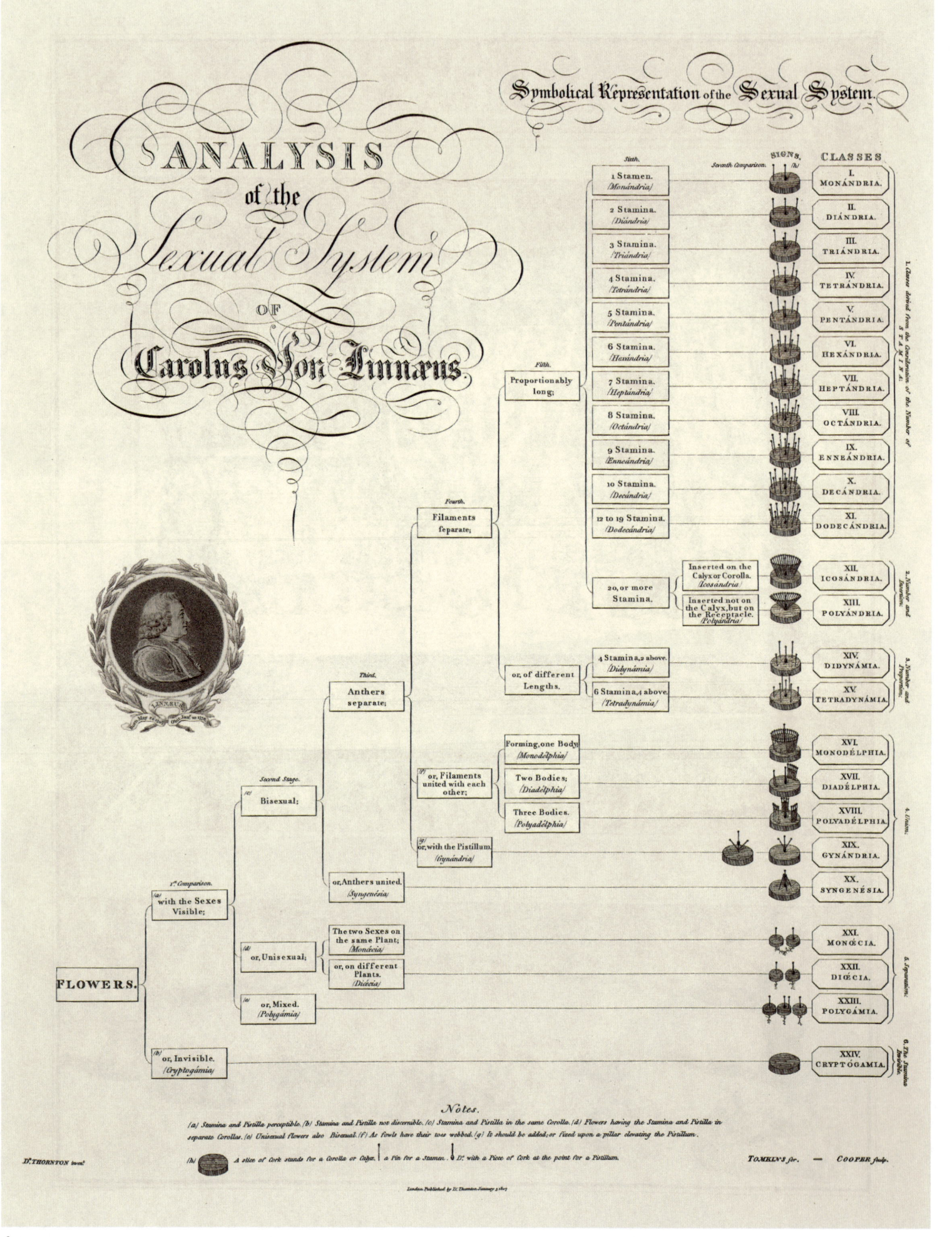

ANALYSIS of the Sexual System of Carolus Von Linnæus

Symbolical Representation of the Sexual System

Stage	Branch	Sub-branch	Further	Sixth	Signs	Classes
				1 Stamen. (Monándria)		I. MONÁNDRIA.
				2 Stamina. (Diándria)		II. DIÁNDRIA.
				3 Stamina. (Triándria)		III. TRIÁNDRIA.
				4 Stamina. (Tetrándria)		IV. TETRÁNDRIA.
				5 Stamina. (Pentándria)		V. PENTÁNDRIA.
				6 Stamina. (Hexándria)		VI. HEXÁNDRIA.
			Fifth. Proportionably long;	7 Stamina. (Heptándria)		VII. HEPTÁNDRIA.
				8 Stamina. (Octándria)		VIII. OCTÁNDRIA.
				9 Stamina. (Enneándria)		IX. ENNEÁNDRIA.
				10 Stamina. (Decándria)		X. DECÁNDRIA.
		Fourth. Filaments separate;		12 to 19 Stamina. (Dodecándria)		XI. DODECÁNDRIA.
			20, or more Stamina.	Inserted on the Calyx or Corolla. (Icosándria)		XII. ICOSÁNDRIA.
				Inserted not on the Calyx, but on the Receptacle. (Polyándria)		XIII. POLYÁNDRIA.
	Third. Anthers separate;		or, of different Lengths.	4 Stamina, 2 above. (Didynámia)		XIV. DIDYNÁMIA.
				6 Stamina, 4 above. (Tetradynámia)		XV. TETRADYNÁMIA.
		or, Filaments united with each other;	Forming, one Body (Monodélphia)			XVI. MONODÉLPHIA.
			Two Bodies; (Diadélphia)			XVII. DIADÉLPHIA.
			Three Bodies. (Polyadélphia)			XVIII. POLYADÉLPHIA.
Second Stage. Bisexual;		or, with the Pistillum. (Gynándria)				XIX. GYNÁNDRIA.
	or, Anthers united. (Syngenésia)					XX. SYNGENÉSIA.
1st Comparison. with the Sexes Visible;	or, Unisexual;	The two Sexes on the same Plant; (Monœcia)				XXI. MONŒCIA.
		or, on different Plants. (Diœcia)				XXII. DIŒCIA.
FLOWERS.	or, Mixed. (Polygámia)					XXIII. POLYGÁMIA.
or, Invisible. (Cryptogámia)						XXIV. CRYPTÓGAMIA.

Classes:
1. Classes derived from the Consideration of the Number of STAMINA.
2. Number and Insertion.
3. Number and Proportion.
4. Union.
5. Separation.
6. The Stamina Invisible.

Notes.

(a) Stamina and Pistilla perceptible. (b) Stamina and Pistilla not discernible. (c) Stamina and Pistilla in the same Corolla. (d) Flowers having the Stamina and Pistilla in separate Corollas. (e) Unisexual Flowers also Bisexual. (f) As fowls have their toes webbed. (g) It should be added; or fixed upon a pillar elevating the Pistillum.

(h) A slice of Cork stands for a Corolla or Calyx. A Pin for a Stamen. D° with a Piece of Cork at the point for a Pistillum.

D.r THORNTON invent. TOMKINS scr. — COOPER sculp.

London, Published by D.r Thornton, January 3, 1807.

Ills. 3–4
Robert John Thornton
Analysis of the Sexual System
of Carolus Linnaeus
Analyse des Sexualsystems von
Carl von Linné
Analyse du système sexuel,
Carl von Linné

Linnaeus surrounded by a gleaming wreath, cherubs and the goddess Fama
Linné, umgeben von einem schimmernden Kranz, Putten und der Göttin des Ruhms
Linné entouré d'une couronne scintillante, de putti et de la déesse de la Gloire

From: *The Temple of Flora*
(London, 1799–1807)
Missouri Botanical Garden,
Peter H. Raven Library

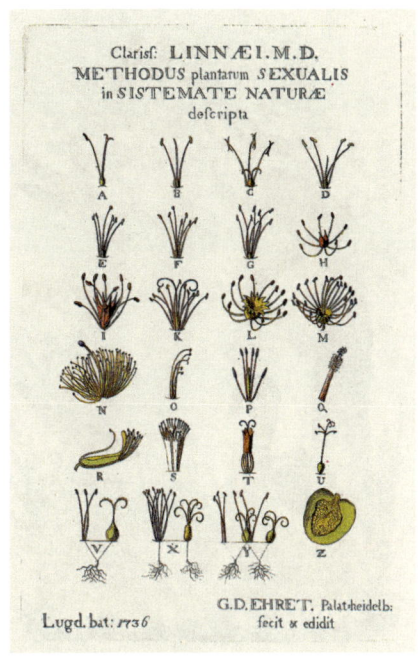

The production of illustrated books was an expensive undertaking due to the high price of paper, the labour-intensive production, the hand-coloured illustrations and the author's fee. As a result, print runs were small – around 100 copies on average. In order to avoid major investments and spread the costs over a longer period of time, publishers issued single instalments to which readers could subscribe for cash payments, while bookshops distributed brochures in order to gain potential customers. With each instalment, the purchaser received an accurate representation and a description of the object illustrated. After a certain number of individual instalments, the publisher produced a title page, a list of contents and a foreword, after which the instalments could be bound together to form a book.

During the sixteenth century, images were produced using wooden printing blocks, with copper engravings and etchings introduced in the seventeenth century (ill. 10). From the mid-eighteenth century, the influence of French book illustration became noticeable in the Netherlands: now the copperplates were worked with fine lines and stippling, so as to appear lighter and more elegant. During the 1770s a more academically oriented illustrative technique developed, in which the main focus lay on clear lines. This technique can be clearly seen in *Marmor Soorten* and *Houtkunde*, with the illustrations coloured by hand.

The colouring of illustrations had been in existence since the invention of printing. In the Netherlands the colourists referred to guidelines laid down in the oldest book in this field, the *Verlichtery kunst-boeck, inde welke de rechte fondamenten en het volcomen gebruyck der illuminatie met alle hare eygenschappen klaerlijcken werden voor oogen gestalt* (Book on the Art of Colouring, in which the Basic Principles and Application of Colouring with all its Characteristics are Clearly Explained), a work by Gerard ter Brugghen from 1616. The publishers were often responsible for this, while in other cases the responsibility lay with a professional colourist. In the case of *Marmor Soorten* and *Houtkunde*, however, the artist's freedom was limited, because the reproduction of the types of wood and stone had to follow standardised, defined rules. It seems very likely that the colourists used templates.

The Publisher Jan Christiaan Sepp

Marmor Soorten and *Houtkunde* were published by Jan Christiaan Sepp. His father, Christian Sepp (1710–1775), was a cartographer and illustrator of German origin, lured from his native Hamburg to Amsterdam by the city's attractive commercial and artistic climate. With his lively interest in the natural sciences, Christian Sepp became one of the city's foremost middle-class collectors. His main area of focus lay in entomology (ills. 11, 31). Christian Sepp decided to have his observations and drawings printed for the benefit of a wider public and, with the help of his son Jan Christiaan, he created copper engravings to which he added descriptions. From 1762, the work appeared in monthly instalments under the title *Nederlandsche Insecten* (Insects of the Netherlands), with each instalment costing 18 *stuivers*.

The publication led to the establishment of the publishing house J. C. Sepp, because it was necessary to be registered as a member of the guild of booksellers in order to be able to sell one's printed publications. Since the Sepps, father and son, wanted to retain direct control of the sales, in 1764 Jan Christiaan became a bookseller and had himself accepted into the guild in Amsterdam, permitting him to print, distribute and sell books. The success of their *Nederlandsche Insecten* made the Sepps very popular among connoisseurs of "natuurlijke historie" (natural history) with their drawings, engravings and colourings, and the Sepp family name became a watchword for quality.

Luxury editions on natural history were their signature, even if there were other publishers of similar works at the time. Both father and son preferred works dedicated to a single, specific theme. They published books about birds, insects, woods and rocks, for example, as well as shells and medicinal plants. Their editions were often translations, but in a few cases the publishers took the initiative to develop new publications that were not based on previous ones, for instance *Nederlandsche vogelen* (The Birds of the Netherlands), published in five volumes between 1770 and 1829. Because these works appeared in instalments, it was not always clear at the outset how many sheets would actually appear. When they embarked on *Houtkunde* in 1773,

Ill. 5 (page 7)
George Dionysius Ehret
The principles of a flower's makeup
Die Grundsätze des Aufbaus einer Blüte
Les principes de la structure d'une fleur
From: Carolus Linnaeus,
Systema naturae (Leiden, 1735)
Missouri Botanical Garden,
Peter H. Raven Library

Ill. 6
Jan Christiaan Sepp
Frontispiece
Frontispiz
Frontispice
From: *Nederlandsche vogelen*
(Amsterdam, 1770–1829), vol. 5
The Hague, Koninklijke Bibliotheek

Ill. 7
Maria Sybilla Merian
Pineapple with cockroaches
Ananas mit Küchenschaben
Ananas et cafards
From: *Metamorphosis insectorum
Surinamensium* (Amsterdam, 1705)
Göttingen, Niedersächsische
Staats- und Universitätsbibliothek

for example, they had a publishing plan for 40 or 50 illustrations. Over the years, however, there were more and more additions, so that it eventually became a considerably more voluminous edition with 100 plates, and was only finally completed 18 years later, in 1791. Similarly, the number of instalments and plates per section changed as well. While *Marmor Soorten* was published in 11 parts and a supplement, *Houtkunde* was published in 16 parts, each containing six plates, with one additional installment of four plates, and a further supplement of six plates. The intervals between the appearance of the instalments were also often irregular.

Supported by his son Jan Christiaan, Christian Sepp coloured the illustrations for his first books himself, though as the production of the illustrated works increased, he was forced to employ specialists to support him. On the title pages of some works it is stated that the colouring was carried out under the supervision of Sepp, who presumably ran a separate workshop for this particular task. He also took on the colouring of plates for other publishers, including Johannes Enschedé (1708–1780). During the nineteenth century, specialised workshops were established in which publishers like Sepp could have their plates coloured. As the full title *Afbeelding der Marmor Soorten: volgens hunne natuurlyke koleuren* (A Representation of Marble Types: According to Their Natural Colouring) indicates, the various marbles were coloured according to nature, and corresponding to their natural colours – in other words, as accurately as possible. The colourists doubtless worked according to templates, because all editions feature the same colours. As one would expect, *Houtkunde* was coloured in the same manner.

While a book normally cost only a few stuivers, this was not the case with the voluminous hand-coloured editions of the Sepp publishing house. Here customers paid 9 stuivers per coloured plate for *Marmor Soorten* – much less than the 15 stuivers per plate charged for *Houtkunde*. With a total of 100 plates, the price for the complete work amounted to 900 stuivers, The value of 9 stuivers (0.4 Dutch guilders) in 1776 corresponds to about € 4.50, resulting in a total price which would be the equivalent of € 450. No data are available regarding the size of the print run of *Marmor Soorten*, although we can assume that the edition was limited to a circulation of 100 copies.

During the nineteenth century, the demand for books from the Sepp publishing house stagnated. In 1868, economic decline and high inflation forced the liquidation of the once highly innovative, economically successful Sepp publishing house, which had become synonymous with publications of outstanding quality.

The Book of Marble
Marmor Soorten and *Houtkunde* were among the finest scientific books published by Jan Christiaan Sepp, as the carefully coloured plates look almost abstract. The illustrations were subtly executed with a finely detailed network of lines engraved on the copper, and the colours were carefully applied by hand to the individual prints on stiff paper. Since both works were published in parts, several copies exist which were assembled in different ways. The full *Marmor Soorten* contains illustrations of 570 types of stone, printed on 100 plates, and this facsimile edition reprints the book in its entirety, compiling material from two exemplary copies held at the State and University Library in Dresden and the Getty Research Institute, Los Angeles.

Marmor (marble) was, in Dutch, the name given to the umbrella term of polished stone, and so the book does not exclusively deal with types of marble, but polished stone in a broader sense. Although many of the types of stone originated in Germany, there are also samples from twelve other regions, including Austria, Switzerland, France, Italy and the Netherlands. In the illustration captions, the origins of the stones are listed in five languages, while the arrangement of the illustrations according to origin imitates the usual form of presentation of stones seen in collections. Jan Christiaan Sepp published the work in 1776 as a new revised edition based on the German original. The work had been originally published in 1775 with Latin and German text by Adam Ludwig Wirsing (1733–1797) in Nuremberg as *Marmora et adfines aliquos lapides coloribus suis exprimi* (Illustrations of the Types of Marble and a Number of Related Stones after Nature and Most

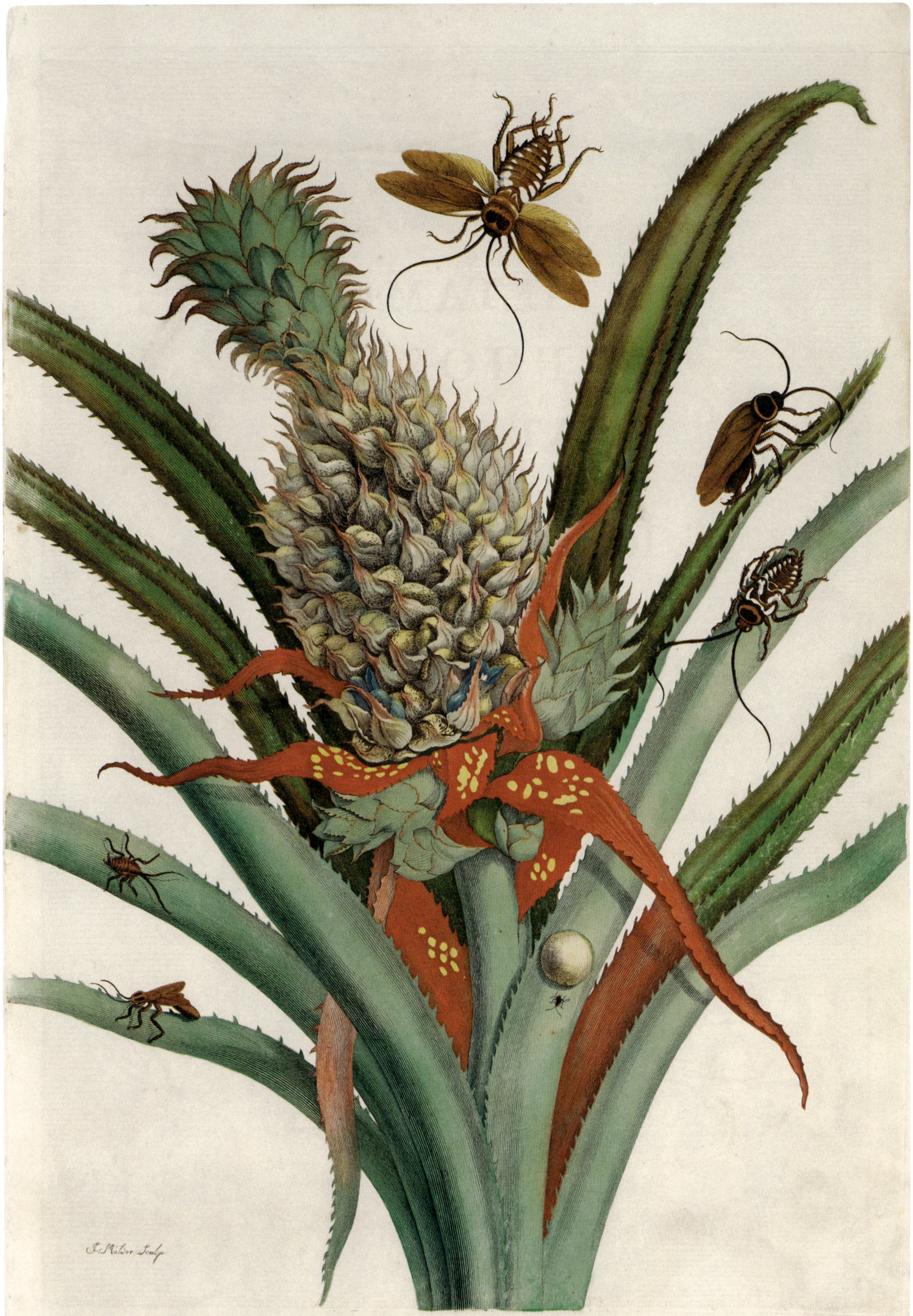

7

METAMORPHOSIS NATURALIS
autore
Ioanne Goedardo
Medioburgensi
Pars Tertia

Medioburghi,
Apud Iacobum Fierens
Bibliopolam.

Ills. 8–9
Johannes Goedaert
Frontispiece
Frontispiz
Frontispice

Butterfly, larva and pupa
Schmetterling, Larve und Puppe
Papillon, larve et chrysalide

From: *Metamorphosis Naturalis*
(Amsterdam, 1660–1669)
Los Angeles, Getty Research Institute

Carefully Illuminated with Colours, ills. 27, 28). Sepp's new edition was expanded to include the texts in French, Dutch and English, with text written by Casimir Christoph Schmidel (1718–1792), a German physician and scientist who had previously published works on botanical subjects and minerals. A professor of pharmacology at the University of Bayreuth, Schmidel owned an extensive collection of minerals and gave his name to various species of plant. The engravings were the work of Wirsing himself, a publisher and copperplate engraver who specialised in scientific publications. Through marriage, he had become the owner of a publishing house and an art dealer in Nuremberg, thereafter specialising as a copper engraver. His work can also be seen in the famous botanical work, *Hortus nitidissimis omnem per annum superbiens floribus* (The Flower Garden in Full Flower throughout the Year) from 1768 until 1786.

The Book of Wood

The successor to *Marmor Soorten* was a compendium of wood specimens, titled *Houtkunde, behelzende de afbeelding van meest alle bekende, in- en uitlandsche Houten*, or *The Science of Wood, comprising the illustrations of most of all known domestic and foreign woods*. This work contains illustrations of 823 native and exotic wood types from various collections across 100 plates. The supplement from 1795 consists of six plates with 42 wood types, so that the total number of wood types amounts to 865. The work was initiated by Jan Christiaan Sepp, who also created the copperplate engravings.

After a brief account of the contents, written only in Dutch and dated 1791, and a brief introduction in Dutch, German, English, French and Latin, there followed the 17 instalments with the names of the wood types in these five languages. The first 16 instalments contained six plates each, while the final instalment contained only four plates. The work was completed by a 48-page index in five languages. Only the Dutch section of the index contains detailed descriptions and suitable uses for the various woods. For example, "berkentijnse hout", or birch wood, was used by cabinetmakers, while maple wood was popular in Germany and England for the manufacture of toys, tobacco cases, caskets and other trinkets. Olive wood could be polished well and was suitable for turnery and boxes, while "Resonantie hout", resonance wood, from Swiss mountain pines, could be used for the sounding boards of harpsichords. The "ypenboom (iep)", the elm, grew along the canals of Amsterdam and was distinguished by its rough leaves, while the English elm had smooth leaves. Elm wood was ideally suited to coarse carpentry work, such as the axles of carts and for the wheels of windmills.

The publisher and editor of this work was Martinus Houttuyn (1720–1798), who settled in Amsterdam in 1753, following his study of medicine in Leiden. Houttuyn was an expert on scientific topics: he compiled 18 works on zoology, 14 on botany and five on minerals – all publications based on his enormous collection of scientific objects. From 1766 he worked together with Jan Christiaan Sepp, for whom he translated and edited various scientific works. Houttuyn completed *Houtkunde*, which Sepp had begun in 1773 as a translation of the German work *Abbildung In- und Ausländischer Hölzer* (Illustration of Native and Foreign Woods), published in Nuremberg in from 1773 to 1777 by Johann Michael Seligmann (1720–1762), whose 48 plates were also included. These plates show wood types from the Dresden collection of Friedrich August III, the Elector of Saxony (1750–1827). Forty-one illustrations were subsequently added, representing wood types which mostly originated from the West Indies colony and which were to be found in the collection of Pastor Hazeu of Rotterdam, as well as 11 plates showing wood types from Houttuyn's own collection.

In 1791 new title pages were published, together with an index presenting the name, origin and use of the woods in five languages (Dutch, German, English, French and Latin). In the new introduction, Houttuyn explained that the original book concept had been expanded several times. Finally, four years after the completion of the 1795 edition, a supplement with six plates was published, illustrating 42 wood types from the collection of the Amsterdam apothecary H. de Troch.

Houtkunde was published between 1773 and 1791, in 17 instalments. The price per colour plate was 15 stuivers, resulting in a total amount

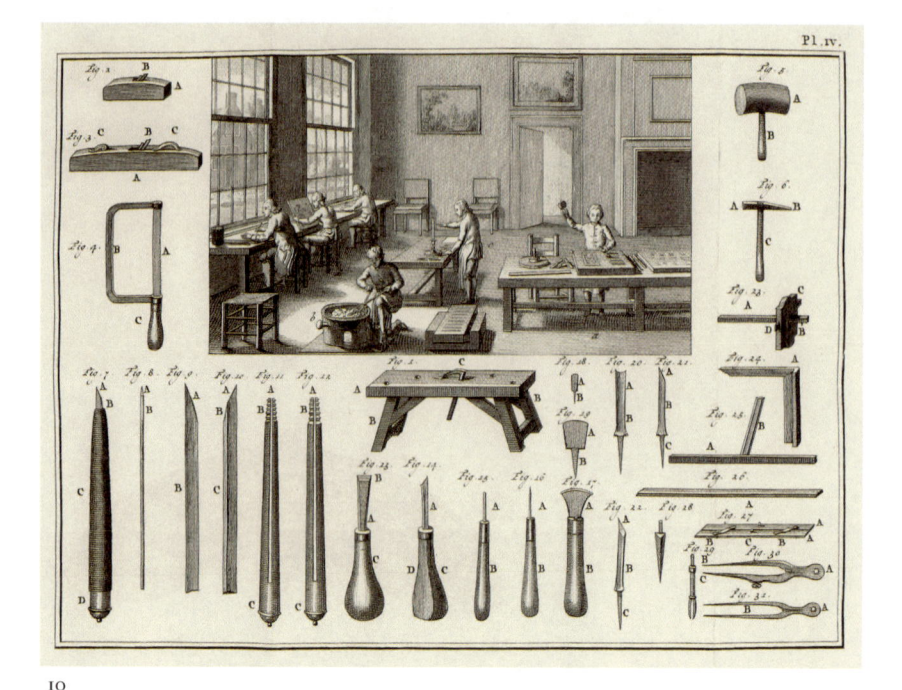

ILL. 10
The engraver's workshop, with their implements for engraving
Die Werkstatt des Holzschneiders mit Werkzeugen für die Gravur
L'atelier du graveur avec ses outils de gravage
From: Arend Fokke Simonsz, A. Blussé en Zoon, *De Graveur* (Dordrecht, 1796)
Los Angeles, Getty Research Institute

ILL. 11
Jan Christiaan Sepp
Frontispiece
Frontispiz
Frontispice
From: *Nederlandsche Insecten* (Amsterdam, 1762–1853), vol. 7
Leiden, Bibliothek der Nederlandsche Entomologische Vereniging

of 1,500 stuivers for 100 plates. The value of 15 stuivers (0.75 Dutch guilders) would amount today to approximately € 7, so that the total price was the equivalent of € 700, though it was possible to spread out the payment of this sum over 20 years. Sadly, no details are known regarding the size of the print run, although editions of this type were usually published in a print run of 100. The book ends with a brief list of the possible uses, from which we can deduce who the purchasers and users of these books must have been. The interested parties ranged from master builders or shipbuilders to carpenters and cabinetmakers, as well as colourmakers and apothecaries who manufactured medicines from wood extracts. Since the Middle Ages, tropical woods had been imported for these purposes. It is possible that a master builder or a shipbuilder would use this book together with his client in order to select the appropriate woods, or equally a cabinetmaker who had been commissioned to make a specific item of furniture.

Publications on Stone and Wood

During the eighteenth century, luxury works on scientific subjects were published, but books with illustrations exclusively of wood or marble were virtually unknown. Because of the small print run and the high price, *Marmor Soorten* and *Houtkunde* were not widely distributed. Complete copies are rare, because the individual instalments arrived only irregularly and over a long period of time. Because of this rarity, as well as their high quality and the elegance of their plates, Sepp's books were highly sought-after by collectors.

1794 saw the publication of *Mustertafeln der bis jetzt bekannten einfachen Mineralien* (Sample Plates of the Simple Minerals Known at this Time) by Johann Georg Lenz (1748–1832), a work in which 344 minerals and stones were classified in six colour groups (ill. 25). The small images provide information about their form, but significantly less about the colour shadings of the stones than *Marmor Soorten*.

The so-called *Table de Teschen* (also known as the *Table de Breteuil*) was an object of particular opulence containing 126 inlaid and numbered types of ornamental stone from Saxony (ill. 30). The table was manufactured in 1779 by Johann Christian Neuber (1736–1808) on the orders of the Friedrich August III, with one drawer of the table intended for a book with the description of all the stones. After the Treaty of Teschen, the Austrian Archduchess Maria-Theresa (1717–1780), the mother of Marie-Antoinette, and the Elector of Saxony presented this table to Louis-Auguste de Breteuil (1730–1807) jointly, in recognition of his successful mediation between Prussia and Austria during the War of the Bavarian Succession (1778–79).

The *Manuel du tourneur* (The Turner's Handbook) by L.-E. Bergeron (Louis Georges Isaac Salivet, 1737–1805) is a manual for turners published in Paris between 1792 and 1796 (ills. 33, 34), and containing illustrations comparable with those of *Houtkunde*. The second edition from 1816 contains 96 illustrations, including eight coloured copper engravings with 72 examples of types of wood.

De houtsoorten van Suriname (The Wood Types of Surinam) by J. Ph. Pfeiffer from 1926 is a book with photographic illustrations, intended for trade and industry. Meanwhile, a modern book that can be compared with *Houtkunde* and *Marmor Soorten* was compiled by the artist herman de vries. His work contains pictures of his extensive collection of types of soil. For the past 48 years, de vries (b. 1931) has collected soil samples from all over the world and his book, *the earth museum catalogue*, published in 2016, consists of 472 sheets containing facsimiles of approximately 8,000 earth rubbings, arranged according to colour and with details of where they were found (ills. 35, 36).

Comparable successors to *Marmor Soorten* and *Houtkunde*, however, are ultimately few and far between. Because of the precision of their design and the colourful illustrations that tend towards the abstract, both works appear almost modern. The presentation and arrangement of the wood and marble samples according to their colour and texture make the books a pleasure to behold. To this day, high prices are paid for a rare, complete copy in well-maintained condition. But through this new facsimile edition, the magnificent marble compendium *Marmor Soorten* can unfurl its inspiring impact to a broader readership.

DE
WONDEREN
GODS
in de
MINST-GEACHTE
SCHEPSELEN.
VIIe DEEL.

1183-1186 *MARMO BRECCIATO* *GIALLICCIO* CARBONATO DI CALCE 91-94	1176-1177 *MARMO SCREZIATO* *GIALLOGNOLO* CARBONATO DI CALCE 84-85	1176-1177 *MARMO SCREZIATO* *GIALLOGNOLO* CARBONATO DI CALCE 84-85	2061 *MARMO SCREZIATO* *VERDE* CARBONATO DI CALCE 125	1178 *MARMO SCREZIATO* *VERDE* CARBONATO DI CALCE 86

1191
MARMO BRECCIATO
VERDE
CARBONATO DI CALCE
99

ORDINE I.°
SOSTANZE
ACIDIFERE
TERROSE

1192-1197
MARMO BRECCIATO
ROSSO

1209-1214
CALCARE DENDRITICO
CARBONATO DI CALCE
117-122

1209-1214
CALCARE DENDRITICO
CARBONATO DI CALCE
117-122

1209-1214
CALCARE DENDRITICO
CARBONATO DI CALCE
117-122

1199-1208
MARMO LUMACHELLA
CARBONATO DI CALCE
107-116

1199-1208
MARMO LUMACHELLA
CARBONATO DI CALCE
107-116

1129-1151
CALCARE
CRISTALIZZATO
CARBONATO DI CALCIO
37-59

1129-1151
CALCARE
CRISTALIZZATO
CARBONATO DI CALCIO
37-59

1129-1151
CALCARE
CRISTALIZZATO
CARBONATO DI CALCE
37-59

1129-1151
CALCARE
CRISTALIZZATO
CARBONATO DI CALCE
37-59

1129-1151
CALCARE
CRISTALIZZATO
CARBONATO DI CALCIO
37-59

...GIALLO ...CALCE 87	1180 MARMO UNITO VERDE CARBONATO DI CALCE 88	1183-1186 MARMO BRECCIATO GIALLICCIO CARBONATO DI CALCE 91-94	1183-1186 MARMO BRECCIATO GIALLICCIO CARBONATO DI CALCE 91-94	1183-1186 MARMO BRECCIATO GIALLICCIO CARBONATO DI CALCE 91-94

		1192-1197 MARMO BRECCIATO ROSSO CARBONATO DI CALCE 100-105		2068 MARMO BRECCIATO ROSSO CARBONATO DI CALCE 132

1209-1214 CALCARE DENDRITICO CARBONATO DI CALCE 117-122	1215 CALCARE RUINIFORME CARBONATO DI CALCE 123	1209-1214 CALCARE DENDRITICO CARBONATO DI CALCE 117-122	

1199-1206 MARMO LUMACHELLA CARBONATO DI CALCE 107-116	2056 MARMO PORTO VENERE CARBONATO DI CALCE 120		2058 MARMO SCREZIATO NERICCIO CARBONATO DI CALCE 122	1217 MARMO PORTO VENERE CARBONATO DI CALCE

1129-1151 CALCARE CRISTALIZZATO CARBONATO DI CALCIO 37-59	1129-1151 CALCARE CRISTALIZZATO CARBONATO DI CALCIO 37-59	

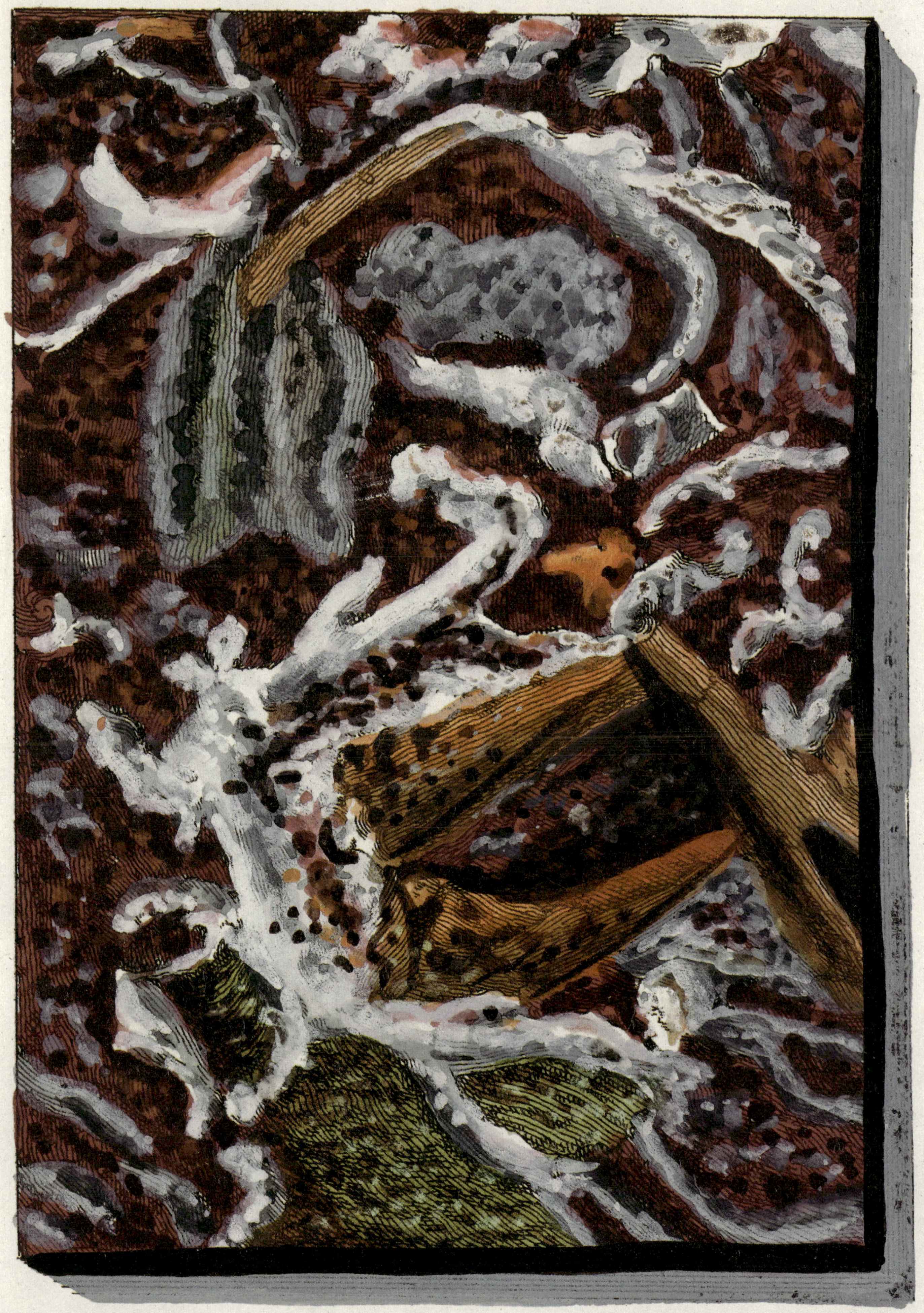

Jan Christiaan Sepps Kompendium zu Marmor

Wissenschaftliche Bücher und Sammelleidenschaft im 18. Jahrhundert

Im Jahr 1776 publizierte der Amsterdamer Verleger Jan Christiaan Sepp (1739–1811) mit *Marmor Soorten* (*Marmora*, oder Marmorarten) ein umfassendes Handbuch über Marmor, das auf 100 Farbtafeln 570 Sorten präsentiert, begleitet von einem Text in fünf Sprachen. 15 Jahre später veröffentlichte er ein ähnliches Buch über Holz, *Houtkunde* (Holzkunde), das Illustrationen von 865 Holzarten auf 106 Farbtafeln zeigt. Diese umfassenden, kunstvoll gestalteten und mit viel Liebe zum Detail handkolorierten Publikationen gehören zu den schönsten visuellen Ausdrucksformen des aufklärerischen Strebens nach enzyklopädischem Wissen.

In ganz Europa hatte sich verstärkt seit dem 16. Jahrhundert eine Kultur des Sammelns entwickelt; angeregt vom naturwissenschaftlichen Erkenntnisstreben wurden zudem in dieser Zeit Gesellschaften gegründet, in denen man sein Wissen über die Natur austauschte. Studien nach der Natur und das Sammeln wertvoller Objekte waren in weiten Teilen Europas eine Domäne von zumeist fürstlichen Sammlern. In den Niederlanden dagegen bestand die Sammlergemeinde überwiegend aus vermögenden Bürgern: Ärzten, Pfarrern und Pastoren, Kaufleuten und Regenten, die in ihren Kuriositätenkabinetten große Sammlungen aufbauten, von Muscheln bis zu Gemälden, von ausgestopften Vögeln bis zu kostbarem Porzellan. Auch vermögende Aristokraten und Patrizier schufen für sich Prunkkabinette mit seltenen exotischen Objekten (Abb. 2, 12, 26). Mit ihren exklusiven, außergewöhnlichen Sammlungen demonstrierten sie ihren Reichtum und zugleich ihren guten Geschmack und erwarben sich damit Ansehen.

Durch die überseeischen Handelskontakte erhielt das Sammeln in den Niederlanden einen besonders starken Impuls. Zwei Jahrhunderte lang hatte die auch unter dem Kürzel VOC bekannte private Handelsgesellschaft Vereenigde Oost-Indische Compagnie (Vereinigte Niederländische Ostindien-Kompanie) das Monopol für den Überseehandel zwischen der Republik der Sieben Vereinigten Provinzen (auch als Republik der Vereinigten Niederlande bekannt) und Asien. Diese Dominanz im niederländischen Überseehandel garantierte einen kontinuierlichen Import von Luxusgütern aus China und dem Orient.

Sammlung und Klassifizierung im Geist der Aufklärung

Am Ende des 17. Jahrhunderts wurden mehr und mehr Reiseberichte verfasst, um das Wissen von der Welt zu erweitern. Unter dem Einfluss der Aufklärung wuchs dieses naturwissenschaftliche Interesse im 18. Jahrhundert. Die auch als Jahrhundert der Vernunft bezeichnete Aufklärung war eine intellektuelle europäische Strömung, die sich als Gegenbewegung zum dogmatischen Denken und dem Glauben an die Autorität der Kirche entwickelte. Man strebte nach einer kritischen Übersicht über das gesamte damals verfügbare Wissen. Das wichtigste Beispiel dafür ist die *Encyclopédie ou Dictionnaire raisonné des sciences, des arts et des metiers* (Enzyklopädie oder ein durchdachtes Wörterbuch der Wissenschaften, Künste und Handwerke, Abb. 19–23), die zwischen 1750 und 1776 in Frankreich unter der Leitung von Denis Diderot (1713–1784) und Jean Le Rond d'Alembert (1717–1783) herausgegeben wurde.

Diese Sammelleidenschaft führte zur Entdeckung zahlreicher neuer Pflanzen-, Tier- und Gesteinsarten, die übersichtlich geordnet und klassifiziert werden mussten. Der schwedische Arzt und Naturforscher Carl von Linné (1707–1778, Abb. 4) schlug eine Einteilung der Pflanzen, Tiere und Mineralien nach einem Klassifizierungsschema vor (Abb. 3, 5). Sein *Systema Naturae* erschien 1735 erstmals in Leiden und ist seitdem regelmäßig aktualisiert worden. Auch die Entstehung der beiden Publikationen *Houtkunde* und *Marmor Soorten* lässt sich mit der zunehmenden Bedeutung der Naturwissenschaften erklären und mit der Notwendigkeit, deren Erkenntnisse in eine Systematik einzuordnen. Die beiden Bände listen möglichst viele der damals bekannten Holz- und Marmorarten auf, klassifizieren sie nach Herkunft und Sorte und geben sie farbig wieder.

Im 18. Jahrhundert entwickelten sich die thematisch breit gefassten Kuriositätenkabinette zu stärker spezialisierten Sammlungen. Deren Beliebtheit wird durch die beeindruckende Zahl von

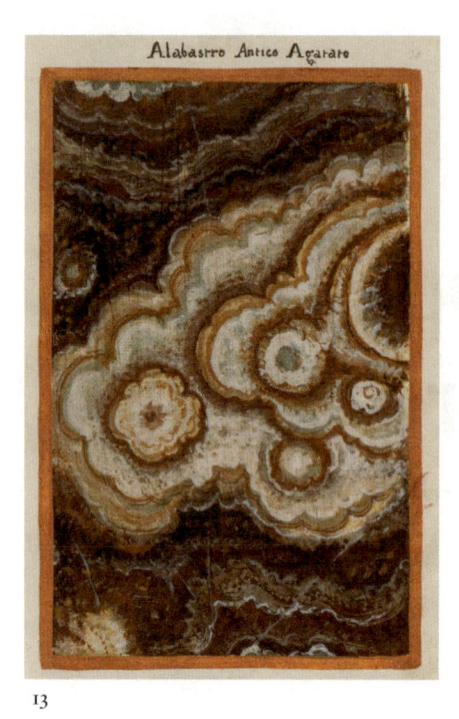

Ill. 12 (*pages 14/15*)
Massimo Listri
Marble assortment from the Collezione
Lazzaro Spallanzani
Marmorsortiment aus der Collezione
Lazzaro Spallanzani
Assortiment de marbres de la Collezione
Lazzaro Spallanzani
Musei Civici di Reggio Emilia

Page 16
Adam Ludwig Wirsing
Marble elegantly varied by reddish,
ash-colour and yellow spots
Marmor elegant variiert durch rötliche,
aschgraue und gelbe Flecken
Marbre aux variantes élégantes dues au
taches rougeâtres, gris cendre et jaunes
From: Jan Christiaan Sepp,
Afbeelding der Marmor Soorten
(Amsterdam, 1776), detail of pl. 44

Ills. 13–14
Giuseppe Galli Bibiena
Alabastro Antico Agatato
Africano
From: *Il Libro dei Marmi* (Rome, 1720)
Kraków, Biblioteka Jagiellońska

mindestens 340 privaten naturhistorischen Kabinetten von nennenswertem Umfang in den Niederlanden belegt. Allerdings wurde die Beschaffung unbekannter Pflanzen-, Tier- und Gesteinsarten durch den Niedergang des Überseehandels zunehmend erschwert: Aufgrund der englisch-niederländischen Kriege ab 1780 wurden immer wieder niederländische Handelsposten eingenommen und Handelsschiffe gekapert. Die Besetzung der Vereinigten Niederlande durch die Franzosen im Jahr 1795 und der Verlust der Ideale der Aufklärung trugen ebenfalls zum Niedergang der naturhistorischen Sammlungen am Ende dieses Jahrhunderts bei.

Der aufklärerische Impetus, Wissen und Bildung zu verbreiten, führte dazu, dass in großem Umfang Druckerzeugnisse zur Vermittlung neuer Erkenntnisse und Denkweisen genutzt wurden. Am Anfang des 18. Jahrhunderts kamen die ersten Bücher mit handkolorierten Kupferstichen auf den Markt. Weil diese Werke aufgrund ihrer Ausstattung, des Formats, des Papiers und der Abbildungen für die meisten ihrer Liebhaber unerschwinglich waren und nur von wohlhabenden Sammlern erworben werden konnten, lässt sich in dieser Zeit eine Zunahme der naturforschenden Gesellschaften beobachten. Hier trafen sich Forscher und wissenschaftlich interessierte Laien zum Gedankenaustausch, aber auch, um die dortige Bibliothek zu besuchen, der damit eine wichtige Rolle zukam. Es ist anzunehmen, dass der Buchbestand dieser Gesellschaften hauptsächlich für eine Nutzung durch die Mitglieder angeschafft wurde.

Die wissenschaftlich Interessierten teilten mithilfe von Büchern und Briefen ihr Wissen. Wohlhabende besaßen eigene Bibliotheken. Außerdem waren Bücher ein unverzichtbarer Bestandteil eines jeden Kuriositätenkabinetts. Viele dieser Bücher waren dafür gedacht, die Sammelobjekte bestimmen und klassifizieren zu können. Durch die Abbildungen in diesen Werken wurden fehlende Sammlungsobjekte gewissermaßen ergänzt. Mitunter dienten auch eingeklebte Zeichnungen als Stellvertreter, aber Bücher mit farbigen Kupferstichen waren in der Herstellung weniger kostspielig und damit einem größeren Kreis von Interessierten zugänglich. Um das Ansehen ihrer naturhistorischen Sammlungen zu heben, gaben einige Sammler die Herstellung schöner, illustrierter Bücher in Auftrag. Der in Amsterdam ansässige Apotheker und Sammler Albertus Seba (1665–1736) ließ von 1734 bis 1765 eine Reihe reich illustrierter Buchwerke seiner Sammlungen zusammenstellen und unter dem Titel *Locupletissimi rerum naturalium thesauri* (Das Naturalienkabinett) publizieren (Abb. 1).

Aufgrund der Kombination der wachsenden Nachfrage nach Wissen, der zunehmenden Einschränkungen beim Angebot neuer Objekte und gleichzeitig sinkender Produktionskosten von Druckerzeugnissen wuchs der Markt für Bücher über naturhistorische Gegenstände. Wie die Sammlungsobjekte selbst wurden auch die Illustrationen dieser Bücher wegen ihrer Schönheit und als Quelle wissenschaftlicher Erkenntnisse hochgeschätzt. Die Bände *Houtkunde* (Holzkunde) und *Marmor Soorten* (Marmorarten) sind gute Beispiele für Spezialsammlungen auf Papier. Sie erreichten nicht nur die Gruppe der reinen Sammler und wissenschaftlich Interessierten, sondern einen viel größeren Leserkreis. Die mehrsprachigen Erläuterungen machten diese Werke auch für das Ausland interessant. Die zahlreichen Illustrationen dienten nicht allein Sammlern von Holz- und Marmorarten als Referenz, sie wurden auch von Zimmerleuten und Innenausstattern genutzt, um mithilfe dieser Bücher die geeigneten Materialien auszuwählen.

Die Herstellung von illustrierten Büchern

Bereits im 16. Jahrhundert wurden illustrierte Bücher verlegt, um Pflanzen zu identifizieren und deren Charakteristika zu beschreiben, beispielsweise *De Historia Stirpium* (1542) von Leonhart Fuchs (1501–1566). Auf die ersten botanischen Werke folgten bald illustrierte Bücher über Tiere und Anatomie. Im 17. Jahrhundert gab es eine weitere Spezialisierung zu bestimmten Themengebieten wie Insekten oder Vögel. Die ursprünglich in Latein verfassten Bücher wurden später mehrsprachig herausgegeben, außerdem gab es Editionen in verschiedenen modernen Sprachen. Ein bekanntes Beispiel dafür

Africano

1.   *Tab. III.*

2.   *3.*   *4.*

G. W. Knorr excudit Norimb.

Ills. 15–16
Martinus Houttuyn
Rarities of nature (pls. III and V)
Raritäten der Natur
Raretés de la nature
From: *De Natuurlyke historie
der versteeningen of uitvoerige Afbeelding*
(Amsterdam, 1773), vol. 1
Leiden University Library,
Department of Special Collections

16

ist Jan Goedaerts (1617–1668) dreibändige *Metamorphosis Naturalis*, die ab 1660 in mehreren Sprachen publiziert wurde (Abb. 8, 9). Häufig wurde nicht mehr nur ein Gegenstand pro Bild dargestellt, sondern das jeweilige Objekt wurde mit anderen in einen Kontext gestellt. Maria Sibylla Merian (1647–1717) beispielsweise gab in ihrer *Metamorphosis Insectorum Surinamensium* (Die Verwandlung der surinamischen Insekten) von 1705 die Insekten künstlerisch anspruchsvoll in ihrer natürlichen Umgebung wieder (Abb. 7).

Die Herstellung von illustrierten Büchern war kostspielig – wegen der hohen Papierkosten, der arbeitsintensiven Produktion, der handkolorierten Illustrationen und wegen des Autorenhonorars. Außerdem gab es nur kleine Auflagen mit durchschnittlich 100 Exemplaren. Um größere Investitionen zu vermeiden und die anfallenden Kosten über einen längeren Zeitraum zu strecken, veröffentlichten die Verleger diese illustrierten Werke in Einzellieferungen, die gegen Barzahlung subskribiert werden konnten. Die Buchhandlungen gaben Prospekte heraus, um potenzielle Kunden zu gewinnen. Pro Lieferung erhielt der Käufer eine naturgetreue Darstellung und eine Beschreibung des abgebildeten Objekts. Nach einer gewissen Zahl von Einzellieferungen publizierte der Verlag ein Titelblatt, ein Inhaltsverzeichnis sowie ein Vorwort, worauf die einzelnen Lieferungen zu einem Buch gebunden werden konnten.

Im 16. Jahrhundert wurden die Bilder von hölzernen Druckstöcken hergestellt, im 17. Jahrhundert kamen Kupferstich und Radierung auf (Abb. 10). Seit der Mitte des 18. Jahrhunderts machte sich der Einfluss der französischen Buchillustration in den Niederlanden stärker bemerkbar. Nun wurden die Kupferplatten mit feinen Linien und Punktstichen bearbeitet, sodass sie heller und eleganter wirkten. In den 70er-Jahren des 18. Jahrhunderts entwickelte sich eine eher akademisch orientierte Illustrationstechnik, bei der die klare Linienführung im Mittelpunkt stand. Diese Technik ist auch in den beiden Bänden *Marmor Soorten* und *Houtkunde* gut zu erkennen. Die Illustrationen wurden von Hand koloriert.

Seit der Erfindung des Buchdrucks wurden Abbildungen koloriert. In den Niederlanden orientierten sich die Koloristen an den Richtlinien, die das älteste Buch in diesem Bereich vorgab, das *Verlichtery kunst-boeck, inde welke de rechte fondamenten en het volcomen gebruyck der illuminatie met alle hare eygenschappen klaerlijcken werden voor oogen gestelt* (Buch über die Kunst des Einfärbens, in dem die Grundprinzipien und die Anwendung des Kolorierens mit all ihren Eigenschaften klar erläutert werden), ein Werk Gerard ter Brugghens aus dem Jahr 1616. Oft war der Verlag dafür zuständig, in anderen Fällen lag die Verantwortung bei einem professionellen Koloristen. Im Falle von *Marmor Soorten* und *Houtkunde* war die Freiheit des Künstlers allerdings eingeschränkt, denn die Wiedergabe der Holz- und Steinarten musste einheitlichen, definierten Regeln folgen. Die Koloristen arbeiteten mit ziemlicher Sicherheit nach Vorlagen.

Der Verleger Jan Christiaan Sepp

Marmor Soorten und *Houtkunde* wurden von Jan Christiaan Sepp herausgebracht. Dessen Vater Christian Sepp (1710–1775) war ein Kartenmacher und Illustrator deutscher Herkunft in Hamburg, den das kommerziell wie künstlerisch attraktive Klima nach Amsterdam gelockt hatte. Mit seinem großen naturwissenschaftlichen Interesse gehörte Christian Sepp zu den bürgerlichen Sammlern. Sein Hauptaugenmerk galt der Welt der Insekten (Abb. 11, 31). Christian beschloss, seine Beobachtungen und Zeichnungen für ein größeres Publikum drucken zu lassen. Mithilfe seines Sohns Jan Christiaan schuf er die Kupferstiche und ergänzte diese um Beschreibungen. Ab 1762 erschien das Werk mit dem Titel *Nederlandsche Insecten* (Niederländische Insekten) in monatlichen Lieferungen für jeweils 18 Stuiver pro Stück. Diese Publikation führte zur Gründung des Verlags J. C. Sepp, denn man musste in der Buchhändlerzunft registriert sein, um Druckschriften vertreiben zu können. Da Vater und Sohn Sepp den Vertrieb in eigener Hand behalten wollten, wurde Jan Christiaan 1764 Buchhändler und ließ sich in die Amsterdamer Buchhändlerzunft aufnehmen. Von nun an durfte er Bücher drucken, vertreiben und

ILLS. 17–18
Martinus Houttuyn
Title page with illustration of a
marble quarry
Titelseite mit der Darstellung eines
Marmorsteinbruchs
Page de titre avec l'illustration d'une
carrière de marbre

Antiquities of the soil (pl. VIIa)
Altertümer des Bodens
Antiquités du sol

From: *De Natuurlyke historie der versteeningen of uitvoerige Afbeelding* (Amsterdam, 1773), vol. 1
Leiden University Library,
Department of Special Collections

verkaufen. Der Erfolg ihrer *Nederlandsche Insecten* machte Vater und Sohn Sepp mit ihren Zeichnungen, Gravuren und Kolorierungen bei den Liebhabern der „natuurlijke historie", der Naturgeschichte, sehr beliebt. Der Name Sepp stand für Qualität.

Naturhistorische Prachtausgaben waren die Spezialität der Sepps, obwohl auch andere Verleger solche Werke herausbrachten. Senior wie Junior Sepp bevorzugten Werke, in denen ein bestimmtes Thema behandelt wurde. Sie verlegten beispielsweise Bücher über Vögel, Insekten, Hölzer und Gesteine, Muscheln und Heilpflanzen. Bei den Ausgaben handelte es sich häufig um Übersetzungen, aber in einigen wenigen Fällen ergriffen die Verleger selbst die Initiative, um neue Publikationen zu entwickeln, die nicht auf früheren Veröffentlichungen basierten, zum Beispiel die *Nederlandsche vogelen* (Die Vögel der Niederlande), die zwischen 1770 und 1829 in fünf Bänden publiziert wurden. Diese Werke erschienen in Teillieferungen, wobei zu Beginn nicht immer klar war, wie viele Einzelblätter erscheinen würden. Die *Houtkunde*, um ein Beispiel zu nennen, wurde 1773 mit einem Veröffentlichungsplan von 40 oder 50 Illustrationen begonnen. Im Lauf der Zeit kamen mehrere Ergänzungen hinzu, die schließlich zu einer wesentlich umfangreicheren Buchausgabe von 100 Tafeln führten, die erst 1791 abgeschlossen wurde. Ebenso änderten sich die Anzahl der Teillieferungen und die Anzahl der Bildtafeln pro Lieferung. *Marmor Soorten* kam 1776 in elf Teillieferungen und einem Nachtrag heraus. *Houtkunde* erschien in 16 Teillieferungen mit jeweils sechs und einer Lieferung mit vier Tafeln sowie einer Ergänzung mit sechs Tafeln. Die Erscheinungsfrequenz war oft unregelmäßig.

Unterstützt von seinem Sohn Jan Christiaan kolorierte Christian Sepp die Illustrationen seiner ersten Bücher noch selbst. Mit steigender Produktion der Tafelwerke war er gezwungen, für das Ausmalen der Illustrationen Fachleute einzustellen. Auf den Titelblättern einiger Werke wird erwähnt, dass die Kolorierung von Sepp überwacht wurde, der für diese Aufgabe vermutlich eine eigene Werkstatt betrieb. Er übernahm auch für andere Verleger, unter anderem für Johannes Enschedé (1708–1780), das Kolorieren von Farbtafeln.

Im 19. Jahrhundert wurden spezialisierte Werkstätten eingerichtet, in denen Verlage wie der von Sepp ihre Tafeln ausmalen ließen. Entsprechend dem Titel *Afbeelding der Marmor Soorten: volgens hunne natuurlyke koleuren* (Abbildung der Marmorarten: nach ihrer natürlichen Farbgebung) wurden die Marmore nach der Natur, das heißt ihren natürlichen Farben entsprechend koloriert, also so naturgetreu wie möglich. Zweifellos wurde dabei nach Vorlagen gearbeitet, da alle Ausgaben dieselben Farben aufweisen. *Houtkunde* wurde, wie nicht anders zu erwarten, in derselben Weise koloriert.

Üblicherweise kostete ein Buch nur wenige Stuiver. Bei den voluminösen handkolorierten Ausgaben aus dem Sepp-Verlag war dies jedoch nicht der Fall. Hier bezahlte man 9 Stuiver pro kolorierter Tafel der *Marmor Soorten*, also viel weniger als die 15 Stuiver pro Tafel für *Houtkunde*. Bei einer Gesamtzahl von 100 Tafeln betrug der Preis für das vollständige Werk 900 Stuiver. Der Wert von 9 Stuiver (= 0,4 niederländische Gulden) im Jahr 1776 entspricht heute etwa 4,50 €, was einem Gesamtpreis von umgerechnet 450 € entspricht. Für *Houtkunde* und für *Marmor Soorten* liegen keine Daten zur Auflagenhöhe vor. Man nimmt an, dass die Auflage von *Marmor Soorten* auf 100 Exemplare beschränkt war.

Im 19. Jahrhundert stockte die Nachfrage nach Büchern aus dem Sepp-Verlag. Der wirtschaftliche Niedergang und die hohe Inflation erzwangen 1868 die Liquidation des einst höchst innovativen, qualitativ herausragenden und wirtschaftlich erfolgreichen Unternehmens.

Das Marmorbuch

Marmor Soorten und *Houtkunde* zählen beide zu den schönsten naturwissenschaftlichen Publikationen von Jan Christiaan Sepp. Die sorgfältig kolorierten Tafeln wirken nahezu abstrakt. Die Abbildungen sind mit einem detaillierten, in Kupfer gestochenen feinen Liniennetz überaus raffiniert ausgeführt. Die Farben wurden sorgfältig von Hand auf die einzelnen Abzüge auf festem Papier aufgetragen. Da beide Werke in Teillieferungen herausgebracht wurden, existieren mehrere, jeweils verschieden zusammengestellte Exemplare.

Tab. VII. a.

Ex Collectione Cel. Dn. J. C. Gmelini Pharmacop. Tübing.

fig. 25.

fig. 26.

fig. 27.

Lucotte Del. *Benard Fecit*

Marbrerie,
Differens Compartimens de pavé de Marbre pour des Salles ou Sallons quarrés.

ILLS. 19–20
Denis Diderot,
Jean Le Rond d'Alembert
The art of paving
Die Kunst des Marmorverlegens
Marbrerie

Marble workshop
Marmorwerkstatt
Atelier de marbrerie

From: *Recueil de planches, sur les sciences, les arts libéraux, et les arts méchaniques, avec leur explication* (Paris, 1762), vol. 5
Los Angeles, Getty Research Institute

20

Marmor Soorten enthält Abbildungen von 570 Steinarten, die auf 100 Blätter gedruckt sind. Diese Faksimileausgabe präsentiert *Marmor Soorten* in seiner Gesamtheit, wobei die Vorlagen aus zwei Exemplaren zusammengetragen wurden, die sich in der Sächsischen Landesbibliothek – Staats- und Universitätsbibliothek Dresden sowie im Getty Research Institute, Los Angeles, befinden.

Marmor war im Niederländischen der Oberbegriff für polierten Stein, und so befasst sich das Buch nicht ausschließlich mit Marmorarten, sondern mit poliertem Stein im weiteren Sinne. Obwohl viele Gesteine aus Deutschland stammen, umfasst die geologische Verbreitung zwölf Gebiete, darunter Österreich, die Schweiz, Frankreich, Italien und die Niederlande. In den Bildunterschriften wird die Herkunft der Steine in fünf Sprachen genannt. Die Anordnung der Illustrationen nach Herkunft entspricht der üblichen Art der Präsentation von Gesteinsarten in Kuriositätenkabinetten und Sammlungen mit naturwissenschaftlichen Objekten.

Jan Christiaan Sepp veröffentlichte das Werk 1776 als veränderte Neuausgabe nach dem deutschen Original. Das Werk wurde erstmals 1775 von Adam Ludwig Wirsing (1733–1797) in Nürnberg als *Marmora et adfines aliquos lapides coloribus suis exprimi* (Abbildungen der Marmor-Arten und einiger verwandter Steine nach der Natur auf das sorgfältigste mit Farben erleuchtet) mit lateinischem und deutschem Text herausgebracht (Abb. 27, 28). Die Neuausgabe in Amsterdam wurde um die Bezeichnungen in Französisch, Niederländisch und Englisch ergänzt. Den Text verfasste Casimir Christoph Schmidel (1718–1792), ein deutscher Arzt und Naturwissenschaftler, der bereits früher über botanische Themen und Mineralien publiziert hatte. Er war Professor für Arzneikunde an der Universität von Bayreuth. Schmidel besaß eine große Mineraliensammlung und war Namensgeber für verschiedene Pflanzenarten. Die Stiche stammen von Adam Ludwig Wirsing, einem auf naturwissenschaftliche Publikationen spezialisierten Verleger und Kupferstecher. Durch seine Heirat war er in den Besitz eines Verlags und einer Kunsthandlung in Nürnberg gekommen. Danach spezialisierte er sich als Kupferstecher.

Ein bekanntes botanisches Werk, für das er die Illustrationen schuf, ist der *Hortus nitidissimis omnem per annum superbiens floribus* (Der das ganze Jahr hindurch im schönsten Flor stehende Blumengarten) von 1768 bis 1786.

Das Holzbuch

Der Nachfolger von *Marmor Soorten* war ein Handbuch über Holzarten, *Houtkunde, behelzende de afbeelding van meest alle bekende, in- en uitlandsche Houten* (Holzkunde, mit Abbildungen fast aller bekannten in- und ausländischen Holzarten). *Houtkunde* enthält auf 100 Blättern Abbildungen von 823 einheimischen und ausländischen Holzarten aus verschiedenen Sammlungen. Die Beilage von 1795 besteht aus sechs Blättern mit 42 Holzarten, sodass sich die Gesamtzahl der Holzarten auf 865 beläuft. Das Werk wurde von Jan Christiaan Sepp initiiert, der auch die Kupferstiche schuf.

Nach einer kurzen Rechenschaft über den Inhalt, nur in Niederländisch, datiert 1791, und einer kurzen Einführung in Niederländisch, Deutsch, Englisch, Französisch und Latein folgen die 17 Lieferungen mit den Bezeichnungen der Holzarten in diesen fünf Sprachen. Die ersten 16 Lieferungen enthalten jeweils sechs Tafeln, während die letzte Lieferung nur vier Tafeln umfasst. Das Werk wird mit einem 48-seitigen Register in fünf Sprachen abgeschlossen. Nur der niederländische Registerteil enthält detaillierte Beschreibungen und Verwendungsmöglichkeiten der einzelnen Hölzer. Beispielsweise wird das „berkentijnse hout", das Birkenholz, von Möbeltischlern verwendet, das Holz des Ahorns dagegen war in Deutschland und England für die Herstellung von Spielzeug, Tabakdosen, Kassetten und anderem Schnickschnack beliebt. Olivenholz lässt sich gut polieren und eignet sich für Drechslerarbeiten und Kästchen. „Resonantie hout", Resonanzholz, stammt von Schweizer Bergkiefern und kann für die Resonanzböden von Cembalos verwendet werden. Der „ypenboom (iep)", die Ulme, wächst an den Amsterdamer Grachten und zeichnet sich durch raue Blätter aus, während die englische Art glatte Blätter hat. Das Rüster genannte Holz der Ulme eignet sich hervorragend

Pl. II.

fig. 5. fig. 6.

fig. 7. fig. 8.

fig. 9. fig. 10.

Lucotte Del. Renard Fecit

Marbrerie,
Compartimens simples de Carreaux de differentes formes.

Ills. 21–23
Denis Diderot,
Jean Le Rond d'Alembert
The art of paving
Die Kunst des Marmorverlegens
Marbrerie
From: *Recueil de planches, sur les sciences, les arts libéraux, et les arts méchaniques, avec leur explication* (Paris, 1762), vol. 5
Los Angeles, Getty Research Institute

für grobe Schreinerarbeiten wie Radachsen für Fuhrwerke und für Windmühlenräder.

Herausgeber und Verfasser war Martinus Houttuyn (1720–1798). Nach seinem Medizinstudium in Leiden ließ er sich 1753 in Amsterdam nieder. Houttuyn war ein Experte für naturwissenschaftliche Themen: Er verfasste 18 Werke zur Zoologie, 14 zur Botanik und fünf zu Mineralien. Diese Publikationen basierten auf seiner riesigen Sammlung naturwissenschaftlicher Objekte. Ab 1766 arbeitete er mit Jan Christiaan Sepp zusammen; er übersetzte und redigierte für ihn verschiedene wissenschaftliche Werke. Houttuyn vollendete die *Houtkunde*, die Sepp 1773 als Übersetzung des deutschen Werks *Abbildung In- und Ausländischer Hölzer* (Nürnberg 1773–1777) von Johann Michael Seligmann (1720–1762) begonnen hatte und dessen 48 Tafeln übernommen wurden. Diese zeigen Holzsorten aus der Dresdener Sammlung des sächsischen Kurfürsten Friedrich August III. (1750–1827). Dazu kamen 41 Tafeln von überwiegend aus der westindischen Kolonie stammenden Holzarten aus der Sammlung des Rotterdamer Pastors Hazeu sowie elf Tafeln mit Holz aus Houttuyns eigener Sammlung.

1791 kamen neue Titelblätter heraus sowie ein Register mit Namen, Herkunft und Verwendung der Hölzer in fünf Sprachen (Niederländisch, Deutsch, Englisch, Französisch und Latein). In der neu beigefügten Einleitung erklärt Houttuyn, dass die ursprüngliche Konzeption mehrmals erweitert wurde. Schließlich wurde vier Jahre nach Abschluss der Edition 1795 ein Supplement mit sechs Tafeln veröffentlicht, auf denen 42 Hölzer aus der Sammlung des Amsterdamer Apothekers H. de Troch abgebildet sind.

Houtkunde erschien zwischen 1773 und 1791 in 17 Lieferungen. Der Preis pro kolorierter Tafel betrug 15 Stuiver, woraus sich der Betrag von 1500 Stuiver für 100 Tafeln ergibt. Der Wert von 15 Stuiver (= 0,75 niederländische Gulden) liegt heute bei etwa 7 €, sodass sich der Gesamtpreis auf umgerechnet 700 € beläuft. Zum Glück konnte die Zahlung dieser enormen Summe über einen Zeitraum von 20 Jahren gestreckt werden. Zur Auflagenhöhe sind leider keine Informationen bekannt. Derlei Editionen erschienen aber in der Regel in einer Auflage von 100 Exemplaren.

Das Buch endet mit einer kurzen Aufzählung der Verwendungsmöglichkeiten. Daraus lässt sich ableiten, wer die Käufer und Nutzer dieser Bücher waren: Die Interessenten reichten von Baumeistern oder Schiffbauern, von Schreinern und Tischlern bis zu Farbenmachern und Apothekern, die Arzneien aus Holzextrakten herstellten. Für diese Verwendungszwecke wurden bereits seit dem Mittelalter Tropenhölzer importiert. Es ist denkbar, dass ein Baumeister oder ein Schiffbauer zusammen mit seinem Auftraggeber mithilfe dieses Buchs die passenden Hölzer auswählte. Auch bei einem Schreiner, der mit der Herstellung von Möbeln beauftragt wurde, ist ein solcher Einsatz des Buches vorstellbar.

Publikationen über Stein und Holz

Im 18. Jahrhundert wurden Luxuswerke zu naturwissenschaftlichen Themen herausgebracht, Bücher mit Abbildungen ausschließlich von Holz- oder Marmorarten waren jedoch kaum bekannt. Wegen der geringen Auflage und des hohen Preises fanden die *Houtkunde* und *Marmor Soorten* nur eine geringe Verbreitung. Vollständige Exemplare sind selten, denn die einzelnen Lieferungen kamen nur unregelmäßig und über einen längeren Zeitraum hinweg heraus. Gewiss auch wegen ihrer hohen Qualität und der eleganten Schönheit der Tafeln wurden Sepps Bücher aber zu gesuchten Sammelobjekten.

1794 erschien *Mustertafeln der bis jetzt bekannten einfachen Mineralien worauf dieselben nach ihren Gestalten und natürlichen Farben abgebildet, und ihre übrigen Verhältnisse gegen einander bestimmt werden* von Johann Georg Lenz (1748–1832), ein Werk, in dem 344 Mineralien und Gesteine in sechs Farbgruppen klassifiziert sind (Abb. 25). Die kleinen Bilder geben über die Form Auskunft, allerdings viel weniger als in *Marmor Soorten* über die Farbschattierungen der Gesteine.

Ein ganz besonderes Objekt ist der sogenannte Tisch von Teschen (auch als Table de Breteuil bekannt) mit 126 eingelegten und nummerierten Schmucksteinarten aus Sachsen (Abb. 30). Dieser Tisch

ILL. 24
Christian Ernst Wünsch
Various semi-precious stones,
including agate and jasper samples
Verschiedene Halbedelsteine, darunter
Achat- und Jaspisproben
Différentes pierres semi-précieuses, dont
des échantillons d'agathe et de jaspe
From: *Briefwechsel über die
Naturprodukte* (Leipzig, 1781), pl. IV
Halle, Universitäts- und
Landesbibliothek Sachsen-Anhalt

ILL. 25
Johann Georg Lenz
Variations on the colour red
Variationen der Farbe Rot
Variations sur la couleur rouge
From: *Mustertafeln der bis jetzt bekannten
einfachen Mineralien* (Jena, 1794)
Klassik Stiftung Weimar,
Herzogin Anna Amalia Bibliothek

wurde 1779 von Johann Christian Neuber (1736–1808) im Auftrag des sächsischen Kurfürsten Friedrich August III. gefertigt. Eine Schublade des Tisches ist für ein Buch mit den Bezeichnungen aller Steine gedacht. Nach dem Frieden von Teschen schenkten die österreichische Erzherzogin Maria Theresia (1717–1780), die Mutter von Marie-Antoinette, und der Kurfürst von Sachsen gemeinsam Louis-Auguste de Breteuil (1730–1807) diesen Tisch, in Anerkennung seiner erfolgreichen Vermittlung zwischen Preußen und Österreich während des Bayerischen Erbfolgekrieges (1778–79).

Beim *Manuel du tourneur* (Handbuch des Drechslers) von L.-E. Bergeron (Pseudonym von Louis Georges Isaac Salivet, 1737–1805) handelt es sich um ein Handbuch für Drechsler, das von 1792 bis 1796 in Paris veröffentlicht wurde (Abb. 33, 34). Die Abbildungen lassen sich mit denen in *Houtkunde* vergleichen. Die zweite Auflage von 1816 enthält 96 Illustrationen, darunter acht farbige Kupferstiche mit 72 Beispielen von Holzarten.

Ein fotografisch illustriertes Buch über Holzarten ist das für Handel und Industrie gedachte Werk *De houtsoorten van Suriname* (Surinamische Holzarten) von J. Ph. Pfeiffer aus dem Jahr 1926. Ein modernes, der *Houtkunde* und *Marmor Soorten* vergleichbares Werk wurde von dem Künstler herman de vries zusammengestellt. Das Buch enthält Bilder seiner umfangreichen Sammlung von Erdarten. Herman de vries (geb. 1931) sammelt seit 48 Jahren Erdproben aus aller Welt. Sein 2016 erschienenes Buch *the earth museum catalogue 1978–2015* besteht aus 472 Blättern mit Faksimiles von ca. 8000 „earth rubbings", Erdabrieben, die nach Farben (mit Angabe der Fundorte) geordnet sind (Abb. 35, 36).

Marmor Soorten wie auch *Houtkunde* fanden nur wenige Nachfolger. Beide Werke wirken durch ihre konkrete Gestaltung und die farbenfrohen, zur Abstraktion neigenden Illustrationen modern. Die Präsentation und Anordnung der Holz- und Marmorproben nach Farbe und Textur machen die Bücher zu einer wahren Augenweide. Selbst heute noch wird für ein seltenes, vollständiges und gut erhaltenes Exemplar ein hoher Preis gezahlt. Durch diese Faksimileausgabe kann das prächtige Kompendium *Marmer Soorten* seine inspirierende Wirkung für einen größeren Leserkreis entfalten.

No.	Die rothe Farbe mit ihren Abänderungen.	Aeussere Gestalten.	Bruch.
366.		Derb, eingesprengt. — S. no. 12. 41. 54. 77.	Blättrig.
367.		Derb, in dünnen Schichten. S. no. 28. 72. 88. 372.	Strahlig.
368.		Derb. S. no. 372.	Blättrig.
369.		Würfelform. S. no. 203. 211. 223. 228. 230. 311. 316.	Blättrig.
370.		Derb, oft in mächtigen Lagern. S. no. 324. 325. 350. 384. 386. 387. 389.	Splittrig.
371.		— — —	— —
372.		Derb. S. no. 367.	Strahlig.
373.		Derb. S. no. 55. 66. 364.	Blättrig.
374.		Derb. S. no. 14.	Uneben, blättrig.

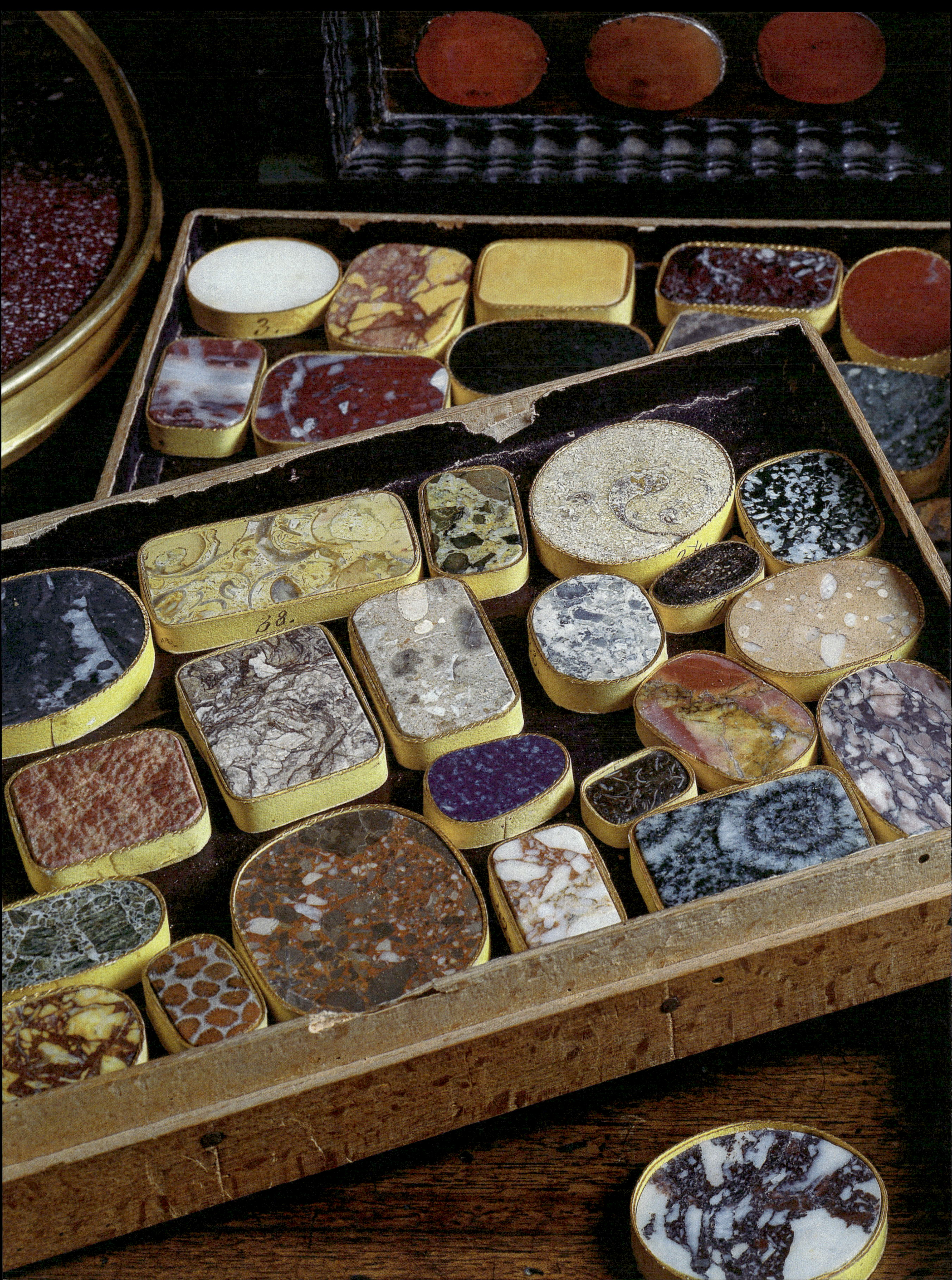

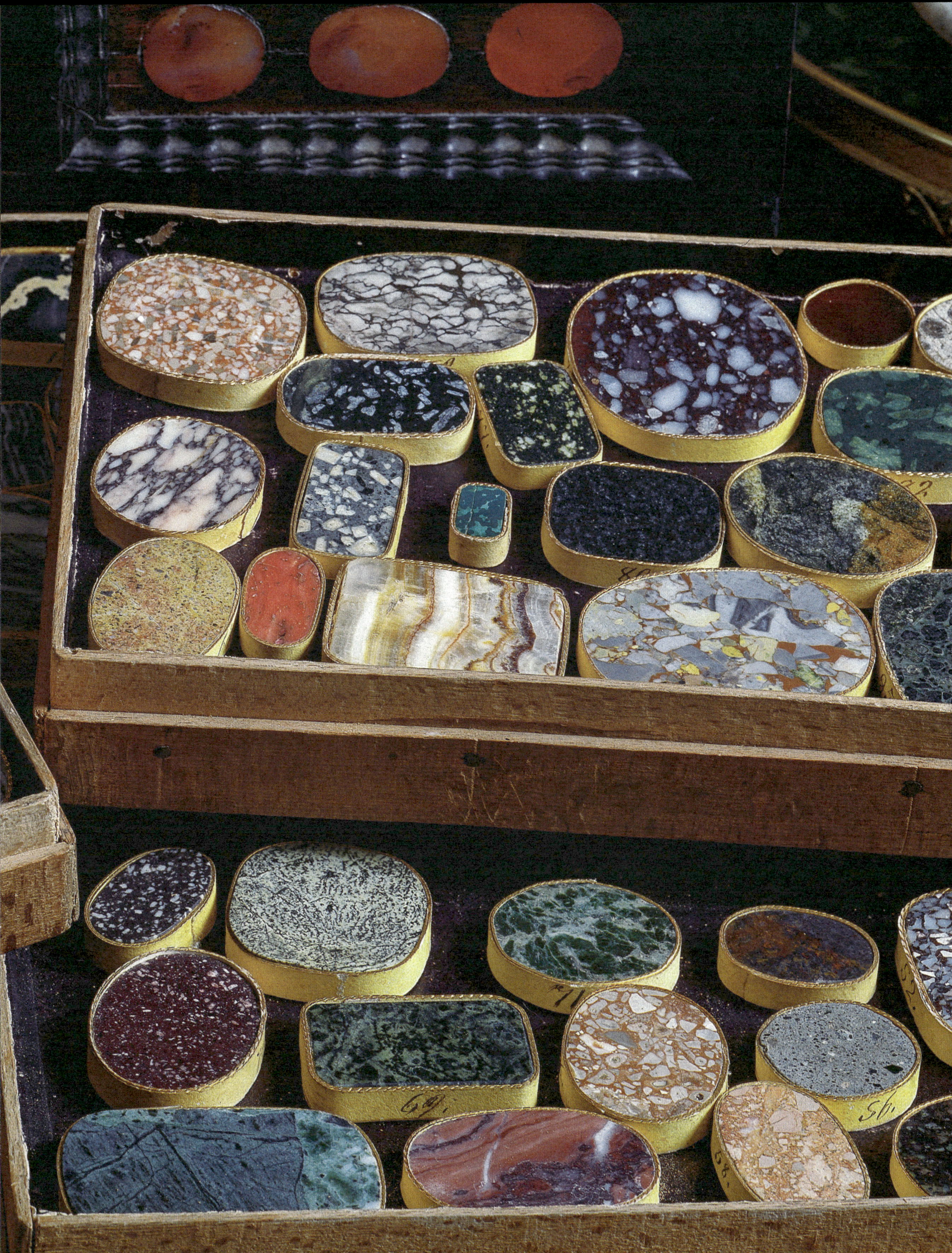

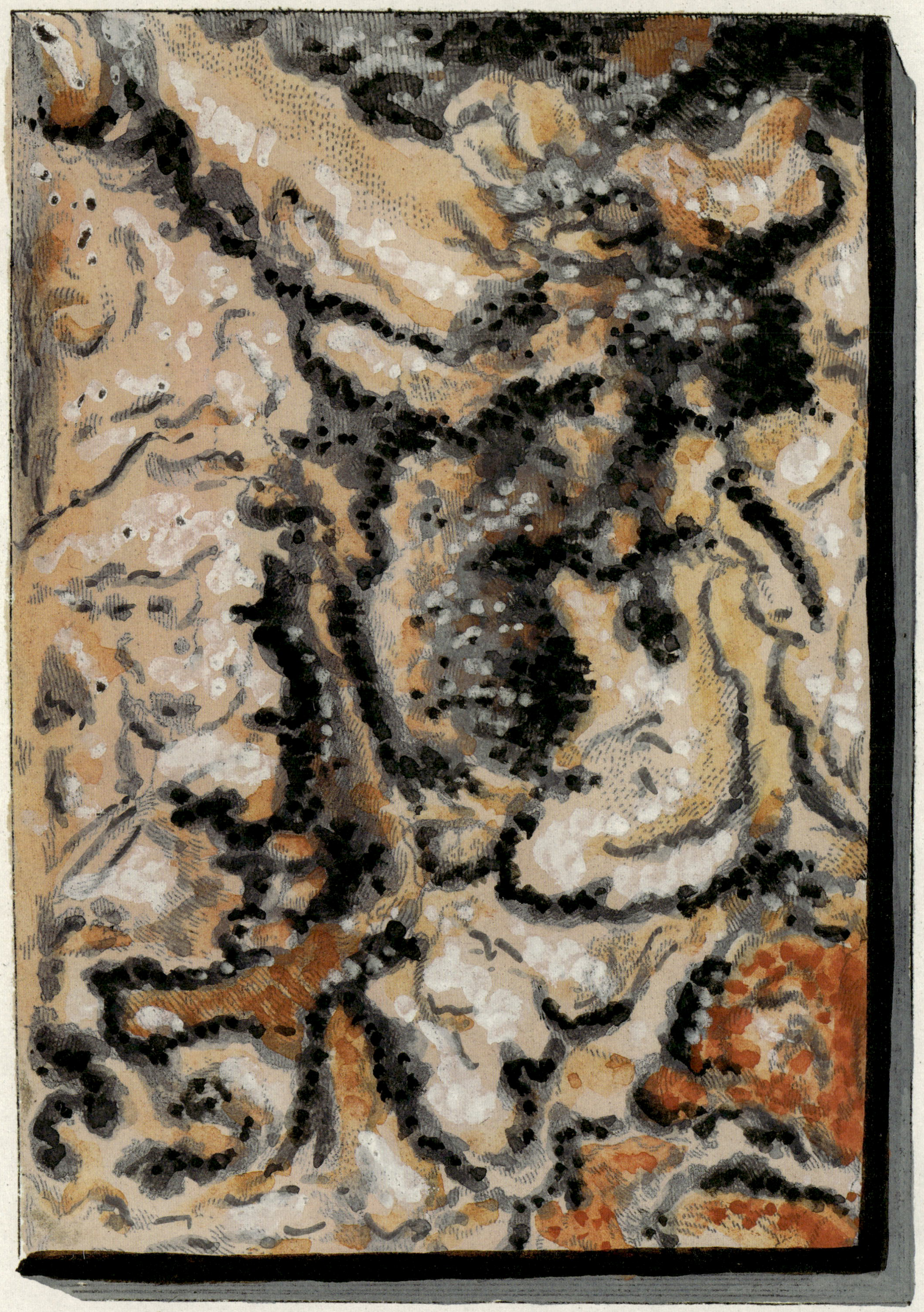

L'inventaire des marbres de Jan Christiaan Sepp

Livres scientifiques et passion de la collection au XVIIIe siècle

En 1776, l'éditeur Jan Christiaan Sepp, d'Amsterdam, (1739-1811) publia avec *Marmor Soorten* (*Marmora*, ou les différents types de marbre) un vaste manuel consacré à ce minéral, dont il présente 570 sortes sur 100 planches en couleurs, accompagnées d'un texte en cinq langues. 15 ans plus tard, il publia un livre analogue sur le bois, *Houtkunde* (la science du bois), qui présente sur 106 planches en couleurs des illustrations concernant 865 espèces de bois. Ces publications volumineuses, réalisées avec art et coloriées à la main avec un grand amour du détail, comptent au nombre des plus belles formes d'expression visuelles de la quête de savoir encyclopédique à l'époque des Lumières.

Une culture de la collection s'était développée dans toute l'Europe, avec une accélération à partir du XVIe siècle ; la recherche de connaissances en sciences naturelles incita en outre, à cette époque, à fonder des sociétés au sein desquelles on échangeait son savoir dans ce domaine. Les études d'après nature étaient en Europe l'un des domaines des collectionneurs – la plupart d'entre eux étaient des monarques. Aux Pays-Bas, en revanche, la communauté des collectionneurs était majoritairement composée de bourgeois fortunés : médecins, prêtres et pasteurs, commerçants et régents constituent dans leurs cabinets des curiosités de grandes collections allant des coquillages aux peintures, des oiseaux empaillés à la porcelaine précieuse. Poussé par la quête de savoir en sciences naturelles, on fonda à cette époque des sociétés dans lesquelles on échangeait ses connaissances sur la nature. Des aristocrates et patriciens fortunés créèrent aussi pour leur usage personnel des cabinets d'apparat où l'on trouvait des objets exotiques rares (ills. 2, 12, 26). Leurs collections exclusives et extraordinaires leur permettaient d'apporter la preuve de leur richesse et de leur bon goût, mais aussi d'acquérir un certain prestige.

Les contacts commerciaux établis avec l'outre-mer donnèrent une impulsion particulièrement énergique à l'activité de collection aux Pays-Bas. Pendant 200 ans, la société commerciale privée Vereenigde Oost-Indische Compagnie (Compagnie néerlandaise unifiée des Indes orientales, VOC) avait détenu le monopole du commerce maritime entre la République des sept provinces unies (également connue sous le nom de Provinces-Unies des Pays-Bas) et l'Asie. Cette domination dans le commerce néerlandais avec l'outre-mer garantissait une importation permanente de produits de luxe en provenance de la Chine et de l'Orient.

La fièvre de la collection et de la classification à l'époque des Lumières

À la fin du XVIIe siècle, on rédigea de plus en plus de récits de voyage pour augmenter les connaissances que l'on avait du monde. Sous l'influence des Lumières, cet intérêt pour les sciences naturelles s'accrut encore au XVIIIe siècle ; ces textes étaient lus par des intellectuels qui visaient à promouvoir l'usage de la raison et de l'intelligence. Au XVIIIe siècle, l'intérêt scientifique s'accrut sous l'influence des Lumières. Celles-ci, que l'on qualifia aussi de siècle de la Raison, étaient un courant intellectuel européen qui se développa en réaction à la pensée dogmatique occidentale et à la foi en l'autorité de l'Église. On cherchait à établir un aperçu critique de la totalité du savoir disponible à l'époque. L'exemple le plus important en est l'*Encyclopédie ou Dictionnaire raisonné des sciences, des arts et des métiers* (ills. 19–23), publiée entre 1750 et 1776 en France sous la direction de Denis Diderot (1713-1784) et de Jean Le Rond d'Alembert (1717-1783).

Cette passion de collectionneur déboucha sur la découverte de nombreuses espèces de plantes, d'animaux et de minéraux qu'il fallut ordonner et classifier d'une manière claire et simple. Le médecin et naturaliste Carl von Linné (1707-1778, ill. 4) proposa une répartition des plantes, animaux et minéraux selon un schéma de classification (ills. 3, 5). Son *Systema Naturae* parut pour la première fois à Leyde en 1735 et a depuis été régulièrement actualisé. On peut aussi expliquer la genèse des deux publications *Houtkunde* et *Marmor Soorten* (« Science du bois » et « Sortes de marbre ») par l'importance croissante des sciences naturelles et par la nécessité de classer les connaissances de celles-ci en une systématique. Les deux volumes inventorient la plus grande part possible des espèces de bois et de marbre connues à l'époque, les classifient selon leur origine et leur espèce et les restituent en couleur.

Ill. 26 (pages 30/31)
Massimo Listri
Chests with stone samples, including carnelian, 17th century
Kästen mit Gesteinsmustern, unter anderem Karneol
Caissons à motifs minéraux, avec entre autres, de la cornaline
Rome, Dario del Bufalo Collection

Page 32
Adam Ludwig Wirsing
Whitish flesh-colour marble, marked with red spots, greenish and blackish veins
Weißlicher, fleischfarbener Marmor mit roten Flecken, grünlichen und schwärzlichen Adern
Marbre blanchâtre, couleur chair à taches rouge, veiné de verdâtre et de noirâtre
From: Jan Christiaan Sepp, *Afbeelding der Marmor Soorten* (Amsterdam, 1776), detail of pl. 44

Ills. 27–28
Adam Ludwig Wirsing
Title page
Titelblatt
Page de titre
Samples of Württemberg marble
Muster von württembergischem Marmor
Motif de marbre du Wurtemberg
From: *Marmora et adfines aliqvos lapides coloribvs svis exprimi* (Nuremberg, 1775)
Heidelberg, Universitätsbibliothek

27

Au XVIIIᵉ siècle, les cabinets des curiosités, dont le spectre était large, se développèrent pour devenir des collections plus spécialisées. On voit à quel point elles étaient appréciées au nombre impressionnant de cabinets privés d'histoire naturelle d'une taille notable aux Pays-Bas, qui comptaient au moins 340 collections. Cela dit, le déclin du commerce avec l'outre-mer rendit de plus en plus compliquée la recherche d'espèces végétales, animales et minérales inconnues: au cours des guerres anglo-néerlandaises, à partir de 1780, un nombre croissant de comptoirs commerciaux fut pris par l'ennemi, et beaucoup de navires commerciaux abordés. L'occupation des Provinces-Unies des Pays-Bas par les Français en 1795 et la perte des idéaux des Lumières contribuèrent également au déclin des collections d'histoire naturelle à la fin de ce siècle.

L'idéal des Lumières, la propagation du savoir et de l'éducation, provoqua une utilisation à grande échelle des produits de l'imprimerie pour diffuser de nouvelles connaissances et de nouveaux modes de pensée. Au début du XVIIIᵉ siècle, les premiers livres illustrés de gravures sur cuivre coloriées à la main arrivèrent sur le marché. Ses œuvres étant inaccessibles à la plupart de ses amateurs, compte tenu de leur décoration, du format, du papier et des illustrations, seuls quelques collectionneurs fortunés pouvaient en faire l'acquisition, ce qui explique pourquoi l'on put constater à cette époque une augmentation du nombre de sociétés naturalistes. Chercheurs et amateurs intéressés par la science s'y rencontraient pour échanger des réflexions, mais aussi pour visiter la bibliothèque locale, qui prit ainsi un rôle important. On peut supposer que le fonds de livres de ces sociétés avait été essentiellement acheté en vue d'une utilisation par leurs membres.

Les personnes intéressées par la science partageaient leur savoir au moyen de livres et de lettres. Les riches possédaient leur propre bibliothèque. Par ailleurs, les livres étaient un élément indispensable de tout cabinet des curiosités. Ces livres étaient conçus pour transmettre un savoir permettant de déterminer et de classifier les objets de collection. Les reproductions qui figuraient dans ces œuvres complétaient d'une certaine manière les objets de collection manquants. Il arrivait parfois aussi que des dessins collés à l'intérieur s'y substituent, mais les livres à gravures sur cuivre coloriées étaient en général moins coûteux, et par conséquent accessibles à un large cercle de personnes intéressées. Pour accroître le prestige de leurs collections d'histoire naturelle, quelques collectionneurs passèrent commande de fabrications de beaux livres illustrés. Le pharmacien et collectionneur d'Amsterdam Albertus Seba (1665-1736) fit composer entre 1734 et 1765 une série d'ouvrages abondamment illustrés issus de ses collections, qu'il publia sous le titre *Locupletissimi rerum naturalium thesauri* (Le cabinet des choses de la nature, ill. 1).

Une combinaison entre la demande de connaissances, les restrictions croissantes dans l'offre de nouveaux objets et, simultanément, la baisse des coûts de fabrication des produits de l'imprimerie, provoquèrent la croissance du marché des livres d'histoire naturelle. Comme les objets de collection proprement dits, on appréciait beaucoup les illustrations de ces livres, en raison de leur beauté et comme source de connaissances scientifiques. Les volumes *Houtkunde* (Science du bois) et *Marmor Soorten* (Sortes de marbre) sont de bons exemples de collections spéciales sur papier. Elles ne touchaient pas seulement le groupe des purs collectionneurs et des personnes intéressées par la science, mais un cercle de lecteurs bien plus large. Les commentaires en plusieurs langues rendaient aussi ces œuvres intéressantes pour l'étranger. Les nombreuses illustrations ne servaient pas seulement de référence aux collectionneurs des différentes espèces de bois et de marbres, charpentiers et décorateurs d'intérieurs les utilisaient aussi pour choisir, à l'aide de ces livres, les matériaux adéquats.

La production de livres illustrés

Dès le XVIᵉ siècle, on édita des livres illustrés pour identifier les plantes et décrire leurs caractéristiques. Ce fut par exemple le cas de *De Historia Stirpium* de Leonhart Fuchs (1501–1566). Aux premiers ouvrages botaniques succédèrent bientôt des livres illustrés consacrés aux animaux et à l'anatomie. Au XVIIᵉ siècle se développa une

VI. 19.

31. 32.

33. 34.

35. 36.

29

nouvelle spécialisation vers des œuvres portant sur des domaines thématiques spécifiques, comme les insectes ou les animaux. Ces livres, rédigés en latin à l'origine, furent ultérieurement publiés en version plurilingue ; on trouvait en outre des éditions dans différentes langues. Les trois tomes de la *Metamorphosis Naturalis* de Jan Goedaert (1617–1668), publiés en plusieurs langues à partir de 1660, en sont un exemple connu (ills. 8, 9). Il était fréquent qu'on ne représente plus seulement un objet sur l'image, mais que chaque objet soit placé en contexte avec d'autres. Maria Sibylla Merian (1647–1717), par exemple, replaçait dans sa *Metamorphosis Insectorum Surinamensium* de 1705 les insectes dans leur environnement artistique, avec une grande exigence artistique (ill. 7).

La fabrication de livres illustrés était onéreuse – à cause des coûts élevés du papier, de la production qui exigeait une main-d'œuvre pléthorique, des illustrations coloriées à la main et des honoraires versés aux auteurs. Il n'existait par ailleurs que de petits tirages, d'une moyenne de 100 exemplaires. Pour éviter de lourds investissements et étaler les frais afférents sur de longues périodes, les éditeurs publiaient ces livres illustrés sous forme de livraisons séparées qu'on pouvait acheter en espèces sous forme de souscriptions. Les librairies imprimaient des prospectus pour attirer des clients potentiels. L'acheteur recevait à chaque livraison une représentation d'après nature et une description de l'objet illustré. Après un certain nombre de livraisons séparées, la maison d'édition publiait une page de titre, une table des matières et une préface, après quoi les différentes livraisons pouvaient être reliées afin de former un livre.

Au XVIe siècle, les images étaient fabriquées avec des blocs d'impression en bois ; au XVIIe, on vit apparaître des gravures sur cuivre et des eaux-fortes (ill. 10). Depuis le milieu du XVIIIe, l'influence de l'illustration de livres française devint plus perceptible aux Pays-Bas. Désormais, les plaques de cuivre étaient travaillées avec de fines lignes et des points gravés, si bien qu'elles paraissaient plus claires et plus élégantes. Dans les années 1770 se développa une technique d'illustration de style plutôt académique, dans laquelle la clarté de la ligne occupait la place centrale. Cette technique est visible dans les deux volumes *Houtkunde*, mais aussi dans *Marmor Soorten*. Les illustrations étaient peintes à la main.

On coloriait des illustrations depuis l'invention de l'imprimerie. Aux Pays-Bas, les coloristes s'inspiraient du modèle établi par le plus vieux livre existant dans ce domaine, le *Verlichtery kunst-boeck, inde welke de rechte fondamenten en het volcomen gebruyck der illuminatie met alle hare eygenschappen klaerlijcken werden voor oogen gestelt* (Livre sur l'art de la coloration, dans lequel on explique clairement et avec toutes leurs caractéristiques les principes fondamentaux et l'application du coloriage), un ouvrage conçu par Gerard ter Brugghen en 1616. C'était souvent la maison d'édition qui en était responsable, mais dans d'autres cas la charge en incombait à un coloriste professionnel. En ce qui concerne *Marmor Soorten* et *Houtkunde*, la liberté de l'artiste était toutefois limitée, car la restitution des types de bois et de pierre devait respecter des règles uniformes et définies. Il est à peu près sûr que les coloristes travaillaient en suivant des modèles.

L'éditeur Jan Christiaan Sepp

Marmor Soorten et *Houtkunde* furent publiés par Jan Christiaan Sepp. Son père, Christian Sepp (1710–1775), était un cartographe et illustrateur d'origine allemande que le climat commercial et artistique favorable qui régnait dans la ville avait attiré de Hambourg à Amsterdam. Par le grand intérêt qu'il portait aux sciences naturelles, Christian Sepp faisait partie des collectionneurs bourgeois. Il s'intéressait avant tout au monde des insectes (ills. 11, 31). Christian décida de faire imprimer ses observations et ses dessins pour qu'ils accèdent à un assez grand public. Il réalisa les gravures sur cuivre avec l'aide de son fils et les compléta par des descriptions. L'œuvre parut à partir de 1762 sous le titre *Nederlandsche Insecten* (Insectes néerlandais), en livraisons mensuelles qui coûtaient 18 *stuivers* pièce. Cette publication donna le jour à la maison d'édition J. C. Sepp, car il fallait être enregistré auprès de la guilde des libraires pour pouvoir diffuser ses écrits imprimés. Comme le père et le fils Sepp voulaient

Ill. 29
Unknown artist
Pietra-dura tabletop, 18th century
Tischplatte aus Pietra dura
Plateau de table en pietra-dura
Ormolu-mounted, pietra-dura
ebonised table with parcel-gilt centre;
124.5 x 79.5 x 65.5 cm
(49 x 31 ¼ x 25 ¾ in.)
Private collection

Ill. 30
Johann Christian Neuber
Table of Teschen, 1779
Tisch von Teschen
Table de Teschen
Gilded wood, bronze and encrusted
gems (detail); 81.5 (h) x 70.5 (ø) cm
(32 ⅛ x 27 ¾ in.)
Paris, musée du Louvre

garder la diffusion sous leur propre contrôle, Jan Christiaan devint libraire en 1764 et se fit admettre au sein de la guilde des libraires d'Amsterdam. Désormais, il put aussi imprimer, diffuser et vendre des livres. Le succès de leurs *Nederlandsche Insecten* valut au père et au fils Sepp, avec leurs dessins, gravures et coloriages, une grande popularité auprès des amateurs de la « *natuurlijke historie* », de l'histoire naturelle. Le nom de Sepp était désormais synonyme de qualité.

Les éditions de luxe en histoire naturelle étaient la spécialité des Sepp, même si d'autres éditeurs publiaient des ouvrages de ce type. Sepp senior et junior privilégiaient les œuvres traitant un thème bien défini. Ils éditaient par exemple des livres sur les oiseaux, les insectes, les bois et les pierres, les coquillages et les plantes médicinales. Ces publications étaient souvent des traductions, mais dans quelques rares cas les éditeurs prirent eux-mêmes l'initiative de mettre au point de nouvelles publications qui ne reposaient pas sur d'anciennes, par exemple les *Nederlandsche vogelen* (Les Oiseaux des Pays-Bas) paru en cinq tomes entre 1770 et 1829. Ces œuvres paraissaient en feuilletons, et l'on ne savait pas toujours clairement, au début, combien de pages ils compteraient au total. La *Houtkunde*, pour prendre un exemple, débuta en 1773 avec un plan de publication de 40 ou 50 illustrations. Au fil du temps s'y rajoutèrent plusieurs compléments, débouchant sur la publication d'un livre beaucoup plus volumineux, qui comptait 100 planches et ne fut achevé qu'en 1791. Le nombre des livraisons partielles changea lui aussi, tout comme celui des planches illustrées par livraison. *Marmor Soorten* parut en 1776 sous forme de onze livraisons partielles avec addendum. *Houtkunde* parut en 16 livraisons partielles de 6 planches et une livraison de quatre planches, ainsi qu'un complément de six planches. La fréquence de publication était souvent irrégulière.

Soutenu par son fils Jan Christiaan, Christian Sepp coloriait encore personnellement les illustrations de ses premiers livres. Avec l'augmentation de la production des planches, il fut forcé d'embaucher des spécialistes pour peindre les illustrations. Sur la page de titre de quelques ouvrages, on mentionne le fait que le coloriage a été supervisé par Sepp, qui gérait probablement un atelier à part pour cette mission. Il assuma aussi le coloriage de planches en couleurs pour d'autres éditeurs, entre autres pour Johannes Enschedé (1708–1780). Au XIXᵉ siècle, on aménagea des ateliers spécialisés dans lesquels des maisons d'édition comme celle de Sepp faisaient peindre leurs tableaux. Comme l'annonçait le titre, *Afbeelding der Marmor Soorten: volgens hunne natuurlyke koleuren* (Illustration des espèces de marbre : d'après leur coloration naturelle), on coloriait les marbres d'après nature, c'est-à-dire conformément à leur couleur d'origine – en d'autres termes, aussi proches de la réalité que possible. On travaillait sans aucun doute en respectant des modèles, car toutes les éditions présentent les mêmes couleurs. Comme on pouvait s'y attendre, *Houtkunde* fut colorié de la même manière.

Normalement, un livre ne coûtait que quelques stuivers. Tel n'était cependant pas le cas pour les volumineuses éditions coloriées à la main des éditions Sepp. En l'espèce, on payait 9 stuivers par planche coloriée des *Marmor Soorten,* c'est-à-dire bien moins que les 15 stuivers par planche pour *Houtkunde*. Pour un nombre total de 100 planches, le prix de l'œuvre complète s'élevait à 900 stuivers. 9 stuivers (= 0,4 florin néerlandais) en 1776 valent environ 4,50 € actuels, ce qui représente un prix global converti de 100 x 4,50 € = 450 €. On ne dispose pas non plus de données sur le tirage de *Marmor Soorten*. On suppose qu'il était limité à 100 exemplaires.

Au XIXᵉ siècle, la demande des livres des éditions Sepp se réduisit. Le déclin économique et l'inflation élevée forcèrent, en 1868, une entreprise jadis extrêmement innovatrice, avec une production de qualité remarquable et un succès économique réel, à prononcer sa liquidation.

Le livre du marbre

Marmor Soorten et *Houtkunde* comptent l'un comme l'autre au nombre des plus belles publications naturalistes de Jan Christiaan Sepp. Les planches soigneusement coloriées paraissent pratiquement abstraites. Les illustrations sont réalisées d'une manière extrêmement

NACHT-VLINDERS van 't Eerste Gezin der EERSTE BENDE.

P. V. Tab. XII.

Fig. 3.

Fig. 4.

Fig. 1.

Fig. 2.

Ill. 31
Jan Christiaan Sepp
Striped hawk-moth (*Hyles livornica*)
Linienschwärmer
Sphynx livournien
From: *Nederlandsche Insecten*
(Amsterdam, 1762–1853), vol. 5
Leiden, Bibliothek der Nederlandsche
Entomologische Vereniging

Ill. 32
Giuseppe Zocchi
Console Tabletop with Allegory
of Air, 1766
Platte eines Konsolentischs mit
Allegorie der Luft
Plateau d'une table à console avec
allégorie de l'air
Hardstones in an alabaster ground,
gilded bronze frame; 67 x 106 cm
(26 ⅜ x 41 ¾ in.)
Paris, musée du Louvre

raffinée, avec un réseau de lignes fines gravées dans le cuivre. Les couleurs sont appliquées minutieusement et à la main sur chaque tirage sur papier fort. Comme les deux œuvres ont été publiées sous forme de feuilleton, il existe plusieurs exemplaires, chacun composé de façon différente.

Marmor Soorten contient des reproductions de 570 types de pierres imprimées sur 100 pages. Cette édition en fac-similé restitue *Marmor Soorten* dans sa totalité ; les modèles ont été regroupés à partir de deux exemplaires qui se trouvent à la Sächsische Landesbibliothek – Staats- und Universitätsbibliothek de Dresde, ainsi qu'au Getty Research Institute de Los Angeles.

Marmor était aux Pays-Bas un terme générique désignant la pierre polie ; le livre ne traite donc pas exclusivement des sortes de marbre, mais de la pierre polie au sens large et pas seulement du marbre. Bien que beaucoup de minéraux aient été originaires d'Allemagne, la diffusion géologique regroupe douze secteurs géographiques, dont l'Autriche, la Suisse, la France, l'Italie et les Pays-Bas. L'origine des pierres est mentionnée en cinq langues dans les légendes. Le classement des illustrations en fonction de l'origine correspond à la présentation habituelle des types de minéraux dans les cabinets des curiosités et les collections d'objets naturalistes.

Jan Christiaan Sepp a publié cet ouvrage en 1776, sous forme de réédition modifiée d'après l'original allemand. Il avait été édité pour la première fois à Nuremberg en 1775 par Adam Ludwig Wirsing (1733–1797) sous le titre *Marmora et adfines aliquos lapides coloribus suis exprimi* (Illustrations des types de marbres et de quelques minéraux apparentés, rendus de la manière la plus minutieuse avec des couleurs), avec un texte en latin et en allemand (ills. 27, 28). La nouvelle édition, publiée à Amsterdam, fut publiée avec des désignations en français, en néerlandais et en anglais. Le texte était de Casimir Christoph Schmidel (1718–1792), un médecin et naturaliste allemand qui avait déjà publié sur la botanique et les minéraux. Il était professeur de pharmacologie à l'université de Bayreuth. Schmidel possédait une grande collection de minéraux et avait donné leur nom à différents types de plantes. Les gravures étaient d'Adam Ludwig Wirsing, un éditeur et graveur sur cuivre spécialisé dans les publications de sciences naturelles. Il était entré par mariage en possession d'une maison d'édition et d'une galerie d'art à Nuremberg. Il se spécialisa ensuite dans son métier de graveur sur cuivre. L'un des ouvrages de botanique importants pour lequel il créa les illustrations, est *Hortus nitidissimis omnem per annum superbiens floribus* (*Le jardin en fleurs superbes pendant toute l'année*) sur lequel il travailla de 1768 à 1786.

Le livre du bois

Aux *Marmor Soorten* succéda un manuel sur les espèces de bois, *Houtkunde, behelzende de afbeelding van meest alle bekende, in- en uitlandsche Houten* (*La science du bois, avec des illustrations de presque tous les types de bois hollandais et étrangers* ; Amsterdam, 1791). *Houtkunde* contient, sur 100 feuilles, des reproductions de 823 types de bois locaux et étrangers issus de différentes collections. Le supplément de 1795 est composé de 6 feuilles représentant 42 types de bois, ce qui porte le nombre total d'espèces de bois à 865. L'ouvrage fut lancé à l'instigation de Jan Christiaan Sepp, qui créa aussi les gravures sur cuivre.

À un bref résumé du contenu, rédigé uniquement en néerlandais et daté de 1791, ainsi qu'à une brève introduction en néerlandais, allemand, anglais, français et latin, succèdent les 17 livraisons comportant les désignations des types de bois dans ces cinq langues. Les 16 premières livraisons contiennent chacune 6 planches, tandis que la dernière n'en contient que quatre. L'ouvrage se conclut avec un registre de 48 pages en cinq langues. Seule la partie néerlandaise du registre contient des descriptions détaillées et les possibilités d'utilisation des différents bois. Par exemple, le « *berkentijnse hout* », le bois de bouleau, est utilisé par les ébénistes, tandis que celui de l'érable était employé en Allemagne et en Angleterre pour la fabrication de jouets, de boîtes à tabac, de cassettes et d'autres bibelots. Le bois d'olivier se prête bien au polissage, aux travaux de tournage et aux cassettes. Le « *resonantie hout* », le bois de résonance, provient des sapins de montagne et peut

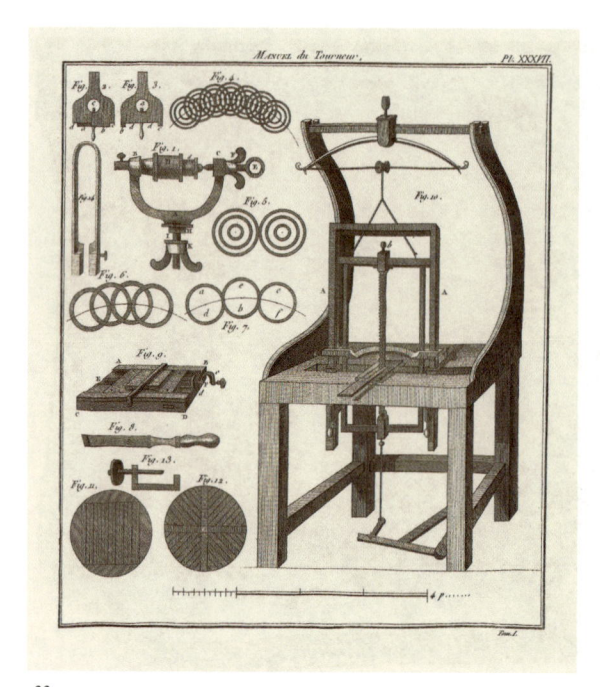

Ills. 33–34
L.-E. Bergeron
Turning implements
Geräte zum Drechseln
Instruments de tournage

Selection of wood specimens
Auswahl von Holzproben
Choix d'échantillons de bois

From: *Manuel du tourneur* (Paris, 1816)
Los Angeles, Getty Research Institute

33

être utilisé pour les caisses de résonance des clavecins. L'« ypenboom (iep) », l'orme, pousse au bord des canaux d'Amsterdam et se distingue par ses feuilles rugueuses, tandis que la variété anglaise a des feuilles lisses. Le bois des ormes se prête remarquablement aux travaux de menuiserie grossiers comme la fabrication d'essieux pour les charrettes et d'axes pour les roues de moulin.

Le directeur d'édition et auteur du texte était Martinus Houttuyn (1720–1798). Après ses études de médecine à Leyde, il s'installa en 1753 à Amsterdam. Houttuyn était expert en thèmes liés aux sciences de la nature : il rédigea 18 œuvres concernant la zoologie, 14 sur la botanique et cinq sur les minéraux. Ces publications étaient fondées sur sa gigantesque collection d'objets naturalistes. Il travaillait depuis 1766 avec Jan Christiaan Sepp ; il traduisit et corrigea pour lui différents ouvrages scientifiques. Houttuyn paracheva la *Houtkunde*, que Sepp avait commencée en 1773 sous forme de traduction de l'ouvrage allemand *Abbildung In- und Ausländischer Hölzer* (Nuremberg 1773–1777) de Johann Michael Seligmann (1720–1762), dont il reprit aussi 48 illustrations. Ces planches montrent des espèces de bois issues de la collection dresdoise de Frédéric-Auguste III, prince-électeur de Saxe (1750–1827). On compléta ensuite les 41 illustrations avec des espèces de bois provenant en majorité de la colonie d'Inde occidentale, issues de la collection du pasteur Hazeu, de Rotterdam, ainsi que de 11 planches présentant du bois de la collection personnelle de Houttuyn.

En 1791 sortirent de nouvelles pages de titre ainsi qu'un index de noms, d'origines et d'utilisations des bois en cinq langues (néerlandais, allemand, anglais, français et latin). Dans la nouvelle introduction jointe à l'ouvrage, Houttuyn explique que le projet d'origine a été étendu à plusieurs reprises. Enfin, quatre ans après la fin de l'édition 1795, on publia un supplément de 6 planches sur lesquelles sont reproduits 42 bois de la collection du pharmacien d'Amsterdam H. de Troch.

Houtkunde a paru entre 1773 et 1791 en 17 livraisons. Le prix de la planche coloriée était de 15 stuivers, 100 planches représentaient donc 1500 stuivers. La valeur de 15 stuivers (= 0,75 florin hollandais) se situe aujourd'hui autour de 7 €, si bien que le prix global correspond à l'équivalent de 700 €. Heureusement, cette somme colossale pouvait être étalée sur une période de 20 ans. On ne dispose hélas d'aucune information sur le tirage. En règle générale, ce type d'éditions était tiré à 100 exemplaires.

Le livre s'achève sur une brève énumération des possibilités d'utilisation. On peut en déduire qui étaient les acheteurs et les utilisateurs de ces livres. La palette des personnes intéressées allait des architectes ou des constructeurs de navires, des menuisiers et ébénistes jusqu'aux fabricants de peintures et aux pharmaciens, qui produisaient des remèdes à base d'extraits de bois. Pour toutes ces utilisations, on importait déjà des bois tropicaux depuis le Moyen Âge. Il est concevable qu'un architecte ou un constructeur de navires ait choisi à l'aide de ce livre, avec son commanditaire, les bois adaptés. On peut aussi imaginer que l'ouvrage ait été utilisé ainsi par un menuisier chargé de construire des meubles. Les fabricants de peinture extrayaient des pigments du bois, les pharmaciens en distillaient des extraits destinés aux médicaments.

Les publications sur la pierre et le bois

Au XVIIIe siècle, on publia de luxueux ouvrages consacrés à des sujets liés aux sciences naturelles, mais on ne connaissait guère de livres comportant exclusivement des reproductions d'espèces de bois ou de marbre. En raison du faible tirage et du prix élevé, *Houtkunde* et *Marmor Soorten* ne connurent qu'une diffusion limitée. Les exemplaires complets sont rares, car les livraisons séparées ne sortaient qu'irrégulièrement et à de longs intervalles. En raison de leur grande qualité, de la beauté et de l'élégance des planches, les livres de Sepp devinrent des objets de collection recherchés.

En 1794 parut *Mustertafeln der bis jetzt bekannten einfachen Mineralien worauf dieselben nach ihren Gestalten und natürlichen Farben abgebildet, und ihre übrigen Verhältnisse gegen einander bestimmt werden* de Johann Georg Lenz (1748–1832), une série de planches sur lesquelles 344 roches et minéraux sont classés en six groupes de couleurs (ill. 25).

MANUEL du Tourneur. Pl. VII

Fig. 1. fassa ras.   2. Satiné ordinaire.   3. Satiné Jaune.

4. Satiné Rouge.   5. Coco.   6. Mancenilier.

7. Corail.   8. Corail Damassé.   9. Perdrix.

41

35

Ills. 35–36
Herman de vries
Earth rubbings
Erdabriebe
Résidus d'abrasion du sol
From: *the earth museum catalogue 1978–2015* (Eschenau, 2016), 2 vols.
Collection of herman de vries

Page 44
Adam Ludwig Wirsing
Confused intermixed marble, with flesh, ash-colour, greenish and whitish clouds
Gemischtfarbiger Marmor mit fleischfarbenen, aschfarbenen, grünlichen und weißlichen Wolken
Marbre aux couleurs mêlées avec nuages couleur chair, cendre, verdâtres et blancs
From: Jan Christiaan Sepp, *Afbeelding der Marmor Soorten* (Amsterdam, 1776), detail of pl. 46

Les petites illustrations donnent des renseignements sur leur forme, mais beaucoup moins sur les nuances de couleur des pierres que dans *Marmor Soorten*.

Un objet tout à fait particulier constitue ce que l'on appelle la *Table de Teschen* (également connue sous le nom de *Table de Breteuil*), qui compte 126 espèces de pierres d'ornement de Saxe incrustées (ill. 30). Cette table fut réalisée en 1779 par Johann Christian Neuber (1736–1808) à la demande du prince-électeur de Saxe, Frédéric-Auguste III. Un tiroir de la table est conçu pour accueillir un livre contenant les désignations de toutes les pierres. Après la paix de Teschen, l'archiduchesse d'Autriche Marie-Thérèse (1717–1780), la mère de Marie-Antoinette, et le prince-électeur de Saxe offrirent ensemble cette table à Louis-Auguste de Breteuil (1730–1807), en reconnaissance de sa médiation réussie entre la Prusse et l'Autriche pendant la guerre de Succession de Bavière (1778–79).

Le *Manuel du tourneur* de L.-E. Bergeron (pseudonyme de Louis Georges Isaac Salivet, 1737–1805) a été publié de 1792 à 1796 à Paris. Les illustrations sont comparables à celles que l'on trouve dans *Houtkunde* (ills. 33, 34). La seconde édition de 1816 contient 96 illustrations, dont 8 gravures sur cuivre en couleur présentent 72 exemples de types de bois.

L'ouvrage conçu pour le commerce et l'industrie *De houtsoorten van Suriname* (Types de bois du Suriname) de J. Ph. Pfeiffer, de 1926, est un livre consacré aux types de bois et illustré par des photographies. Un ouvrage moderne, comparable à *Marmor Soorten* et *Houtkunde*, a été composé par l'artiste herman de vries. Le livre contient des photos de sa vaste collection de types de terre. Herman de vries (né en 1931) collecte depuis 48 ans des échantillons de terre du monde entier. Son livre paru en 2016, *the earth museum catalogue 1978–2015* est composé de 472 feuilles avec des fac-similés d'environ 8000 *earth rubbings*, des frottis de terre classés par couleur avec indication du lieu de découverte (ills. 35, 36).

Marmor Soorten et *Houtkunde* n'ont eu que peu de successeurs. Les deux ouvrages paraissent modernes en raison de leur mise en forme concrète et de leurs illustrations aux couleurs vives tendant vers l'abstraction. La présentation et la disposition des échantillons de bois et de marbre en fonction de leur couleur et de leur texture font de ces livres un véritable plaisir pour les yeux. Aujourd'hui encore, on paie un prix élevé pour obtenir l'un des rares exemplaires complets et bien conservés. Avec cette édition en fac-similé, le somptueux manuel *Marmer Soorten* peut exercer son effet inspirant sur un plus grand cercle de lecteurs.

36

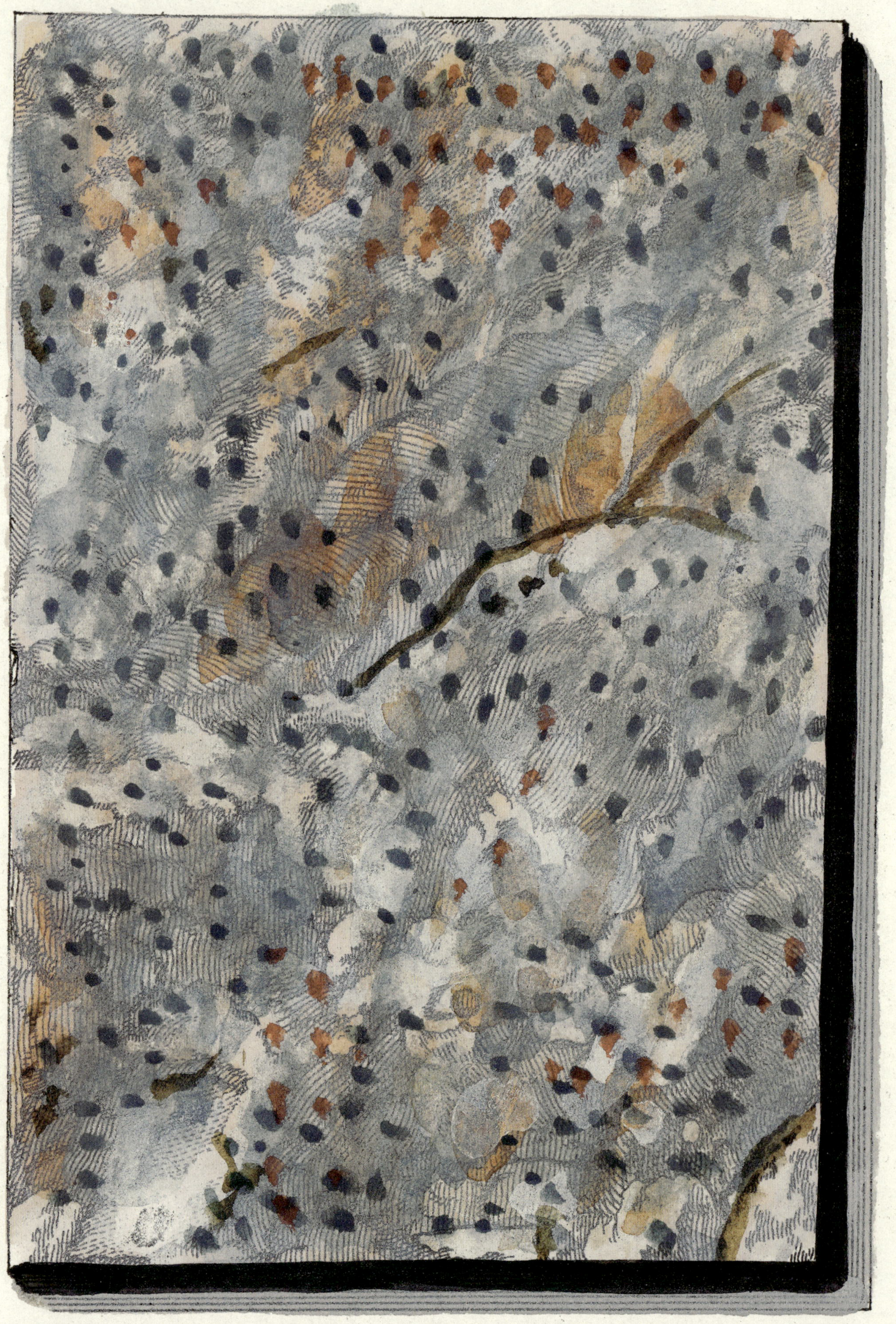

Appendix

Editorial Note

The marble compendium of Jan Christiaan Sepp published here is a revised and extended edition of Adam Wirsing's *Marmora*, which was first published in Nuremberg in 1775. While the 1775 *Marmora* was a bilingual German and Latin edition containing fewer plates, Sepp's publication increased both the number of languages featured to five and the number of plates shown to 100.

With a view to reproducing *Marmor Soorten* in as faithful and comprehensive a manner as possible, this facsimile edition combines material from the copies held by the Sächsische Landesbibliothek – Staats- und Universitätsbibliothek (SLUB) Dresden and the Getty Research Institute, Los Angeles. The copy from the SLUB is the volume used for the overwhelming majority of this edition, while the frontispiece, the six final plates, and several text pages were sourced from the copy belonging to the Getty Research Institute.

Original Formats
The dimensions of the two original exemplars are as follows: SLUB Dresden: 30.4 x 24.3 cm (12 x 9 ⅝ in.)
Getty Research Institute: 31 x 25.4 cm (12 ¼ x 10 in.)

Selected Bibliography

Bergvelt, Ellinoor and Renée Kistemaker (eds.). *De Wereld binnen handbereik. Nederlandse kunst- en rariteitenverzamelingen 1585–1735 (Distant worlds made tangible: art and curiosities, Dutch collections, 1585–1735)*. Zwolle: Amsterdams Historisch Museum, 1992.

Boeseman, M. and W. de Ligny. "Martinus Houttuyn (1720–1798) and his contributions to the natural sciences, with emphasis on zoology". *Zoologische Verhandelingen* 349 (2004), pp. 1–222.

"Historical Prices and Wages". Internationaal Instituut voor Sociale Geschiedenis (IISG, International Institute of Social History). Accessed 17 November, 2022, https://iisg.amsterdam/nl/onderzoek/projecten/hpw.

Kniest, F. M. "De uitgeversfamilie Sepp, en de geschiedenis van haar voornaamste publikatie (1754–1925)". *Entomologische Berichten* 47 (1987), pp. 141–51.

Landwehr, John. *Studies in Dutch Books with Coloured Plates Published 1662–1875. Natural History, Topography and Travel, Costumes and Uniforms*. The Hague: Springer, 1976.

Müsch, Irmgard. *Albertus Seba. Cabinet of Natural Curiosities*. Cologne: TASCHEN, 2015.

Nozeman, Cornelius and Christiaan Sepp. *Nederlandsche vogelen, 1770–1829*, introduction by Marieke van Delft, Esther van Gelder and Alexander J. P. Raat. Tielt: Lannoo; The Hague: KB (Koninklijke Bibliotheek), 2014.

Sliggers, B. C. and M. H. Besselink (eds.). *Het verdwenen museum. Natuurhistorische verzamelingen 1750–1850 (The vanished museum. Natural history collections 1750–1850)*. Blaricum: V+K Publishing; Haarlem: Teylers Museum, 2002.

Photo Credits

We are much indebted to the museums, libraries and all other institutions cited for their kind assistance in the publication of this volume.

All images of *Marmoor Soorten*, including all details, back cover and slipcase, unless otherwise indicated: © Sächsische Landesbibliothek – Staats- und Universitätsbibliothek Dresden / Ditigale Sammlungen / Geolog.245.

Frontispiece and cover, plates no. 95–100 and additional text pages: © Getty Research Institute, Los Angeles (85-B14616).

Further photo credits:
Agenzia Photografica Scala, Antella, Florence, © 2022 Christie's Images, London/Scala, Florence: p. 36.
Getty Research Institute, Los Angeles: 93-B10666, pp. 10, 11; 88-B22525, p. 12; AE 4 .E50 1751, pp. 24–27; 2675-428, pp. 40, 41.
Jagiellonian Library, Kraków: Ms. Ital. Fol. 52: pp. 18, 19.
KB National Library of the Netherlands, The Hague: 394 B 26–29, p. 4; KW 1047 B 10 [-14], p. 8.
© Klassik Stiftung Weimar, Herzogin Anna Amalia Bibliothek: p. 29.
Leiden University Libraries: 657 A 13 (-16): pp. 20–23.
© Massimo Listri: pp. 14/15, 30/31.
Naturalis, Library Netherlands' Entomological Society (NEV), Leiden: pp. 13, 38.
Niedersächsische Staats- und Universitätsbibliothek, Göttingen: pp. 5, 9.
Peter H. Raven Library/Missouri Botanical Garden: pp. 6–7.
Photo © RMN-Grand Palais (musée du Louvre): Stéphane Maréchalle, p. 37; Daniel Arnaudet, p. 39.
© studio herman de vries/Joana Schwender: pp. 42, 43.
Universitäts- und Landesbibliothek Sachsen-Anhalt, AB B 8629 (1) / 1781: p. 28.
Universitätsbibliothek Heidelberg, *Marmora et adfines aliquos lapides coloribus suis exprimi*: pp. 34, 35.

The Author

Geert-Jan Koot holds an MA in Art History and Archaeology from the Radboud University, Nijmegen. From 1988, he was the head of the Rijksmuseum's Research Library and curator of library collections, as well as chair of the Working Group for Specialist Academic Libraries (Werkgroep Speciale Wetenschappelijke Bibliotheken), until his retirement in 2021. Currently Koot works as a consultant for book collectors and auction houses. He has also spearheaded the WorldCat Art Discovery project, a new search tool for art libraries hosting over 250 million articles.

Acknowledgements

This facsimile edition of Jan Christiaan Sepp's *Marmoor Soorten* is based on the copies held at the Sächsische Landesbibliothek – Staats- und Universitätsbibliothek (SLUB) Dresden and the Getty Research Institute in Los Angeles. From the SLUB, we would like to extend our many thanks to the staff in the digitisation department, particularly Annika-Valeska Walzel and Petra Dolle, for providing us with image material, granting permission for the use of the images, and carrying out further photography of the volume. Similarly, we are grateful for the support of Tracey Schuster, Head of Permissions and Photo Archive Services at the Getty Research Institute, and her colleagues, for providing us with the additional plates and text pages from their copy. Finally, we would like to acknowledge the indispensable contributions of our author, Geert-Jan Koot, and thank him for his excellent collaboration throughout the various stages of this publication.

Imprint

EACH AND EVERY TASCHEN BOOK PLANTS A SEED!
TASCHEN is a carbon neutral publisher. Each year, we offset our annual carbon emissions with carbon credits at the Instituto Terra, a reforestation program in Minas Gerais, Brazil, founded by Lélia and Sebastião Salgado. To find out more about this ecological partnership, please check: *www.taschen.com/zerocarbon*.
Inspiration: unlimited. Carbon footprint: zero.

To stay informed about TASCHEN and our upcoming titles, please subscribe to our free magazine at *www.taschen.com/magazine*, follow us on Instagram and Facebook, or e-mail your questions to *contact@taschen.com*.

Project management: Mahros Allamezade, Tom Pitt-Brooke, Cologne
English translation: Jane Michael, Munich
French translation: Olivier Mannoni, Sainte-Marie-de-Campan
German translation (from the Dutch): Marlene Müller-Haas, Berlin
Design: Claudia Frey, Cologne; Andy Disl, Los Angeles
Production: Daniela Asmuth, Cologne

All images referred to below from *Marmor Soorten*:

Slipcase: Samples of Württemberg marble
Front: detail of plate 25; back: detail of plate 17

Cover: Frontispiece

Back cover: Samples of Württemberg marble
Detail of plate 23

Page 48: Marble composed with reddish and white pieces, interlaced by large dark red veins
Detail of plate 49

© 2023 TASCHEN GmbH
Hohenzollernring 53, D–50672 Köln
www.taschen.com

ISBN 978-3-8365-8450-0
ISBN 978-3-8365-9434-9 (Famous First Edition)
Printed in Italy

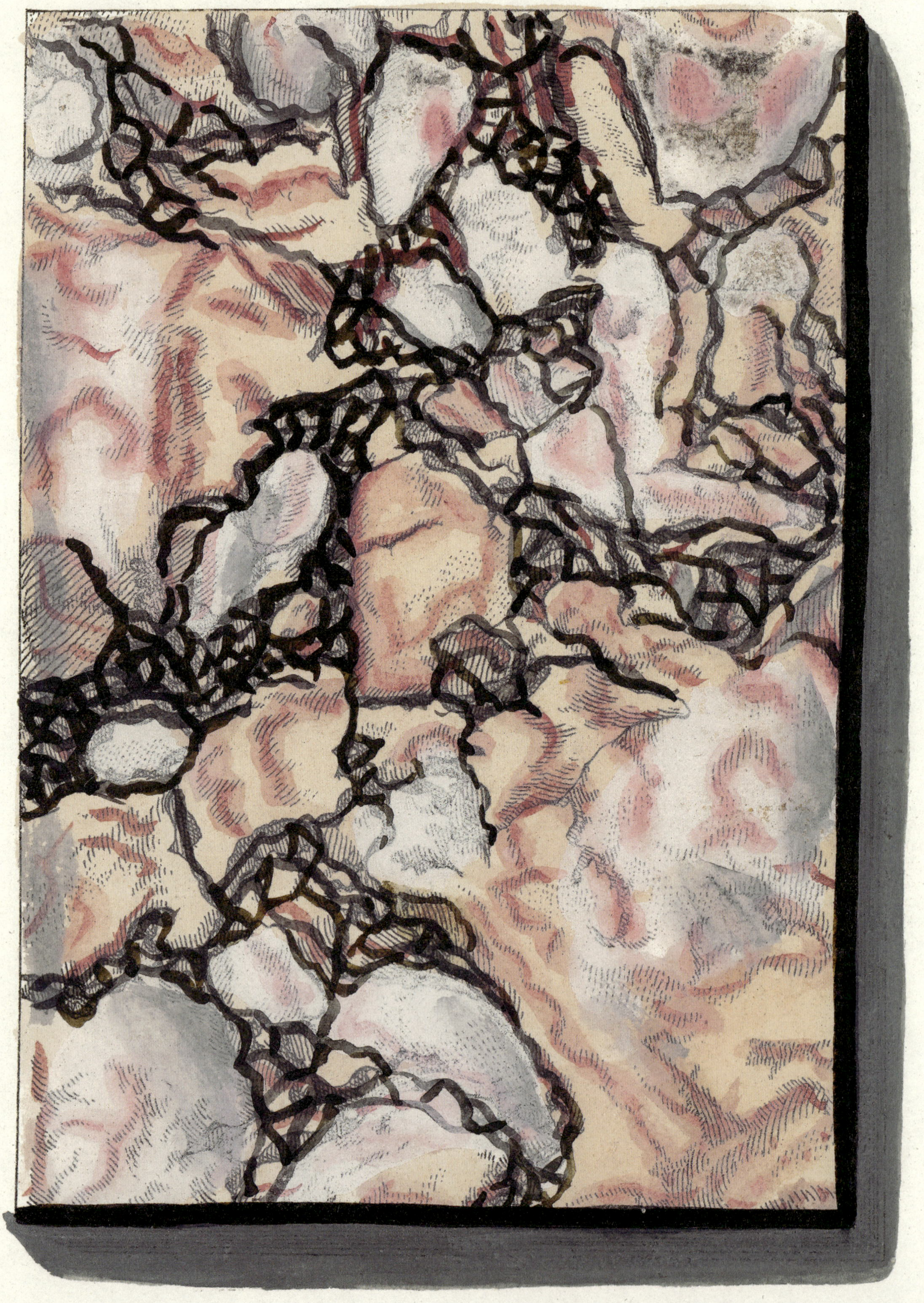